高职高专公共基础课系列教材

应用数学

主　编　赵彩秀　薛　娜
副主编　寇　莹　张爱英　宝塔娜

西安电子科技大学出版社

内容简介

本书是根据当前我国高职高专大众化发展趋势下的教育现状，在总结和分析全国高职高专院校机电、电气类等专业数学教学改革经验的基础上编写而成的. 为了适应高等职业技术教育人才培养目标的要求，满足各专业学生学习的需要，本书对教学内容进行了优选. 本书共七章，内容包括函数、极限与连续、导数与微分、导数的应用、不定积分、定积分及其应用和常微分方程等. 书后附有积分基本公式表，供学生查用.

本书可作为高职高专院校理工类各专业的数学教材，也可作为“专升本”考试的参考书.

图书在版编目(CIP)数据

应用数学/赵彩秀，薛娜主编. —西安：西安电子科技大学出版社，2020.8

ISBN 978-7-5606-5752-3

Ⅰ. ① 应…　Ⅱ. ① 赵…　② 薛…　Ⅲ. ① 应用数学—高等职业教育—教材

Ⅳ. ① O29

中国版本图书馆 CIP 数据核字(2020)第 124746 号

策划编辑　刘小莉

责任编辑　张　红　许青青

出版发行　西安电子科技大学出版社(西安市太白南路 2 号)

电　　话　(029)88242885　88201467　　邮　　编　710071

网　　址　www. xduph. com　　电子邮箱　xdupfxb001@163. com

经　　销　新华书店

印刷单位　陕西日报社

版　　次　2020 年 8 月第 1 版　2020 年 8 月第 1 次印刷

开　　本　787 毫米×1092 毫米　1/16　印张　11.5

字　　数　271 千字

印　　数　1～4000 册

定　　价　32.00 元

ISBN 978-7-5606-5752-3/O

XDUP 6054001-1

前　言

本书旨在培养学生的职业能力和可持续发展能力，提高学生运用数学知识分析和解决实际问题的能力，书中突出基础和专业的深度融合.

本书在编写思路、体例设计和内容安排等方面具有如下突出特点：

(1) 坚持理论联系实际，概念的引入尽可能从实际问题入手，遵循由特殊到一般、由感性到理性的认知规律.

(2) 在保证数学概念准确的前提下，尽量借助几何解释，力求将抽象的数学概念形象化，便于读者理解.

(3) 针对高职高专学生的数学基础，降低了理论与计算的难度，简化了定理和法则的证明，不过分强调理论的严密性与系统性，更侧重于知识的运用.

(4) 例题与习题由易到难，相互对应. 每章末都配有两套自测题，便于学生检测.

(5) 注重将基本要求与拓宽知识相结合，适用于不同要求和不同层次的教学. 同时考虑到部分学生“专升本”继续深造问题，有些章节的内容与习题难度略有加深.

(6) 在叙述中尽量运用图形、表格、实例、数据来说明问题，增强教材的直观性.

(7) 各章末均配有“阅读材料”部分，通过介绍一些数学典故和数学家，使学生从中感受到数学科学的文化魅力，增强高职高专学生学习数学课程的兴趣和动力.

本书由内蒙古机电职业技术学院基础教学部数理教研室主任赵彩秀和薛娜老师担任主编，寇莹、张爱英、宝塔娜老师担任副主编. 具体编写分工为：赵彩秀编写第一、二章，寇莹编写第三章，宝塔娜编写第四章，薛娜编写第五、六章，张爱英编写第七章. “阅读材料”部分由张爱英整理，赵彩秀负责整体统筹和组织教材的编写与修改工作.

本书在组织、策划、审核过程中得到了内蒙古机电职业技术学院郝俊副院长的大力支持与帮助，内蒙古机电职业技术学院基础教学部副主任刘志劲对本书的组织编写提供了大力支持与帮助，并提出了许多宝贵意见. 同时本书在编写过程中也得到了内蒙古机电职业技术学院有关部门和西安电子科技大学出版社的支持与帮助，在此一并表示感谢.

由于编者水平有限，书中不妥之处在所难免，恳请广大读者批评指正.

编　者

2020 年 4 月

目　录

第一章 函 数

函数(特别是初等函数)是近代数学的基本概念，也是微积分学的研究对象. 本章将在中学数学已有函数知识的基础上，进一步研究函数的概念与性质，研究建立函数模型的方法，并为后面极限的学习奠定必要的基础.

第一节 函数的概念及其性质

一、常量与变量

在日常生活、生产活动和经济活动中，经常会遇到各种不同的量，如身高、气温、产量、收入、成本、时间等. 这些量可以分为两类：一类量在考察的过程中不发生变化，只取一个固定的值，我们把它称作**常量**；另一类量在考察的过程中是变化的，可以取不同的值，我们把它称作**变量**. 例如，一天中的气温、生产过程中的产量、某一运动过程中的时间都是在不断变化的，它们都是变量.

一般用 x、y、z 等字母表示变量，用 a、b、c 等字母表示常量.

在理解常量与变量时，应注意以下几点：

(1) 常量与变量依赖于所研究的过程. 同一个量，在某一过程中可以认为是常量，而在另一过程中则可能是变量. 例如，某种商品的价格在较短的一段时间内可以是常量，但在较长的一段时间内则是变量. 这说明常量和变量具有相对性.

(2) 从几何意义上讲，常量对应着实数轴上的定点，变量则对应着实数轴上的动点.

(3) 一个变量所能取的数值的集合叫作这个变量的变动区域. 有一类变量，如时间，可以取介于两个实数之间的任意实数值，称之为连续变量. 连续变量的变动区域常用区间表示.

二、函数的定义

在一个变化过程中，往往出现多个变量，这些变量彼此不是孤立的，而是相互影响和制约的，一个量或多个量的变化会引起另外一个量的变化. 如果这些影响是确定的，是依照一定规律的，那么我们说这些变量之间存在着函数关系.

引例 1 半径为 r 的圆的面积为

$$S=\pi r^2$$

这里的 π 是常量，S 和 r 是变量，面积 S 随半径 r 的变化而变化，当半径 r 取确定的一个数值时，面积 S 就有唯一确定的一个数值和它对应.

引例 2 已知市场上鸡蛋的单价为每公斤 4.5 元，设购买 x 公斤鸡蛋需要 y 元，则有

$$y=4.5x$$

当购买鸡蛋的数量 x 取确定的一个数值时，所需费用 y 就有唯一确定的数值和它对应.

总结以上两例，可得出如下结论：

(1) 以上两例都有两个变量，只要其中一个变量取定一个值后，另一个变量的值也就唯一确定.

(2) 两个变量间都有一个规则来约束它们的取值. 这样的规则也称为两个变量之间的对应规律.

为了准确揭示变量之间的这种对应规律，下面给出函数的定义.

定义 1-1 如果当变量 x 在其变化范围内任意取定一个数值时，变量 y 按照一定的法则 f 总有唯一确定的数值与它对应，则称 y 是 x 的**函数**. 其中 x 叫作**自变量**，y 叫作**函数值**(或**因变量**).

注 为了表明 y 是 x 的函数，我们用记号 $y=f(x)$，$y=g(x)$等来表示. 这里字母 fg 表示 y 与 x 之间的对应法则，即函数关系.

例如，生产某种产品的固定成本为 5800 元，每生产一件产品，成本增加 60 元，那么该种产品的总成本 y 与产量 x 的关系可以表示为

$$y=60x+5800$$

当产量 x 取任何一个合理的值时，成本 y 有确定的值和它对应，我们说成本 y 是产量 x 的函数.

自变量 x 的所有取值范围叫作这个函数的**定义域**，通常记作 D；因变量 y 的与之对应的取值范围叫作这个函数的**值域**，通常记作 M. 当自变量 x 在其定义域内取定某个确定的值 x_0 时，因变量 y 按照所给函数关系 $y=f(x)$ 求出的对应值 y_0 叫作当 $x=x_0$ 时的函数值，记作

$$y|_{x=x_0} \text{ 或 } f(x_0)$$

例 1-1 已知函数 $f(x)=2x+1$，求 $f(0)$，$f(-1)$，$f(a)$，$f(a+1)$，$f(\ln x)$，$f[f(x)]$.

解

$$f(0)=2\times 0+1=1$$
$$f(-1)=2\times(-1)+1=-1$$
$$f(a)=2a+1$$
$$f(a+1)=2(a+1)+1=2a+3$$
$$f(\ln x)=2\ln x+1$$
$$f[f(x)]=2f(x)+1=2(2x+1)+1=4x+3$$

例 1-1 告诉我们：在函数计算中，自变量 x 的位置可以换成任意形式，即

$$f(\square)=2(\square)+1$$

这种思维方式会在以后的运算中经常用到.

例 1-2 求下列函数的定义域：

(1) $y=\dfrac{5}{2x+1}$；

(2) $y=\sqrt{9-x^2}$；

(3) $y=\lg(3x-2)$；

(4) $y=\log_a(x+1)+\dfrac{1}{\sqrt{x^2-4}}$.

解　(1) 在分式$\frac{5}{2x+1}$中，分母不能为零，即$2x+1\neq 0$，由此解得$x\neq -\frac{1}{2}$，故定义域为$\left\{x\,|\,x\neq -\frac{1}{2}\right\}$.

(2) 在偶次根式中，被开方式必须大于等于零，即$9-x^2\geqslant 0$，由此解得$-3\leqslant x\leqslant 3$，故定义域为$[-3, 3]$.

(3) 在对数式中，真数必须大于零，即$3x-2>0$，由此解得$x>\frac{2}{3}$，故定义域为$\left\{x\,|\,x>\frac{2}{3}\right\}$.

(4) 该函数为(1)、(2)、(3)小题中函数类型的混合运算，此时函数的定义域应为三种类型函数的定义域的交集，即满足$x+1>0$，$x^2-4\neq 0$，$x^2-4\geqslant 0$，由此解得$x>2$，故定义域为$(2, +\infty)$.

应当指出，在实际应用中，除了要根据解析式本身来确定自变量的取值范围以外，还要考虑变量的实际意义.

三、函数的表示法

函数常用的表示法有公式法、列表法、图像法三种.

(1) 公式法(解析法)：函数中两个变量之间的关系用一个数学式表示. 比如，引例 1 中 S 与 r 之间的关系 $S=\pi r^2$. 微积分中涉及的函数大多用公式法表示，其优点是精确、完整，便于理论上的分析研究.

(2) 列表法(表格法)：函数中两个变量之间的关系用一个表格表示. 例如，某地 2019 年 9 月 19 日至 29 日每天的最高气温如表 1-1 所示.

表 1-1

日期 t(9 月)	19	20	21	22	23	24	25	26	27	28	29
最高温度 N/℃	21	23	24	24	24	26	25	24	24	20	17

表 1-1 准确表达了温度与日期的函数关系，这里不存在任何计算温度的公式，但是每一天都会产生一个唯一的最高气温. 即对每个日期 t，都有一个与 t 相对应的唯一最高温度 N. 这种方法的优点是所求函数值容易查到，缺点是数据不全，不便于分析研究.

(3) 图像法(图示法)：函数中两个变量之间的关系用图像表示.

图像法的优点是形象、直观，一目了然，见图 1-1.

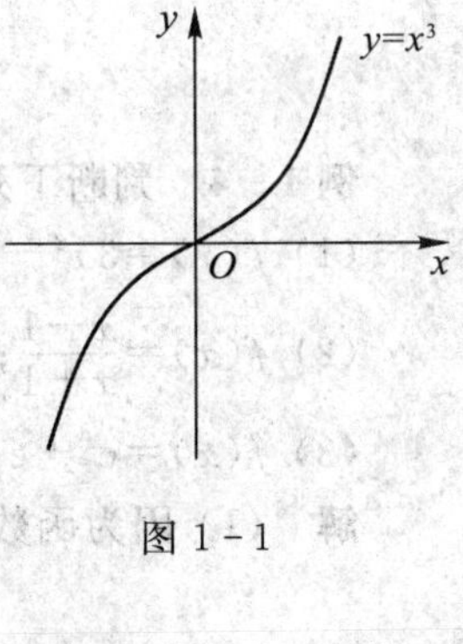

图 1-1

四、函数的几种特性

1. 单调性

若函数 $y=f(x)$ 在数集 D 上有定义，如果对于任意两点 x_1、$x_2\in D$，当 $x_1<x_2$ 时，恒有 $f(x_1)<f(x_2)$，则称函数 $y=f(x)$ 在数集 D 上是**单调增加的**(见图 1-2)；如果对于任意两点 x_1、$x_2\in D$，当 $x_1<x_2$ 时，恒有 $f(x_1)>f(x_2)$，则称函数 $y=f(x)$ 在数集 D 上是

单调减少的(见图 1-3). 单调增加函数与单调减少函数统称为**单调函数**, D 称为函数的单调区间.

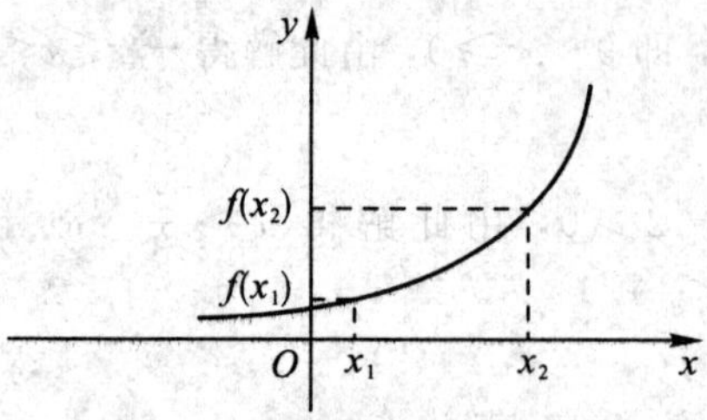

图 1-2

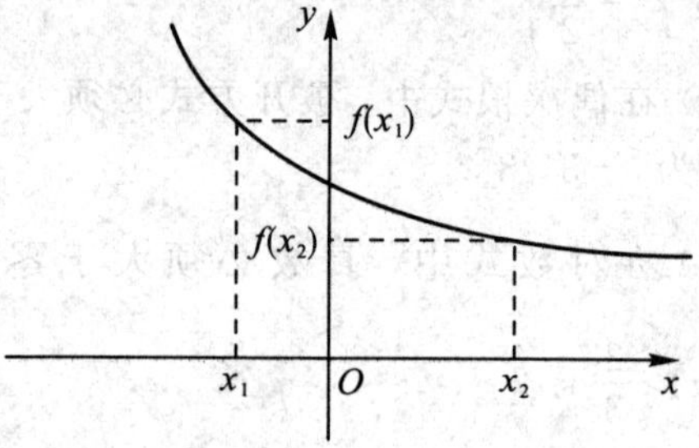

图 1-3

例 1-3 验证函数 $y=5x+1$ 在区间$(-\infty, +\infty)$内是单调增加的.

证 在区间$(-\infty, +\infty)$内任取两点 x_1、x_2, 设 $x_1<x_2$, 则

$$f(x_1)-f(x_2)=(5x_1+1)-(5x_2+1)=5(x_1-x_2)<0$$

即 $f(x_1)<f(x_2)$, 所以 $y=5x+1$ 在区间$(-\infty, +\infty)$内是单调增加的.

2. 奇偶性

设函数 $y=f(x)$在数集 D 上有定义, 且 D 关于原点对称. 如果对于任意的 $x\in D$, 恒有 $f(-x)=-f(x)$, 则称 $f(x)$为奇函数(见图 1-4); 如果对于任意的 $x\in D$, 恒有 $f(-x)=f(x)$, 则称 $f(x)$为偶函数(见图 1-5).

奇函数的图像关于原点对称, 偶函数的图像关于 y 轴对称.

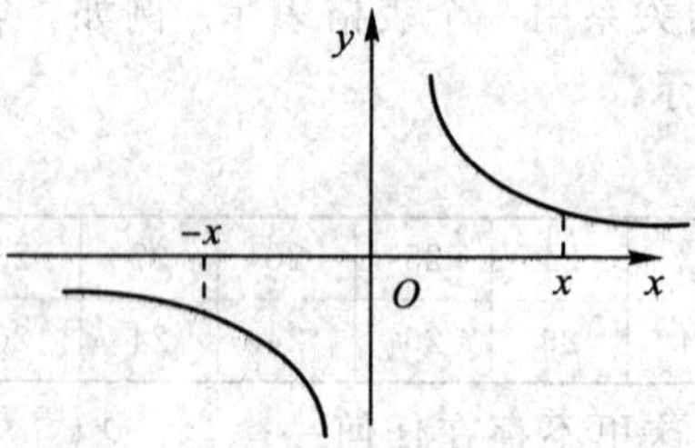

图 1-4

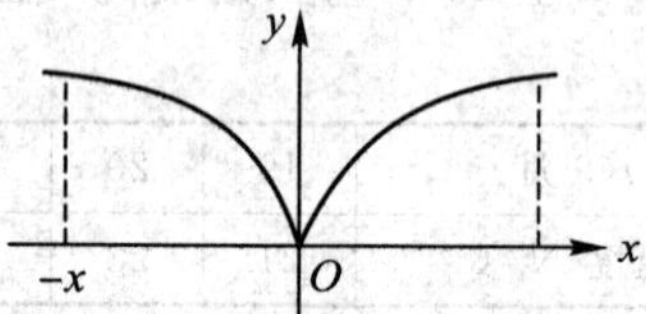

图 1-5

例 1-4 判断下列函数的奇偶性:

(1) $f(x)=3x^2-2$;

(2) $f(x)=\dfrac{x-1}{x+1}$;

(3) $f(x)=e^x+e^{-x}$.

解 (1) 因为函数 $f(x)$的定义域为$(-\infty, +\infty)$, 且

$$f(-x)=3(-x)^2-2=3x^2-2=f(x)$$

所以函数 $f(x)=3x^2-2$ 是偶函数.

(2) 因为函数 $f(x)$的定义域为$\{x|x\neq-1\}$, 不关于原点对称, 所以函数 $f(x)=\dfrac{x-1}{x+1}$ 是非奇非偶函数.

(3) 因为函数 $f(x)$的定义域为$(-\infty, +\infty)$, 且

$$f(-x)=e^{-x}+e^{x}=f(x)$$

所以函数 $f(x)=e^{x}+e^{-x}$ 是偶函数.

3. 周期性

设函数 $y=f(x)$ 在数集 D 上有定义，如果存在一个非零常数 T，对于任意的 $x\in D$，且 $x+T\in D$，都有

$$f(x+T)=f(x)$$

则称函数 $f(x)$ 为**周期函数**，常数 T 称为 $f(x)$ 的**周期**.

满足上式的最小正数 T 称为函数的**最小正周期**，简称**周期**.

常见的周期函数有：$y=\sin x$，$y=\cos x$，周期都为 2π；$y=\tan x$，$y=\cot x$，周期都为 π.

4. 有界性

设函数 $y=f(x)$ 在数集 D 上有定义，如果存在一个正数 M，对于任意的 $x\in D$，都有 $|f(x)|\leqslant M$，则称函数 $f(x)$ 在 D 上是**有界函数**. 如果不存在这样的正数 M，则称函数 $f(x)$ 在 D 上是**无界函数**.

对于函数的有界性，要注意以下两点：

(1) 当一个函数是有界函数时，正数 M 的取值不唯一. 例如，$y=\sin x$ 在 $(-\infty, +\infty)$ 内是有界的，有 $|\sin x|\leqslant 1$，但我们也可以取 $M=2$，即 $|\sin x|<2$ 总是成立的，实际上 M 可以取任何大于 1 的数.

(2) 函数的有界性不但与函数本身有关，还取决于自变量的取值范围.

五、反函数

定义 1-2　设函数 $y=f(x)$ 的定义域为 D，值域为 M，如果对于 M 中每一个 y 值，都有一个确定的且满足 $y=f(x)$ 的 x 值与它对应，则得到一个定义在 M 上的以 y 为自变量、x 为因变量的新函数，我们称它为函数 $y=f(x)$ 的**反函数**，记作

$$y=f^{-1}(x)$$

因此，这个函数的定义域为 M，值域为 D. 这样，相对于反函数 $y=f^{-1}(x)$ 来说，函数 $y=f(x)$ 叫作**原函数**.

函数 $y=f(x)$ 中，自变量和因变量互换后，反函数与直接函数之间有如下两个结论：

(1) 反函数的定义域是直接函数的值域，反函数的值域是直接函数的定义域.

(2) 反函数与直接函数的图像关于直线 $y=x$ 对称.

例 1-5　求函数 $y=2x-2$ 的反函数，并作图.

解　从函数中解出 x，得

$$x=\frac{1}{2}y+1$$

即

$$y=\frac{1}{2}x+1$$

所以函数 $y=2x-2$ 的反函数为

$$y=\frac{1}{2}x+1$$

其函数图像如图 1-6 所示，从中很容易看到它们的对称情况.

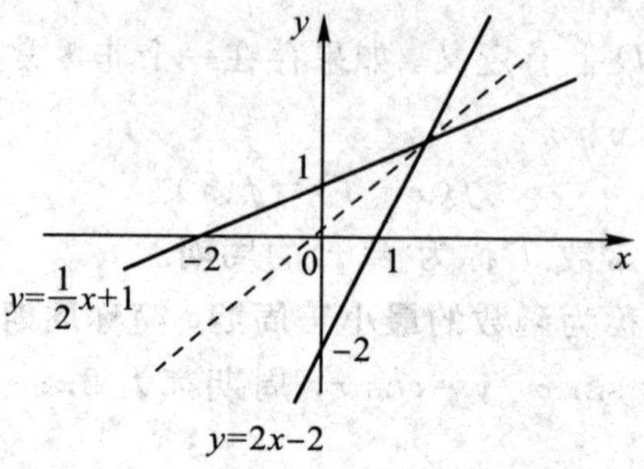

图 1-6

练习题 1-1

1. 求下列函数的定义域：

(1) $y=\frac{3}{5x^2+2x}$；

(2) $y=\sqrt{4-x^2}+\frac{1}{x-1}$；

(3) $y=\ln(1-x)+\sqrt{x+2}$；

(4) $y=\frac{\sqrt{2x+4}}{\ln x}$；

(5) $y=\frac{1}{\ln(3x-2)}$；

(6) $y=\begin{cases}2x, & -1\leqslant x<0\\ 1+x, & x\geqslant 0\end{cases}$；

(7) $y=f(x-1)+f(x+1)$，已知 $f(u)$的定义域为$(0, 3)$.

2. 判断下列函数的奇偶性：

(1) $f(x)=\frac{x^3-x}{x^2+1}$；

(2) $f(x)=\ln\frac{1+x}{1-x}$；

(3) $f(x)=x^2\cos x$；

(4) $f(x)=\log_a(x+\sqrt{1+x^2})$；

(5) $f(x)=xe^x$.

3. 已知函数 $f(x)=\frac{x-2}{x+4}$，求 $f(-2)$，$f(a)$，$f\left(\frac{1}{a}\right)$，$f(a+1)$.

4. 设 $f(x)=\begin{cases}x^2, & x<0\\ x+1, & x\geqslant 0\end{cases}$，求 $f(-2)$，$f(0)$，$f[f(3)]$.

5. 求下列函数的反函数：

(1) $y=3x+2$；

(2) $y=1+\ln(x+2)$；

(3) $y=e^{2x}+2$.

第二节 初等函数

本节对函数的类型、结构等进行系统的认识.

一、基本初等函数

我们学习过许多函数，如一次函数、二次函数、正比例函数、反比例函数、三角函数等. 根据函数的运算特点，我们把常数函数、幂函数、指数函数、对数函数、三角函数、反三角函数这六类函数称为**基本初等函数**. 这些函数在中学已经学过，它们是构造其他函数的基础，下面从形式、名称、定义域、图像、性质以及相关运算上进行讨论.

1. 常数函数

形如 $y=C$(C 为常数)的函数称为**常数函数**，其定义域是$(-\infty,+\infty)$，它的图像是过点$(0,C)$且平行于 x 轴的一条直线，它是偶函数、有界函数、周期函数.

2. 幂函数

形如 $y=x^{\mu}$ 的函数称为**幂函数**，μ 为常数. 定义域随 μ 的取值不同而不同，单调性也各不相同，如图 1-7 所示.

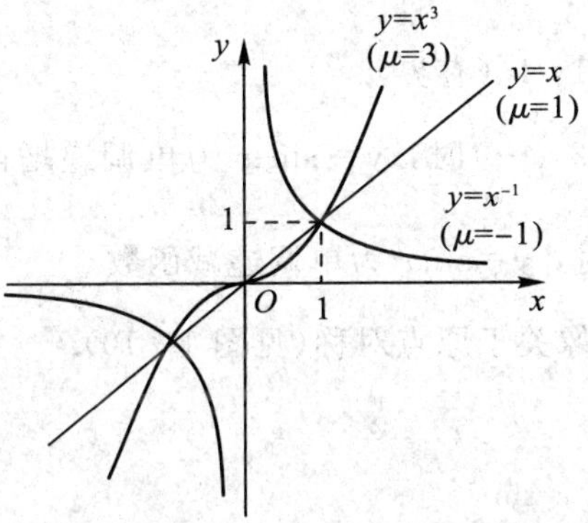

图 1-7

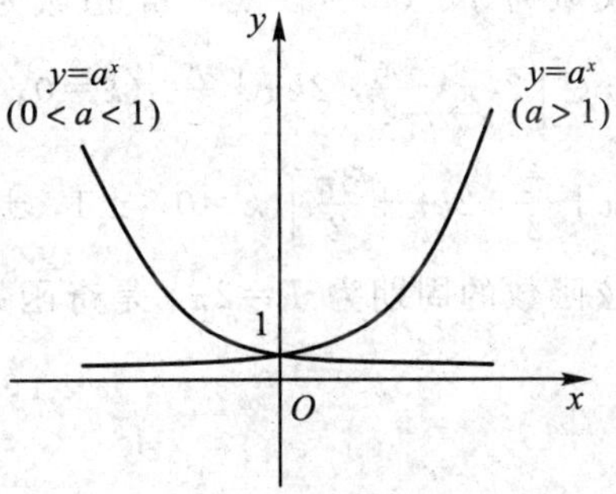

图 1-8

3. 指数函数

形如 $y=a^x$($a>0$ 且 $a\neq1$)的函数称为**指数函数**. 其定义域为 $x\in(-\infty,+\infty)$，值域为 $y\in(0,+\infty)$. 图像分为 $a>1$ 和 $0<a<1$ 两类(见图 1-8). 从图 1-8 中可以看出：当 $a>1$时，函数为单调递增函数；当 $0<a<1$ 时，函数为单调递减函数.

显然，幂函数 $y=x^{\mu}$ 与指数函数 $y=a^x$ 的形式非常相似，所以我们要注意区分，以免混淆. 对于指数函数，有如下公式：

$$a^x\cdot a^y=a^{x+y}$$

$$a^x\div a^y=a^{x-y}$$

$$(a^x)^y=a^{xy}$$

$$a^x \cdot b^x = (ab)^x$$

$$a^{-x} = \frac{1}{a^x}$$

4. 对数函数

形如 $y=\log_a x$（$a>0$ 且 $a\neq1$）的函数称为对数函数. 其定义域为 $x\in(0,+\infty)$，值域为 $y\in(-\infty,+\infty)$. 图像分为 $a>1$ 和 $0<a<1$ 两类（见图 1-9）. 从图 1-9 中可看出：当 $a>1$ 时，函数为单调递增函数；当 $0<a<1$ 时，函数为单调递减函数.

相关的运算公式如下：

$$\log_a 1 = 0$$

$$\log_a a = 1$$

$$a^{\log_a x} = x$$

$$\log_a x + \log_a y = \log_a xy$$

$$\log_a x - \log_a y = \log_a \frac{x}{y}$$

$$\log_a x^b = b\log_a x$$

$$\log_a x = \frac{\log_b x}{\log_b a}$$

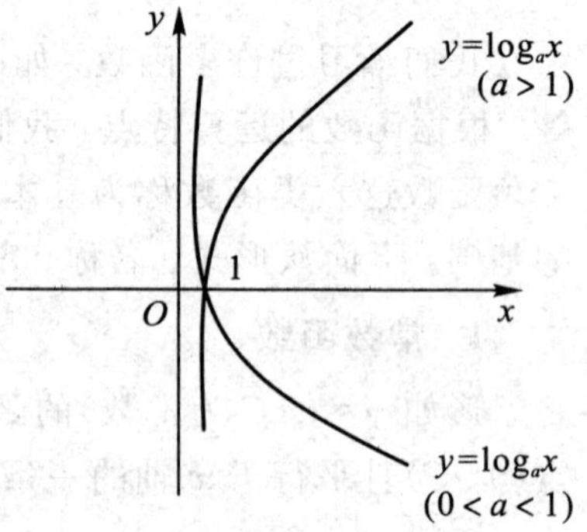

图 1-9

5. 三角函数及其公式

1）三角函数

（1）正弦函数 $y=\sin x$.

定义域为 $x\in(-\infty,+\infty)$，值域为 $y\in[-1,1]$（有界）.

当 $x\in\left[2k\pi-\frac{\pi}{2},2k\pi+\frac{\pi}{2}\right]$（$k=0,\pm1,\pm2,\cdots$）时，$y=\sin x$ 为单调递增函数；当 $x\in\left[2k\pi+\frac{\pi}{2},2k\pi+\frac{3\pi}{2}\right]$（$k=0,\pm1,\pm2,\cdots$）时，$y=\sin x$ 为单调递减函数.

正弦函数的周期为 $T=2\pi$，是奇函数，其图像关于原点对称（见图 1-10）.

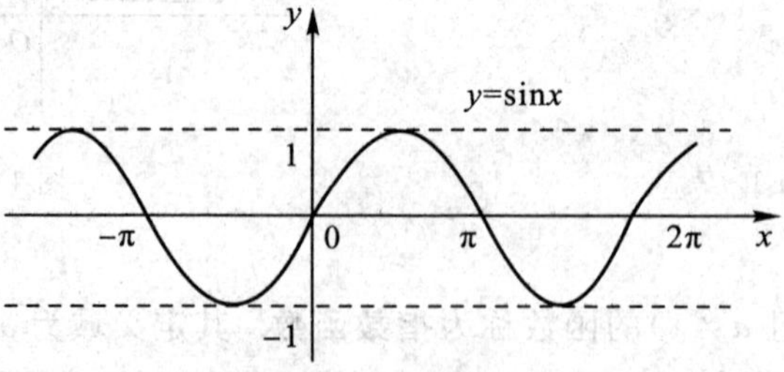

图 1-10

（2）余弦函数 $y=\cos x$.

定义域为 $x\in(-\infty,+\infty)$. 值域为 $y\in[-1,1]$（有界）.

当 $x\in[2k\pi-\pi,2k\pi]$（$k=0,\pm1,\pm2,\cdots$）时，$y=\cos x$ 为单调递增函数；当 $x\in[2k\pi,2k\pi+\pi]$（$k=0,\pm1,\pm2,\cdots$）时，$y=\cos x$ 为单调递减函数.

余弦函数的周期 $T=2\pi$，是偶函数，其图像关于 y 轴对称（见图 1-11）.

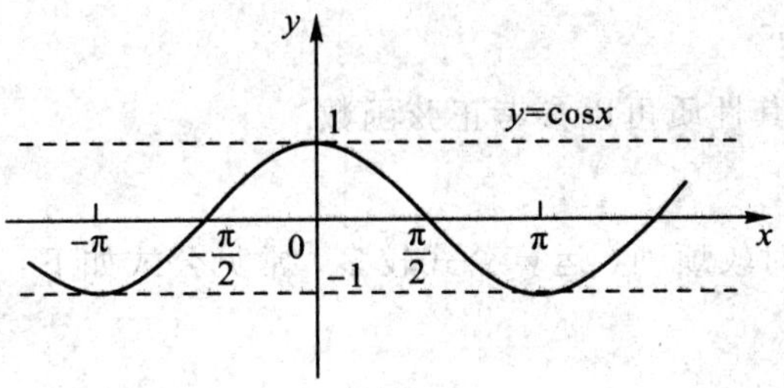

图 1-11

(3) 正切函数 $y=\tan x$.

定义域为 $x\neq k\pi+\frac{\pi}{2}$($k=0$，±1，±2，…)，值域为 $y\in(-\infty,\ +\infty)$(无界).

当 $x\in\left(k\pi-\frac{\pi}{2},\ k\pi+\frac{\pi}{2}\right)$($k=0$，$\pm1$，$\pm2$，…)时，$y=\tan x$ 为单调递增函数.

正切函数的周期 $T=\pi$，是奇函数，其图像关于原点对称(见图 1-12).

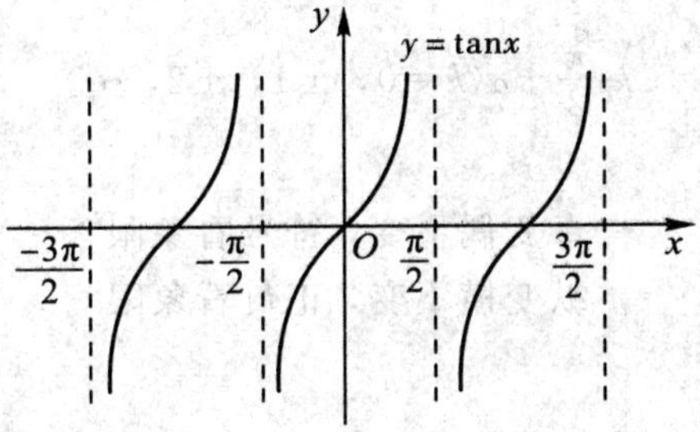

图 1-12

(4) 余切函数 $y=\cot x$.

定义域为 $x\neq k\pi$($k=0$，±1，±2，…)，值域为 $y\in(-\infty,\ +\infty)$(无界).

当 $x\in(k\pi,\ k\pi+\pi)$($k=0$，±1，±2，…)时，$y=\cot x$ 为单调递减函数.

余切函数的周期 $T=\pi$，是奇函数，其图像关于原点对称(见图 1-13).

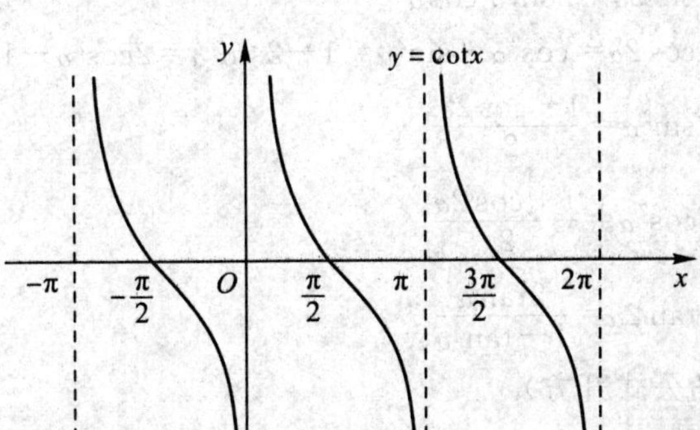

图 1-13

(5) 正割函数 $y=\sec x$.

$\sec x=\frac{1}{\cos x}$，其性质可以参考余弦函数.

(6) 余割函数 $y=\csc x$.

其中 $\csc x=\dfrac{1}{\sin x}$，其性质可以参考正弦函数.

2) 常见公式

三角函数的运算相对较烦琐，运算公式较多，常见公式如下：

(1) 基本恒等式.

倒数关系：

$$\sin x\cdot\csc x=1,\ \cos x\cdot\sec x=1,\ \tan x\cdot\cot x=1.$$

商的关系：

$$\tan x=\frac{\sin x}{\cos x},\ \cot x=\frac{\cos x}{\sin x}$$

平方关系：

$$\sin^2 x+\cos^2 x=1,\ 1+\tan^2 x=\sec^2 x,\ 1+\cot^2 x=\csc^2 x$$

(2) 诱导公式(简化公式).

将任意角化成

$$k\frac{\pi}{2}+\alpha(k=0,\ \pm1,\ \pm2,\ \cdots)$$

遵循如下口诀：

奇变偶不变，符号看象限

纵变横不变，正负看象限

(3) 加法定理及推论.

① 加法定理.

$$\sin(\alpha\pm\beta)=\sin\alpha\cos\beta\pm\cos\alpha\sin\beta$$

$$\cos(\alpha\pm\beta)=\cos\alpha\cos\beta\mp\sin\alpha\sin\beta$$

$$\tan(\alpha\pm\beta)=\frac{\tan\alpha\pm\tan\beta}{1\mp\tan\alpha\tan\beta}$$

② 倍角公式(加法定理中 $\alpha=\beta$).

$$\sin 2\alpha=2\sin\alpha\cos\alpha$$

$$\cos 2\alpha=\cos^2\alpha-\sin^2\alpha=1-2\sin^2\alpha=2\cos^2\alpha-1$$

$$\sin^2\alpha=\frac{1-\cos 2\alpha}{2}$$

$$\cos^2\alpha=\frac{1+\cos 2\alpha}{2}$$

$$\tan 2\alpha=\frac{2\tan\alpha}{1-\tan^2\alpha}$$

(3) 半角公式(倍角公式开方).

$$\sin\frac{\alpha}{2}=\pm\sqrt{\frac{1-\cos\alpha}{2}}$$

$$\cos\frac{\alpha}{2}=\pm\sqrt{\frac{1+\cos\alpha}{2}}$$

$$\tan\frac{\alpha}{2}=\pm\sqrt{\frac{1-\cos\alpha}{1+\cos\alpha}}=\frac{1-\cos\alpha}{\sin\alpha}=\frac{\sin\alpha}{1+\cos\alpha}$$

(4) 积化和差公式(加法定理两边加减).

$$\sin\alpha\cos\beta=\frac{1}{2}[\sin(\alpha+\beta)+\sin(\alpha-\beta)]$$

$$\cos\alpha\sin\beta=\frac{1}{2}[\sin(\alpha+\beta)-\sin(\alpha-\beta)]$$

$$\cos\alpha\cos\beta=\frac{1}{2}[\cos(\alpha+\beta)+\cos(\alpha-\beta)]$$

$$\sin\alpha\sin\beta=-\frac{1}{2}[\cos(\alpha+\beta)-\cos(\alpha-\beta)]$$

(5) 和差化积公式(上组公式中 $\alpha+\beta=\theta$, $\alpha-\beta=\varphi$).

$$\sin\theta+\sin\varphi=2\sin\frac{\theta+\varphi}{2}\cos\frac{\theta-\varphi}{2}$$

$$\sin\theta-\sin\varphi=2\cos\frac{\theta+\varphi}{2}\sin\frac{\theta-\varphi}{2}$$

$$\cos\theta+\cos\varphi=2\cos\frac{\theta+\varphi}{2}\cos\frac{\theta-\varphi}{2}$$

$$\cos\theta-\cos\varphi=-2\sin\frac{\theta+\varphi}{2}\sin\frac{\theta-\varphi}{2}$$

6. 反三角函数

三角函数定义在单值区间上的反函数称为反三角函数.

(1) 反正弦函数 $y=\arcsin x$.

定义域为 $x=[-1,1]$,值域为 $y\in\left[-\frac{\pi}{2},\frac{\pi}{2}\right]$.

反正弦函数为单调递增函数、奇函数,其图像关于原点对称,见图 1-14.

相关公式:

$\sin(\arcsin x)=x$

$\arcsin(-x)=-\arcsin x$

(2) 反余弦函数 $y=\arccos x$.

定义域为 $x\in[-1,1]$,值域为 $y\in[0,\pi]$.

反余弦函数为单调递减函数,见图 1-15.

相关公式:

$\cos(\arccos x)=x$

$\arccos(-x)=\pi-\arccos x$

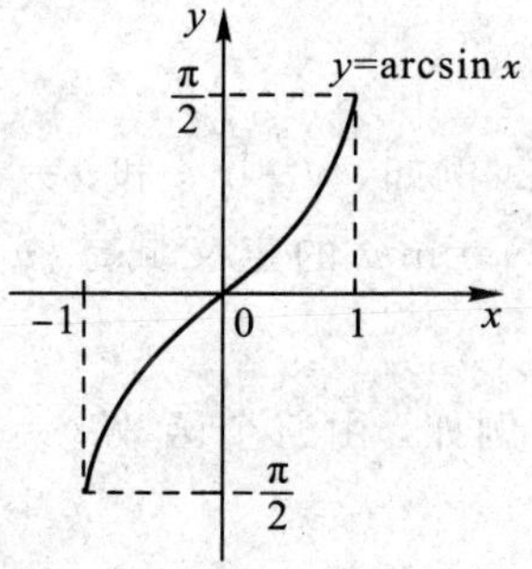

图 1-14

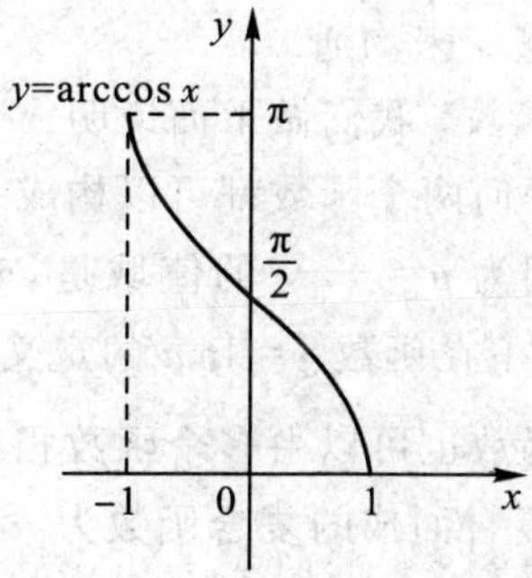

图 1-15

(3) 反正切函数 $y=\arctan x$.

定义域为 $x\in(-\infty, +\infty)$，值域为 $y\in\left(-\frac{\pi}{2}, \frac{\pi}{2}\right)$.

反正切函数为单调递增函数、奇函数，其图像关于原点对称，见图 1-16.

相关公式：

$\tan(\arctan x)=x$

$\arctan(-x)=-\arctan x$

(4) 反余切函数 $y=\text{arccot}\, x$.

定义域为 $x\in(-\infty, +\infty)$，值域为 $y\in(0, \pi)$.

反余切函数为单调递减函数，见图 1-17.

相关公式：

$\cot(\text{arccot}\, x)=x$

$\text{arccot}(-x)=\pi-\text{arccot}\, x$

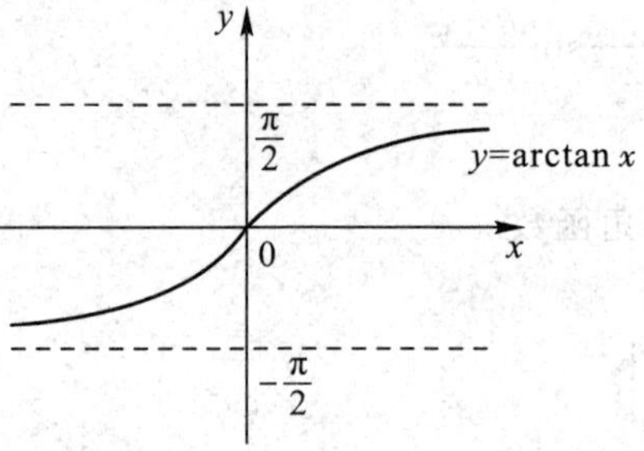

图 1-16

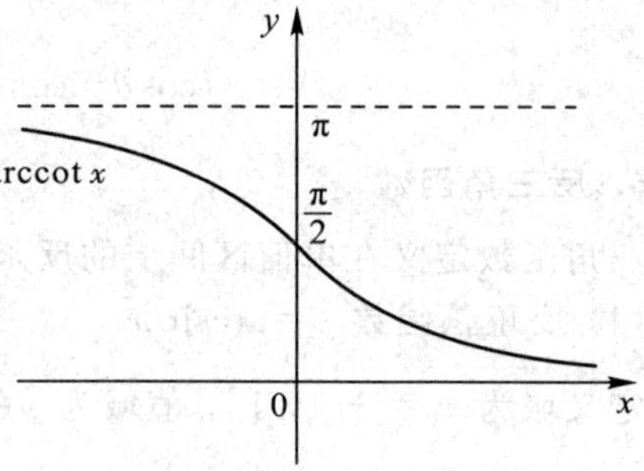

图 1-17

二、复合函数

定义 1-3 设 y 是 u 的函数 $y=f(u)$，u 又是 x 的函数 $u=\varphi(x)$，如果 $u=\varphi(x)$的值域和 $y=f(u)$的定义域的交集非空，对于任意一个 x，通过 u 有唯一确定的 y 与之相对应，则 y 通过变量 u 构成 x 的函数，称 y 为 x 的**复合函数**. 记作

$$y=f[\varphi(x)]$$

其中，u 叫作**中间变量**.

复合函数是表达函数的重要方式，当函数中的变量 x、y 的关系不易直接找到时，我们可借助中间变量 u 来沟通.

对于复合函数，我们做下面说明：

(1) 不是任何两个函数都可以构成一个复合函数. 例如，$y=\ln u$ 和 $u=-x^2$ 就不能构成复合函数. 因为 $u=-x^2$ 的值域是$\{u|u\leqslant 0\}$，而 $y=\ln u$ 的定义域是$\{u|u>0\}$，函数 $u=-x^2$的值域不在函数 $y=\ln u$ 的定义域中.

(2) 复合函数也可以由多个函数相继复合而成. 例如，由三个函数 $y=\cos u$，$u=\sqrt{v}$，$v=1-x^2$相继复合而成的复合函数为

$$y=\cos\sqrt{1-x^2}, \ x\in[-1, 1]$$

(3) 复合函数通常不一定是由纯粹的基本初等函数复合而成的，更多的是由基本初等函数经过四则运算形成的简单函数构成的.

例 1-6　已知 $y=\ln u$，$u=3x+5$，将 y 表示成 x 的函数.

解　将 $u=3x+5$ 代入 $y=\ln u$，可得

$$y=\ln(3x+5)$$

其中 x 满足 $\left\{x \mid x>-\frac{5}{3}\right\}$.

例 1-7　下列函数是由哪些函数复合而成的.

(1) $y=(2x-1)^3$；　(2) $y=\sqrt{\sin 2x}$；

(3) $y=e^{\ln\cos x}$；　(4) $y=\arctan^2\sin\ln(2x-1)$.

解　(1) 函数 $y=(2x-1)^3$ 是由 $y=u^3$，$u=2x-1$ 复合而成的.

(2) 函数 $y=\sqrt{\sin 2x}$ 是由 $y=\sqrt{u_1}$，$u_1=\sin u_2$，$u_2=2x$ 复合而成的.

(3) 函数 $y=e^{\ln\cos x}$ 是由 $y=e^{u_1}$，$u_1=\ln u_2$，$u_2=\cos x$ 复合而成的.

(4) 函数 $y=\arctan^2\sin\ln(2x-1)$ 是由 $y=u_1^2$，$u_1=\arctan u_2$，$u_2=\sin u_3$，$u_3=\ln u_4$，$u_4=2x-1$ 复合而成的.

从例 1-7 可以看出，一个复合函数，不管有多么复杂，中间变量有多少，只要每次看到一个中间变量，就可以把形式复杂的复合函数变成简单的函数形式.

三、初等函数

由基本初等函数经过有限次四则运算或有限次复合运算，且可用一个解析式表示的函数称为**初等函数**. 今后我们所讨论的函数多为初等函数.

例如，$y=\sin\sqrt{2x-1}+xe^x$，$y=\frac{2x-\cos 5x^3}{\lg(3x-4)}$，$y=\sin\ln(9x+1)$ 都是初等函数. 而 $y=x+x^2+x^3+\cdots$ 不满足有限次运算，$y=\begin{cases}1+x, & 0<x\leqslant 2\\ 0, & x>2\end{cases}$ 不是由一个解析式表示的，因此都不是初等函数.

练习题 1-2

1. 指出下列函数的复合过程：

(1) $y=(3x+2)^5$；

(2) $y=\sqrt[4]{1+x^2}$；

(3) $y=\ln\cos(x^2+1)$；

(4) $y=\sin^3(e^x+1)$；

(5) $y=2^{\sin^2 x}$；

(6) $y=\sqrt{\ln\arctan\sqrt{x}}$.

2. 下列 $f(x)$ 和 $g(x)$ 是否相同？为什么？

(1) $f(x)=\lg x^2$，$g(x)=2\lg x$；

(2) $f(x)=x$，$g(x)=\sqrt{x^2}$.

3. 已知函数：

$$f(x)=\begin{cases}-1, & x>0\\ 0, & x=0\\ 1, & x<0\end{cases}$$

求：$f(0)$，$f(1)$，$f(-1)$，$f\{f[f(-1)]\}$.

自测题一

一、填空题.

1. 函数 $y=\dfrac{x}{\lg(x-1)}$ 的定义域是________________________.

2. 函数 $y=\ln\cos(2x-1)$ 的复合过程是________________________.

3. 设 $f(x)=\dfrac{x}{x^2-1}$，则 $f\left(\dfrac{1}{x}\right)=$________________________.

4. 设 $f(x+1)=x^2-3x+2$，则 $f(x)=$________________________.

5. 函数 $y=1+\ln(x-3)$ 的反函数是________________________.

二、选择题.

1. 函数 $y=x+\sin x$ 是(　　).

A. 奇函数　　B. 偶函数　　C. 非奇非偶函数　　D. 周期函数

2. 设函数 $y=f(x)$ 的定义域为 $[-1, 2]$，则函数 $f(x+2)+f(2x)$ 的定义域是(　　).

A. $[-3, 0]$　　B. $[-3, 1]$　　C. $\left[-\dfrac{1}{2}, 1\right]$　　D. $\left[-\dfrac{1}{2}, 0\right]$

3. 函数 $y=\arcsin(x-1)$ 的定义域是(　　).

A. $[-1, 1]$　　B. $[0, 2]$　　C. $[1, 2]$　　D. $(-\infty, +\infty)$

4. 下列函数是周期函数的是(　　).

A. $f(x)=x-\cos x$　　B. $f(x)=5\cos 3x$

C. $f(x)=x\cos x$　　D. $f(x)=\dfrac{\cos x}{x}$

三、判断题.

1. 偶函数关于 y 轴对称，奇函数关于 x 轴对称.　　(　　)

2. 奇函数与奇函数的积一定是奇函数.　　(　　)

3. 偶函数与偶函数的积一定是偶函数.　　(　　)

4. 分段函数是初等函数.　　(　　)

5. 函数 $y=f(x)$ 与其反函数 $y=f^{-1}(x)$ 的积等于 1.　　(　　)

四、解答题.

1. 指出下列函数的复合过程：

(1) $y=\sin^2(\ln x)$；　　(2) $y=\ln(\arcsin\sqrt{x})$；

(3) $y=\cos^2(3x-1)$；　　(4) $y=\tan(1+4x^2)^3$.

2. 设函数：

$$y=f(x)=\begin{cases}x^2, & x\leqslant 0\\ x+1, & x>0\end{cases}$$

试画出 $f(x)$的图像，并求 $f(0)$，$f(1)$，$f(-1)$.

自测题二

一、选择题.

1. 以下函数哪个是复合函数？(　　).

A. $y=\sqrt[3]{x}$　　B. $y=\left(\dfrac{2}{3}\right)^x$　　C. $y=\sin 2x$　　D. $y=\arctan x$

2. 以下函数哪个不是复合函数？(　　).

A. $y=\ln\sin 2x$　　B. $y=\dfrac{e^x\tan x}{x-3}$　　C. $y=\sin\arctan 2x$　　D. $y=e^{2x-1}$

3. 函数 $y=\dfrac{\sqrt{9-x^2}}{\ln(x+2)}$的定义域为(　　).

A. $x\in[-3, 3]\cup(-2, +\infty)$　　B. $x\in(-2, 3]$

C. $x\in(-2, -1)\cup(-1, 3]$　　D. $x\in(-2, -1)\cup(-1, 3)$

4. 下列函数是奇函数的是(　　).

A. $f(x)=x^2\cos x$　　B. $\varphi(x)=\dfrac{a^x+a^{-x}}{2}$

C. $g(x)=\arccos x$　　D. $h(x)=\ln\dfrac{1+x}{1-x}$

二、填空题.

1. 函数 $y=\sin 2x$ 的周期为__________.

2. 函数 $y=\dfrac{2}{x^2-3x+2}$的定义域是__________.

3. 函数 $y=\ln^2(3x-1)$的复合过程是________________.

4. 判断单调性：函数 $y=\dfrac{1}{x}$在区间$(-1, 0)$内单调________；$y=\arctan x$ 在区间$(-\infty, +\infty)$内单调________.

5. 判断奇偶性：$y=2x^3+3x$ 是________函数；$y=\dfrac{1}{x^4-3x^2}$是________函数；$y=x^2\cos x$是________函数；$y=\ln(x+\sqrt{x^2-1})$是________函数.

6. 函数 $y=x^2-2x(x>1)$的反函数为________________.

7. 设

$$f(x)=\begin{cases}0, & x<0\\ 2x, & 0\leqslant x<\frac{1}{2}\\ 2(1-x), & \frac{1}{2}\leqslant x<1\\ 0, & x\geqslant 1\end{cases}$$

则：$f\left(-\frac{1}{2}\right)=$________；$f\left(\frac{3}{4}\right)=$________；$f\left(\frac{1}{3}\right)=$________；$f(2)=$________.

三、计算题.

1. 指出下列函数的复合过程：

(1) $y=\ln\sin^2 2x$； (2) $y=\arctan(e^{\sqrt{1-x^2}})$；

(3) $y=\sqrt{x^3-1}$； (4) $y=\arcsin\sqrt{\frac{x-2}{3}}$.

2. 已知 $y=f(x)$的定义域是[0, 1]，求下列函数的定义域.

(1) $y=f(x^2)$； (2) $y=f(x+5)$.

3. 比较下列各题中函数 $f(x)$和 $g(x)$是否相同.

(1) $f(x)=\ln x^4$，$g(x)=4\ln x$；

(2) $f(x)=\frac{x^4-1}{x^2+1}$，$g(x)=x^2-1$.

4. 求下列函数的反函数：

(1) $y=e^x-1$； (2) $y=\ln(x+1)$；

(3) $y=\tan 2x$； (4) $y=\arccos(x-3)$.

阅读材料　函数概念的纵向发展

函数概念是全部数学概念中最重要的概念之一，纵观300多年来函数概念的发展，众多数学家从集合、代数，直至对应、集合的角度不断赋予函数概念以新的思想，从而推动了整个数学的发展.

1. 早期函数概念——几何观念下的函数

17世纪伽俐略(Galileo，意大利，1564—1642)在《两门新科学》一书中，几乎从头到尾包含着函数(或称为变量的关系)这一概念，用文字和比例的语言表达函数的关系. 笛卡尔(Descartes，法，1596—1650)在他的解析几何中，已经注意到了一个变量对于另一个变量的依赖关系，但由于当时尚未意识到需要提炼一般的函数概念，因此直到17世纪后期牛顿、莱布尼茨建立微积分的时候，数学家们还没有明确函数的一般意义，绝大部分函数是被当作曲线来研究的.

2. 18世纪函数概念——代数观念下的函数

1718年，约翰·伯努利(Johann Bernoulli，瑞士，1667—1748)在莱布尼茨函数概念的基础上，对函数概念进行了明确定义：由任一变量和常数的任一形式所构成的量. 伯努利把变量 x 和常量按任何方式构成的量叫作“x 的函数”，表示为其在函数概念中所说的任一形式，包括代数式子和超越式子.

18 世纪中叶，欧拉(Euler，瑞士，1707—1783)给出了非常形象的、一直沿用至今的函数符号. 欧拉给出的定义是：一个变量的函数是由这个变量和一些数(即常数)以任何方式组成的解析表达式. 他把约翰·伯努利给出的函数定义称为解析函数，并进一步把它区分为代数函数(只有自变量间的代数运算)和超越函数(三角函数、对数函数以及变量的无理数幂所表示的函数)，还考虑了“随意函数”(表示任意画出曲线的函数)，不难看出，欧拉给出的函数定义比约翰·伯努利的定义更普遍、更具有广泛意义.

3. 19 世纪函数概念——对应关系下的函数

1822 年，傅里叶(Fourier，法国，1768—1830)发现某些函数可用曲线表示，也可用一个或多个式子表示，从而结束了函数概念是否以唯一一个式子表示的争论，把对函数的认识又推进了一个新的层次. 1823 年，柯西(Cauchy，法，1789—1857)从定义变量开始给出了函数的定义，同时指出：虽然无穷级数是规定函数的一种有效方法，但是对函数来说不一定要有解析表达式，不过他仍然认为函数关系可以用多个解析式来表示，这是一个很大的局限，突破这一局限的是杰出数学家狄利克雷.

1837 年，狄利克雷(Dirichlet，德国，1805—1859)认为怎样去建立 x 与 y 之间的关系无关紧要，他拓广了函数概念，指出：“对于在某区间上的每一个确定的 x 值，y 都有一个或多个确定的值，那么 y 叫作 x 的函数.” 狄利克雷的函数定义，避免了以往函数定义中所有关于依赖关系的描述，以简明精确、完全清晰的方式为所有数学家接受. 至此，我们可以说，函数概念、函数的本质定义已经形成，这就是人们常说的经典函数定义.

等到康托尔(Cantor，德国，1845—1918)创立的集合论在数学中占有重要地位之后，维布伦(Veblen，美，1880—1960)用“集合”和“对应”的概念给出了近代函数定义，通过集合概念，把函数的对应关系、定义域及值域进一步具体化了，且打破了“变量是数”的极限——变量可以是数，也可以是其他对象(点、线、面、体、向量、矩阵等).

4. 现代函数概念——集合论下的函数

1914 年，豪斯道夫(Hausdorff)在《集合论纲要》中用“序偶”来定义函数. 其优点是避开了意义不明确的“变量”“对应”概念，其不足之处是又引入了不明确的概念“序偶”. 库拉托夫斯基(Kuratowski)于 1921 年用集合概念来定义“序偶”，即序偶(a, b)为集合$\{\{a\}, \{b\}\}$，这样，就使豪斯道夫的定义很严谨了. 1930 年，新的现代函数定义为：若对集合 M 的任意元素 x，总有集合 N 确定的元素 y 与之对应，则称在集合 M 上定义一个函数，记为 $y=f(x)$. 元素 x 称为自变元，元素 y 称为因变元.

函数概念的定义经过 300 多年的锤炼、变革，形成了函数的现代定义形式，但这并不意味着函数概念发展的历史终结. 20 世纪 40 年代，出于物理学研究的需要，人们发现了一种叫作 Dirac-δ 函数，它只在一点处不为零，而在全直线上的积分却等于 1，这在原来的函数和积分的定义下是不可思议的，但由于广义函数概念的引入，把函数、测度及以上所述的 Dirac-δ 函数等概念统一了起来. 因此，随着以数学为基础的其他学科的发展，函数的概念还会继续扩展.

第二章 极限与连续

本章我们将要开始学习高等数学，高等数学与初等数学有着很大的差别. 初等数学主要研究事物相对静止状态时的数量关系，而高等数学主要研究事物运动、变化过程中的数量关系. 极限是研究事物动态数量关系问题的最基本的思维方式，在高等数学中，微积分的概念、性质等都建立在极限的基础上. 由此可见，极限思想是高等数学的基础，是研究微积分学的基本工具.

讨论极限与连续时，首先从几何入手，以直观、形象的语言来描述极限的概念，然后介绍极限运算，再用极限的方法讨论无穷小及函数的连续性等.

第一节 极限的概念

在中学数学中，我们就知道半径为 R 的圆的面积为 πR^2，但是得到圆面积这个计算公式却是不容易的. 因为人们最初只知道直线长度和多边形面积的计算方法，要在直线长度和多边形面积的基础上求圆面积有很多困难，三国时代我国著名数学家刘徽创造了“割圆术”，运用极限思想成功地推算出圆周率和圆的面积.

对于一个圆，先作圆内接正六边形，记其面积为 A_1，再作圆内接正十二边形，记其面积为 A_2，依次循环下去，每次所作圆内接正多边形的边数成倍增加. 最后得到一系列圆内接正多边形的面积：

$$A_1, A_2, A_3, \cdots, A_n, \cdots$$

构成一列有次序的数. 其中，内接正 $6\times 2^{n-1}$ 边形的面积记为 $A_n(n\in\mathbf{N}^+)$.

不难发现，n 越大，对应的内接正多边形就越贴近于圆，即圆与正多边形的面积之差就越小，以 A_n 作为圆面积的近似值就越精确. 但是无论内接正多边形的边数有多大，所计算的 A_n 始终不是圆的面积. 于是设想，如果 n 无限增大(记为 $n\to\infty$，读作 n 趋于无穷大)时，A_n 无限接近于某个确定的数，称这个确定的数为上面给出的一系列有次序的数的极限.

一、数列的极限

定义在自然数集 $\mathbf{N}$ 上的按照一定顺序排列起来的一组数称为数列. 记为

$$x_1, x_2, x_3, \cdots, x_n, \cdots$$

简记为$\{x_n\}$，其中 x_1，x_2，x_3，…称为数列的**项**，x_n 称为数列的**通项**或**一般项**.

若数列只有有限项，叫作有穷数列；若数列有无数项，叫作无穷数列. 这里讨论的数列都是无穷数列.

例 2－1 下面四个数列，当 n 无限增大时，讨论它们的变化趋势.

(1) $\frac{1}{2}, \frac{2}{3}, \frac{3}{4}, \frac{4}{5}, \cdots, \frac{n}{n+1}, \cdots$;

(2) 2，4，8，16，…，2^n，…；

(3) $\frac{1}{2}$，$\frac{1}{4}$，$\frac{1}{8}$，$\frac{1}{16}$，…，$\frac{1}{2^n}$，…；

(4) 0，$\frac{3}{2}$，$\frac{2}{3}$，$\frac{5}{4}$，…，$\frac{n+(-1)^n}{n}$，….

根据数列作图 2－1.

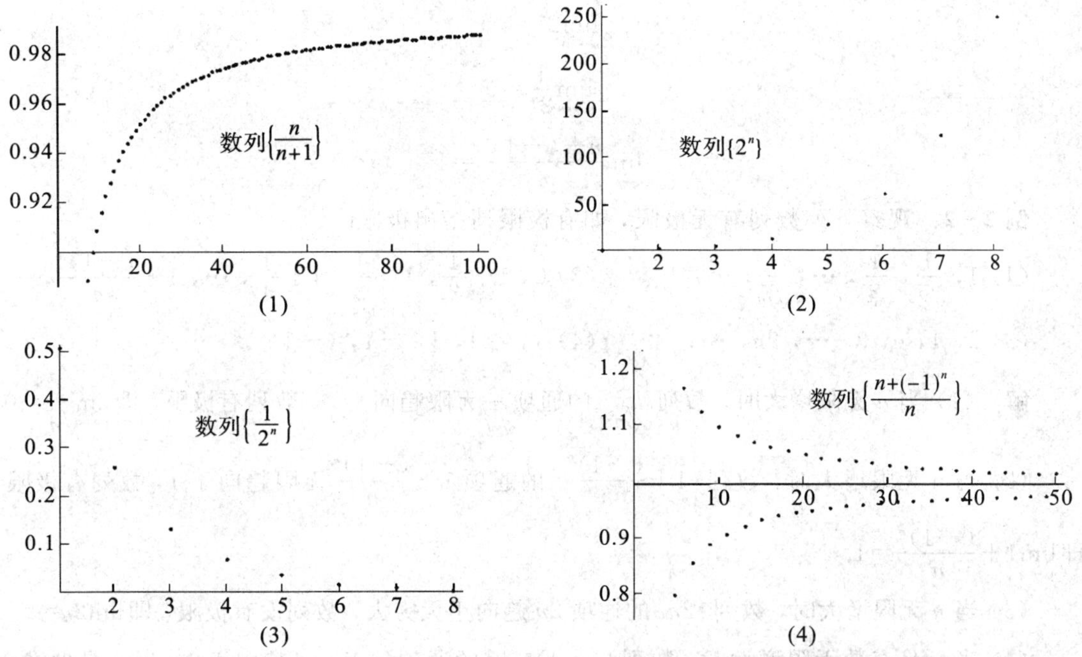

图 2－1

根据图 2－1 我们可以看出，当 n 无限增大时，数列(1)、(4)无限地趋近于 1，数列(3)无限地趋近于 0，而数列(2)并不趋近于任何常数.

通过观察可以看出，数列$\{x_n\}$的一般项 x_n 的变化趋势有两种情形：无限趋近于某个确定的常数和不趋近于任何确定的常数，这样可以得到数列极限的初步定义.

定义 2－1　设有数列$\{x_n\}$，如果 n 无限增大时，通项 x_n 无限地趋近于某个确定的常数 A，则称 A 是数列$\{x_n\}$当 n 趋于无穷大时的**极限**. 记为

$$\lim_{n\to\infty}x_n=A \text{ 或 } x_n\to A(n\to\infty)$$

读作"当 n 趋向于无穷大时，数列$\{x_n\}$的极限等于 A"或"当 n 趋于无穷大时，x_n 趋于 A".

这时也称数列$\{x_n\}$为**收敛数列**或数列$\{x_n\}$收敛于 A.

但并不是任何数列都有极限，例如，数列$-\frac{1}{2}$，$\frac{2}{3}$，$-\frac{3}{4}$，$\frac{4}{5}$，…，$(-1)^n\frac{n}{n+1}$，…正负交错，当 n 无限增大时，不趋近于任何确定的常数；数列-1，2，-3，4，…，$(-1)^n n$，…随着 n 无限增大，其绝对值$|(-1)^n n|$无限增大，也不趋近于任何确定的常数.

当 n 无限增大时，数列的一般项不趋近于任何确定的常数，我们给出下面定义.

定义 2－2　设数列$\{x_n\}$，当 n 无限增大时，x_n 不趋近于任何确定的唯一常数，则数列$\{x_n\}$没有极限，或称数列$\{x_n\}$为**发散数列**.

当 n 无限增大时，如果 $|x_n|$ 无限增大，那么数列 $\{x_n\}$ 没有极限，这时，习惯上也称数列 $\{x_n\}$ 的极限是无穷大，记作 $\lim\limits_{n\to\infty}x_n=\infty$.

如 $\lim\limits_{n\to\infty}(-1)^{n+1}$ 和 $\lim\limits_{n\to\infty}(-1)^n n$ 都没有极限，但后者可以记作 $\lim\limits_{n\to\infty}(-1)^n n=\infty$.

于是，对于例 2-1 我们可以表示为

$$\lim_{n\to\infty}\frac{n}{n+1}=1$$

$$\lim_{n\to\infty}2^n=\infty$$

$$\lim_{n\to\infty}\frac{1}{2^n}=0$$

$$\lim_{n\to\infty}\frac{n+(-1)^n}{n}=1$$

例 2-2 观察下列数列有无极限，如有极限请指出极限.

(1) $1, \frac{1}{\sqrt{2}}, \frac{1}{\sqrt{3}}, \cdots, \frac{1}{\sqrt{n}}, \cdots$；(2) $0, 1+\frac{1}{2}, 1-\frac{1}{3}, 1+\frac{1}{4}, \cdots, 1+\frac{(-1)^n}{n}, \cdots$；

(3) $2, 4, 6, 8, \cdots, 2n, \cdots$；(4) $1, -1, 1, -1, (-1)^{n+1}, \cdots$.

解 (1) 当 n 无限增大时，数列 $\left\{\frac{1}{\sqrt{n}}\right\}$ 的通项 $\frac{1}{\sqrt{n}}$ 无限趋向于 0，数列有极限，即 $\lim\limits_{n\to\infty}\frac{1}{\sqrt{n}}=0$.

(2) 当 n 无限增大时，数列 $\left\{1+\frac{(-1)^n}{n}\right\}$ 的通项 $1+\frac{(-1)^n}{n}$ 无限趋向于 1，数列有极限，即 $\lim\limits_{n\to\infty}1+\frac{(-1)^n}{n}=1$.

(3) 当 n 无限增大时，数列 $\{2n\}$ 的通项 $2n$ 趋向于无穷大，数列没有极限，即 $\lim\limits_{n\to\infty}2n=\infty$.

(4) 当 n 是奇数无限增大时，数列 $\{(-1)^{n+1}\}$ 的通项 $(-1)^{n+1}$ 趋向于 1；当 n 是偶数无限增大时，数列 $\{(-1)^{n+1}\}$ 的通项 $(-1)^{n+1}$ 趋向于 -1，数列不趋向于唯一确定的常数，故 $\lim\limits_{n\to\infty}(-1)^{n+1}$ 不存在.

二、函数的极限

数列 $\{x_n\}$ 的通项 x_n 可以看作是关于 n 的函数，即 $x_n=f(n)$. 函数的极限与数列的极限本质上是一样的，只是自变量的变化趋势不同. 在数列中，n 是离散的、跳跃的，而在函数中，x 是连续的. 于是有以下两种类型.

1. 当 $x\to\infty$ 时，函数 $f(x)$ 的极限

定义 2-3 如果函数 $f(x)$ 在 $|x|$ 无限增大 ($x\to\infty$) 时有定义，函数 $f(x)$ 无限趋近于某一个确定的常数 A，则称 A 是函数 $f(x)$ 当 $x\to\infty$ 时的极限. 记为

$$\lim_{x\to\infty}f(x)=A \quad 或 \quad f(x)\to A(x\to\infty)$$

如图 2-2，$f(x)=\frac{1}{x}$，当 $x\to\infty$ 时，函数 $f(x)$ 无限趋近于 0，即 $\lim\limits_{x\to\infty}\frac{1}{x}=0$. 可以看出，$|x|$ 无限增大是两个方向的分别无限增大，如图 2-3 所示，即当 $x>0$ 且 $|x|$ 无限增大时，我们称 x 趋向于正无穷大，记为 $x\to+\infty$；当 $x<0$ 且 $|x|$ 无限增大时，我们称 x 趋向于负无穷大，记为 $x\to-\infty$. 于是有 $\lim\limits_{x\to+\infty}f(x)$ 和 $\lim\limits_{x\to-\infty}f(x)$.

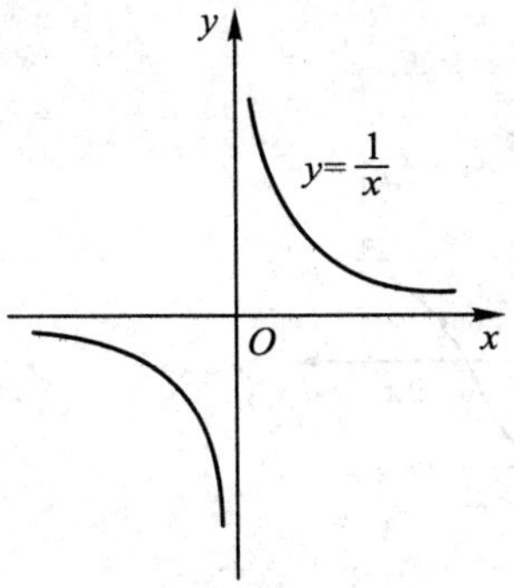

图 2-2

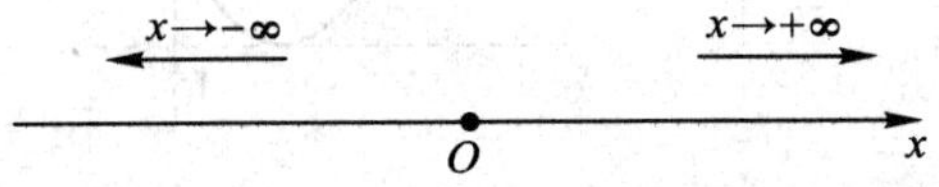

图 2-3

如图 2-4，$f(x)=\arctan x$，当 $x\to+\infty$时，函数 $f(x)$ 无限趋近于$\frac{\pi}{2}$；当 $x\to-\infty$时，函数 $f(x)$ 无限趋近于 $-\frac{\pi}{2}$，于是相应地可以得出

$$\lim_{x\to+\infty}\arctan x=\frac{\pi}{2}$$

$$\lim_{x\to-\infty}\arctan x=-\frac{\pi}{2}$$

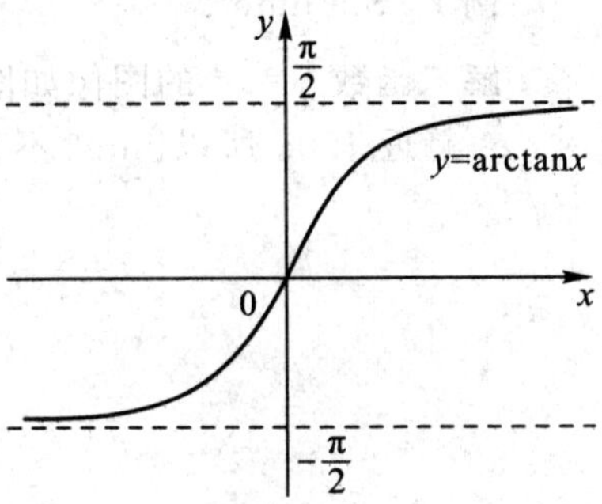

图 2-4

因此$\lim\limits_{x\to\infty}\arctan x$ 不存在.

定理 2-1　当 $x\to\infty$时，函数 $f(x)$的极限存在的充要条件是$\lim\limits_{x\to+\infty}f(x)$和$\lim\limits_{x\to-\infty}f(x)$都存在且相等. 即

$$\lim_{x\to\infty}f(x)=A\Leftrightarrow\lim_{x\to+\infty}f(x)=\lim_{x\to-\infty}f(x)=A$$

例 2-3　求$\lim\limits_{x\to\infty}\left(1+\frac{1}{x^2}\right)$.

解　函数 $y=1+\frac{1}{x^2}$的图像如图 2-5 所示. 当 $x\to+\infty$时，$\frac{1}{x^2}$无限变小，函数值无限接近于 1；当 $x\to-\infty$时，函数值也无限接近于 1，于是有

$$\lim_{x\to\infty}\left(1+\frac{1}{x^2}\right)=1$$

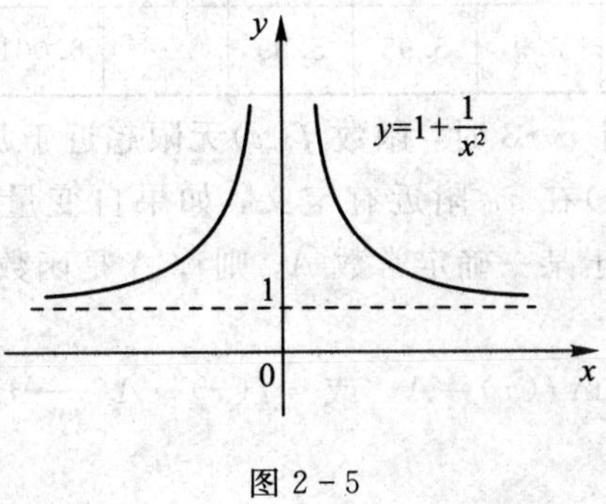

图 2-5

例 2-4　求$\lim\limits_{x\to\infty}\sin x$.

解　函数 $y=\sin x$ 的图像如图 2-6 所示. 当 $x\to\infty$时，$\sin x$ 的值总是在 1 和-1 之间

变化，但不趋近于一个确定的数值. 故$\lim\limits_{x\to\infty}\sin x$不存在.

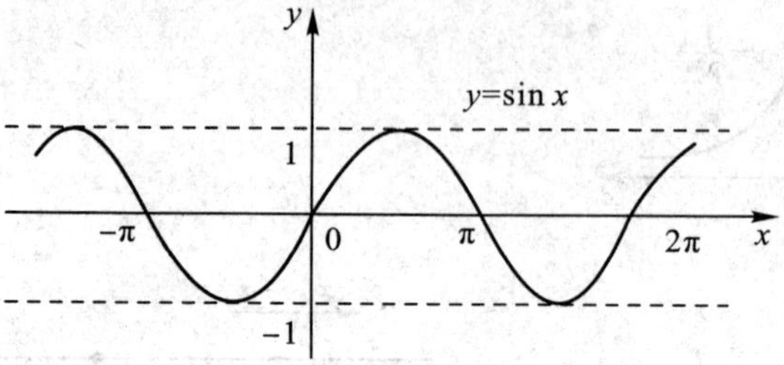

图 2-6

例 2-5 $\lim\limits_{x\to\infty}e^x$.

解 函数 $y=e^x$ 的图像如图 2-7 所示. 当 $x\to+\infty$时，e^x 趋近于无穷大；当 $x\to-\infty$时，e^x 趋近于 0. 所以$\lim\limits_{x\to\infty}e^x$ 不存在.

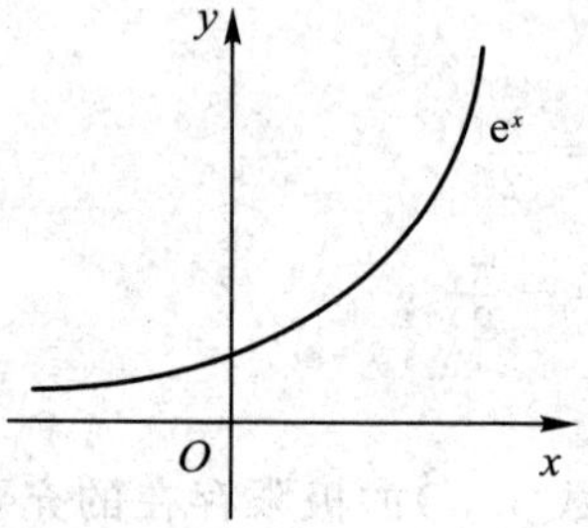

图 2-7

2. 当 $x\to x_0$ 时，函数 $f(x)$的极限

在函数中，x 除了可以连续地增大，还有可能无限地趋近于一个常数 x_0，这时的函数值会怎样变化呢？

下面我们来验证函数 $f(x)=\dfrac{x^2-9}{x-3}$，当 x 无限接近 3 时，函数值的变化情况如表 2-1 所示.

表 2-1

x	2.5	2.8	2.9	2.95	2.99	…	3.001	3.01	3.05	3.1	3.2
$f(x)=\dfrac{x^2-9}{x-3}$	5.5	5.8	5.9	5.95	5.99	…	6.001	6.01	6.05	6.1	6.2

由表 2-1 可以看出，当 $x\to3$ 时，函数 $f(x)$无限趋近于常数 6.

定义 2-4 设函数 $f(x)$在 x_0 附近有定义，如果自变量 x 趋近于 x_0(但始终不等于 x_0)时，函数 $f(x)$无限趋近于某一确定常数 A，则称 A 是函数 $f(x)$当 x 无限趋近于 x_0 时的极限. 记为

$$\lim_{x\to x_0}f(x)=A \quad 或 \quad f(x)\to A(x\to x_0)$$

否则，称极限不存在.

根据定义 2-4 我们很容易得出如下结论：

(1) $\lim\limits_{x\to x_0}x=x_0$.

(2) $\lim\limits_{x\to x_0}C=C$($C$为任意常数).

注：(1) 函数$f(x)$在x_0处可以无定义.

(2) 定义中$x\to x_0$是从x_0的两侧同时趋近于x_0．当x在x_0的右侧($x>x_0$)而趋向于x_0时，记作$x\to x_0^+$；当x在x_0的左侧($x<x_0$)而趋向于x_0时，记作$x\to x_0^-$.

有些函数只在x_0左侧(右侧)有定义，或者我们只需要考虑函数在x_0左侧(右侧)的极限，此时就需要引入左(右)极限的概念.

定义 2-5　设函数$f(x)$在x_0的右侧附近，除去x_0以外都有定义，当x在x_0的右侧($x>x_0$)而趋向于x_0时，函数$f(x)$以A为极限，此时称A为$f(x)$的右极限，记作

$$\lim_{x\to x_0^+}f(x)=A$$

设函数$f(x)$在x_0的左侧附近，除去x_0以外都有定义，当x在x_0的左侧($x<x_0$)而趋向于x_0时，函数$f(x)$以A为极限，此时称A为$f(x)$的左极限，记作

$$\lim_{x\to x_0^-}f(x)=A$$

例如，函数$f(x)=\sqrt{x}$只在$x_0=0$右侧有定义，从而只考虑$x\to x_0^+$的情况，且有$\lim\limits_{x\to x_0^+}\sqrt{x}=0$．于是，0是函数$f(x)=\sqrt{x}$的右极限.

定理 2-2　当$x\to x_0$时，函数$f(x)$的极限存在的充要条件是$\lim\limits_{x\to x_0^+}f(x)$和$\lim\limits_{x\to x_0^-}f(x)$都存在且相等．即

$$\lim_{x\to x_0}f(x)=A\Leftrightarrow\lim_{x\to x_0^+}f(x)=\lim_{x\to x_0^-}f(x)=A$$

例 2-6　分析下面几个函数在$x\to 0$时的极限情况.

(1) $y=\begin{cases}1, & x<0\\ x, & x>0\end{cases}$；　　(2) $y=\dfrac{1}{x}$.

解　(1) 因为当$x\to 0$时，$\lim\limits_{x\to 0^-}f(x)=1$，$\lim\limits_{x\to 0^+}f(x)=0$．所以

$$\lim_{x\to 0^-}f(x)\neq\lim_{x\to 0^+}f(x)$$

故$\lim\limits_{x\to 0}f(x)$不存在.

(2) 因为当$x\to 0$时，$|f(x)|$无穷增大，故$\lim\limits_{x\to 0}f(x)$不存在.

例 2-7　设$y=\begin{cases}x^2+3x+5, & x\leqslant 0\\ x^2+2x+1, & 0<x\leqslant 2\\ 5x-1, & x>2\end{cases}$，求$\lim\limits_{x\to -1}f(x)$，$\lim\limits_{x\to 0}f(x)$，$\lim\limits_{x\to 1}f(x)$，$\lim\limits_{x\to 2}f(x)$.

解　因为

$$\lim_{x\to 0^-}f(x)=\lim_{x\to 0^-}(x^2+3x+5)=5,\ \lim_{x\to 0^+}f(x)=\lim_{x\to 0^+}(x^2+2x+1)=1$$

所以

$$\lim_{x\to 0^-}f(x)\neq\lim_{x\to 0^+}f(x)$$

故$\lim\limits_{x\to 0}f(x)$不存在.

$$\lim_{x\to-1}f(x)=\lim_{x\to-1}(x^2+3x+5)=3$$

$$\lim_{x\to1}f(x)=\lim_{x\to1}(x^2+2x+1)=4$$

因为

$$\lim_{x\to2^-}f(x)=\lim_{x\to2^-}(x^2+2x+1)=9,\ \lim_{x\to2^+}f(x)=\lim_{x\to2^+}(5x-1)=9$$

所以

$$\lim_{x\to2}f(x)=9$$

由此，我们可知，求分段函数分界点处的极限时，应分别考虑其左、右极限，当左、右极限都存在且相等时，极限存在；否则，极限不存在.

练习题 2-1

1. 当 $n\to\infty$ 时，判断下列数列的敛散性：

(1) $x_n=\dfrac{n+1}{n}$；

(2) $x_n=2^{\frac{1}{n}}$；

(3) $x_n=\begin{cases}\dfrac{3n-1}{n},n\text{为奇数}\\ \dfrac{3n+1}{n},n\text{为偶数}\end{cases}$；

(4) $x_n=(-1)^n\dfrac{1}{n}$；

(5) $x_n=\begin{cases}n,n\text{为偶数}\\ \dfrac{1}{n},n\text{为奇数}\end{cases}$；

(6) $x_n=\dfrac{1}{n}\cos nx$；

(7) $x_n=(-1)^{2n}$；

(8) $x_n=(-1)^{3n}$；

(9) $x_n=2+\dfrac{1}{n^2}$；

(10) $x_n=n+(-1)^n$.

2. 求下列各极限：

(1) $\lim\limits_{x\to-\infty}3^x$；

(2) $\lim\limits_{x\to+\infty}\left(\dfrac{2}{3}\right)^x$；

(3) $\lim\limits_{x\to\infty}\left(3-\dfrac{1}{x}\right)$；

(4) $\lim\limits_{x\to+\infty}e^x$.

3. 若函数 $f(x)=x^2-2x+1$，当 $x\to1$ 时，$f(x)$的极限是多少？

4. 作函数 $f(x)=\dfrac{|x|}{x}$的图像，并判断$\lim\limits_{x\to0}f(x)$极限的存在情况.

5. 设 $f(x)=\begin{cases}1-x, & 0\leqslant x<1,\\ 1, & x=1\\ 3-x, & 1<x\leqslant2\end{cases}$，求 $\lim\limits_{x\to1^-}f(x)$，$\lim\limits_{x\to1^+}f(x)$，并讨论$\lim\limits_{x\to1}f(x)$是否存在.

6. 设 $f(x)=\begin{cases}1+x, & x\leqslant1\\ x, & 1<x\leqslant2\\ x^2-2, & x>2\end{cases}$，求 $\lim\limits_{x\to-1}f(x)$，$\lim\limits_{x\to1}f(x)$，$\lim\limits_{x\to2}f(x)$，$\lim\limits_{x\to3}f(x)$.

第二节　极限的运算法则

前面我们学习了极限的概念，以及利用观察函数变化过程的方法来求一些简单函数的极限. 但是实际问题中的函数极限却要复杂很多，利用观察函数变化过程的方法较难得到准确的极限值. 下面我们来介绍一些求极限的基本运算法则和基本方法.

一、极限的四则运算法则

设$\lim\limits_{x\to x_0} f(x)=A$，$\lim\limits_{x\to x_0} g(x)=B$，则有下列运算法则：

(1) $\lim\limits_{x\to x_0}[f(x)\pm g(x)]=\lim\limits_{x\to x_0} f(x)\pm\lim\limits_{x\to x_0} g(x)=A\pm B$；

(2) $\lim\limits_{x\to x_0}[f(x)\cdot g(x)]=\lim\limits_{x\to x_0} f(x)\cdot\lim\limits_{x\to x_0} g(x)=A\cdot B$；

(3) $\lim\limits_{x\to x_0} C\cdot f(x)=C\cdot\lim\limits_{x\to x_0} f(x)=C\cdot A$（$C$为任意常数）；

(4) $\lim\limits_{x\to x_0}[f(x)]^n=[\lim\limits_{x\to x_0} f(x)]^n=A^n$（$n$为正整数）；

(5) $\lim\limits_{x\to x_0}\left(\dfrac{f(x)}{g(x)}\right)=\dfrac{\lim\limits_{x\to x_0} f(x)}{\lim\limits_{x\to x_0} g(x)}=\dfrac{A}{B}(B\neq 0)$.

注　① 上面的法则对于$x\to\infty$时仍成立.

② 上述法则(1)和(2)可以推广到有限个函数的情况.

例 2-8　求$\lim\limits_{x\to 2}(2x^2+x+3)$.

解　由法则(1)、(3)和(4)，得

$$\begin{aligned}\lim_{x\to 2}(2x^2+x+3)&=\lim_{x\to 2}2x^2+\lim_{x\to 2}x+\lim_{x\to 2}3\\&=2\,(\lim_{x\to 2}x)^2+\lim_{x\to 2}x+\lim_{x\to 2}3\\&=2\times 2^2+2+3\\&=13\end{aligned}$$

一般地，对多项式函数 $p_n(x)=a_0x^n+a_1x^{n-1}+\cdots+a_n$，有

$$\lim_{x\to x_0} p_n(x)=a_0x_0^n+a_1x_0^{n-1}+\cdots+a_n=p_n(x_0)$$

例 2-9　求$\lim\limits_{x\to 1}\dfrac{x^2+3x+2}{x^3-x+6}$.

解　因为$\lim\limits_{x\to 1}(x^3-x+6)=6\neq 0$，所以由法则(5)，得

$$\lim_{x\to 1}\frac{x^2+3x+2}{x^3-x+6}=\frac{\lim\limits_{x\to 1}(x^2+3x+2)}{\lim\limits_{x\to 1}(x^3-x+6)}=\frac{6}{6}=1$$

一般地，若 $f(x)=\dfrac{P_n(x)}{Q_m(x)}$，$P_n(x)$和$Q_m(x)$分别为$x$的$n$次、$m$次多项式，$Q_m(x)\neq 0$，则

$$\lim_{x\to x_0}\frac{P_n(x)}{Q_m(x)}=\frac{\lim\limits_{x\to x_0} P_n(x)}{\lim\limits_{x\to x_0} Q_m(x)}=\frac{P_n(x_0)}{Q_m(x_0)}$$

以上例题在求极限的运算中，都是极限存在且分母极限不为0的情况，这样的极限比较简单，直接应用运算法则即可，这种求极限的方法称为“代入法”．但并不是所有的极限都能用代入法来求解，比如，求函数$\lim\limits_{x\to 1}\dfrac{x^2-1}{x-1}$、$\lim\limits_{x\to\infty}\dfrac{3x^3+x+3}{x^3+1}$的极限，很显然就不能使用运算法则来求．这时我们就要学习几种特殊极限的求法．

二、未定式的极限

在同一变化过程中，如果分子、分母的极限都为零，这样的极限形式称为未定式，记作“$\dfrac{0}{0}$”型极限．类似的未定式还有“$\dfrac{\infty}{\infty}$”型极限和“$\infty-\infty$”型极限等．对于未定式的极限，每一类型都有各自的求解方法，下面我们通过几道例题来分析．

例 2-10 求$\lim\limits_{x\to 1}\dfrac{x^2-1}{x-1}$.

解 因为$x\to 1$时，$x^2-1\to 0$，$x-1\to 0$，所以这个极限是“$\dfrac{0}{0}$”型的极限．分子、分母都可以分解因式，且分子、分母有公共的零因子$(x-1)$，故可同时消去公共的零因子$(x-1)$．即

$$\lim_{x\to 1}\frac{x^2-1}{x-1}=\lim_{x\to 1}\frac{(x-1)(x+1)}{x-1}=\lim_{x\to 1}(x+1)=2$$

这种求极限的方法叫作“去零因子”法，常用于求“$\dfrac{0}{0}$”型的极限．

例 2-11 求$\lim\limits_{x\to -2}\dfrac{x^2-4}{x^2+8x+12}$.

解 这是“$\dfrac{0}{0}$”型的极限，用“去零因子”法求解．

$$\lim_{x\to -2}\frac{x^2-4}{x^2+8x+12}=\lim_{x\to -2}\frac{(x-2)(x+2)}{(x+6)(x+2)}=\lim_{x\to -2}\frac{x-2}{x+6}=-1$$

例 2-12 求$\lim\limits_{x\to 0}\dfrac{1-\sqrt{1-x}}{x}$.

解 这是“$\dfrac{0}{0}$”型的极限，且分子是无理式，故先将分子有理化，再用“去零因子”法．

$$\lim_{x\to 0}\frac{1-\sqrt{1-x}}{x}=\lim_{x\to 0}\frac{(1-\sqrt{1-x})(1+\sqrt{1-x})}{x(1+\sqrt{1-x})}=\lim_{x\to 0}\frac{x}{x(1+\sqrt{1-x})}$$
$$=\lim_{x\to 0}\frac{1}{(1+\sqrt{1-x})}=\frac{1}{2}$$

由以上例题可知，当$f(x)$为分式，且分子、分母在x_0处的函数值(极限)为0时(称为“$\dfrac{0}{0}$” 型极限)，不能直接用极限运算法则．可用以下方法求其极限：

(1) 若$f(x)$为有理分式，可对其分子、分母分解因式，约去公共的零因子后，再求极限．

(2) 若$f(x)$中含有无理式，可先对其有理化，约去公共的零因子后，再求其极限．

例 2-13　求$\lim\limits_{x\to\infty}\dfrac{3x^3+x+3}{x^3+1}$.

解　当$x\to\infty$时，分子、分母都是无穷大，记作“$\dfrac{\infty}{\infty}$”型极限. 这类极限也不能直接利用极限运算法则，可分子、分母同时除x^3，则

$$\lim_{x\to\infty}\frac{3x^3+x+3}{x^3+1}=\lim_{x\to\infty}\frac{\dfrac{3x^3+x+3}{x^3}}{\dfrac{x^3+1}{x^3}}=\lim_{x\to\infty}\frac{3+\dfrac{1}{x^2}+\dfrac{3}{x^3}}{1+\dfrac{1}{x^3}}=3$$

例 2-14　求$\lim\limits_{x\to\infty}\dfrac{3x^2-2x-1}{2x^3-x^2+5}$.

解　这是“$\dfrac{\infty}{\infty}$”型极限，分子、分母同时除x^3，则

$$\lim_{x\to\infty}\frac{3x^2-2x-1}{2x^3-x^2+5}=\lim_{x\to\infty}\frac{\dfrac{3x^2-2x-1}{x^3}}{\dfrac{2x^3-x^2+5}{x^3}}=\lim_{x\to\infty}\frac{\dfrac{3}{x}-\dfrac{2}{x^2}-\dfrac{1}{x^3}}{2-\dfrac{1}{x}+\dfrac{5}{x^2}}=0$$

例 2-15　求$\lim\limits_{x\to\infty}\dfrac{3x^3+2x-1}{2x^2+x-2}$.

解　先求$\lim\limits_{x\to\infty}\dfrac{2x^2+x-2}{3x^3+2x-1}$，分子、分母同时除$x^3$，则

$$\lim_{x\to\infty}\frac{2x^2+x-2}{3x^3+2x-1}=\lim_{x\to\infty}\frac{\dfrac{2x^2+x-2}{x^3}}{\dfrac{3x^3+2x-1}{x^3}}=\lim_{x\to\infty}\frac{\dfrac{2}{x}+\dfrac{1}{x^2}-\dfrac{2}{x^3}}{3+\dfrac{2}{x^2}-\dfrac{1}{x^3}}=0$$

故$\lim\limits_{x\to\infty}\dfrac{3x^3+2x-1}{2x^2+x-2}=\infty$.

由上面的例子可知，对于“$\dfrac{\infty}{\infty}$”型极限，如果分子、分母都是x的多项式，则可用x的最高次幂同除分子与分母.

以上三例的方法可以推广到一般情形，结论可直接应用.

$$\lim_{x\to\infty}\frac{a_0x^m+a_1x^{m-1}+\cdots+a_m}{b_0x^n+b_1x^{n-1}+\cdots+b_n}=\begin{cases}\dfrac{a_0}{b_0},\ m=n,\ b_0\neq0\\0,\quad m<n\\\infty,\ m>n\end{cases}$$

例 2-16　求$\lim\limits_{x\to2}\left(\dfrac{1}{x-2}-\dfrac{4}{x^2-4}\right)$.

解　这是“$\infty-\infty$”型，不能直接利用极限运算法则，一般先通分，再求极限.

$$\lim_{x\to2}\left(\frac{1}{x-2}-\frac{4}{x^2-4}\right)=\lim_{x\to2}\frac{x+2-4}{x^2-4}=\lim_{x\to2}\frac{x-2}{x^2-4}=\lim_{x\to2}\frac{1}{x+2}=\frac{1}{4}$$

例 2-17　求$\lim\limits_{x\to+\infty}(\sqrt{x^2+2x}-x)$.

解　这是“$\infty-\infty$”型，不能直接利用极限运算法则，一般需要先将分子有理化.

$$\lim_{x\to+\infty}(\sqrt{x^2+2x}-x)=\lim_{x\to+\infty}\frac{(\sqrt{x^2+2x}-x)(\sqrt{x^2+2x}+x)}{\sqrt{x^2+2x}+x}$$

$$=\lim_{x\to+\infty}\frac{2x}{\sqrt{x^2+2x}+x}=\lim_{x\to+\infty}\frac{2}{\sqrt{1+\frac{2}{x}}+1}=1$$

由以上例题可知：

(1) 若极限属于“$\infty-\infty$”型，并且为“分式－分式”的形式，则可先经过通分化简，再求其极限.

(2) 若极限属于“$\infty-\infty$”型，并且为“根号－根号”(或“根号－有理式”)的形式，则可先经过有理化进行化简，再求其极限.

因此，对于未定式(“$\frac{0}{0}$”“$\frac{\infty}{\infty}$”“$\infty-\infty$”)极限不能直接用极限运算法则，必须先对函数进行恒等变形(约分、通分、有理化等)，再求极限.

练习题 2-2

求下列极限：

(1) $\lim\limits_{x\to 2}(x^2-3x+1)$；

(2) $\lim\limits_{x\to 1}\frac{x^2+2x+1}{x^2+1}$；

(3) $\lim\limits_{x\to\infty}\left(2+\frac{3}{x}+\frac{1}{x^2}\right)$；

(4) $\lim\limits_{x\to 1}\left(\frac{1}{x+1}-\frac{2}{x^3+1}\right)$；

(5) $\lim\limits_{x\to 1}\frac{x^2-2x+1}{x^2-1}$；

(6) $\lim\limits_{x\to 0}\frac{1-\sqrt{x^2+1}}{x}$；

(7) $\lim\limits_{x\to 2}\frac{x^2-4}{x-2}$；

(8) $\lim\limits_{x\to\infty}\frac{2x^2+x-1}{4x^3+x^2+1}$；

(9) $\lim\limits_{x\to\infty}\frac{3x^3+x^2+1}{5x^3-x^2}$；

(10) $\lim\limits_{x\to\infty}\frac{2x^3+x-1}{4x^2+x+1}$；

(11) $\lim\limits_{x\to 1}\left(\frac{1}{x-1}-\frac{2}{x^2-1}\right)$；

(12) $\lim\limits_{x\to+\infty}(\sqrt{x^2+x}-x)$；

(13) $\lim\limits_{x\to\infty}\frac{4x^3+2x-1}{2x^2-x}$；

(14) $\lim\limits_{x\to\infty}\frac{4x^3-1}{8x^3+12x+2}$；

(15) $\lim\limits_{x\to 4}\frac{2-\sqrt{x}}{3-\sqrt{2x+1}}$；

(16) $\lim\limits_{x\to+\infty}\frac{(x^2+x)\arctan x}{4x^2-1}$；

(17) $\lim\limits_{x\to\infty}\frac{(x-3)^{20}(x+2)^{30}}{(x-1)^{50}}$；

(18) $\lim\limits_{h\to 0}\frac{(x+h)^3-x^3}{h}$.

第三节　两个重要极限

一、重要极限 I　$\lim\limits_{x\to 0}\frac{\sin x}{x}=1$

这个极限是一种特殊的“$\frac{0}{0}$”型极限，特殊之处是这个函数含有三角函数，且分子、分母没有共同的零因子. 下面我们通过列表的方式来观察其变化的趋势(如表 2-2 所示).

表 2－2

x	…	-0.1	-0.05	-0.01	…	0.01	0.05	0.1	…
$\sin x$	…	$-0.099\ 83$	$-0.049\ 98$	$-0.009\ 99$	…	0.009 99	0.049 98	0.099 83	…
$\dfrac{\sin x}{x}$	…	0.9983	0.999 58	0.999 98	…	0.999 98	0.999 58	0.998 33	…

从表 2－2 可以看出：

$$当\ x\to 0\ 时，\frac{\sin x}{x}\to 1$$

即有

$$\lim_{x\to 0}\frac{\sin x}{x}=1$$

这是一个非常重要的极限，称为“重要极限Ⅰ”，这个极限有两个主要特征.

(1) 趋势特征：在$\lim\limits_{x\to 0}\dfrac{\sin x}{x}$中，分子、分母趋于零，即 $\sin x\to 0$，$x\to 0$.

(2) 结构特征：在$\lim\limits_{x\to 0}\dfrac{\sin x}{x}$中，分子 $\sin x$ 中的 x 与分母 x 相同.

一般地，当遇到带有三角函数的“$\dfrac{0}{0}$”型极限时，首先考虑用这一结论去求解.

例 2－18　求$\lim\limits_{x\to 0}\dfrac{\sin 2x}{x}$.

解
$$\lim_{x\to 0}\frac{\sin 2x}{x}=\lim_{x\to 0}\frac{\sin 2x}{2x}\cdot 2\overset{令2x=u}{=\!=\!=}\lim_{u\to 0}\frac{\sin u}{u}\cdot 2=2$$

这一例题告诉我们，$\lim\limits_{x\to 0}\dfrac{\sin x}{x}=1$ 的实质就是$\lim\limits_{\square\to 0}\dfrac{\sin\square}{\square}=1$，使用时要注意□中的内容必须一致，且□→0.

例 2－19　求$\lim\limits_{x\to 0}\dfrac{\sin 3x}{\sin 5x}$.

解
$$\lim_{x\to 0}\frac{\sin 3x}{\sin 5x}=\lim_{x\to 0}\left(\frac{\sin 3x}{\sin 5x}\cdot\frac{5x}{3x}\cdot\frac{3x}{5x}\right)=\lim_{x\to 0}\left[\frac{\sin 3x}{3x}\cdot\frac{1}{\dfrac{\sin 5x}{5x}}\cdot\frac{3x}{5x}\right]=\frac{3}{5}$$

例 2－20　求$\lim\limits_{x\to 0}\dfrac{\tan x}{x}$.

解
$$\lim_{x\to 0}\frac{\tan x}{x}=\lim_{x\to 0}\frac{1}{\cos x}\cdot\frac{\sin x}{x}=\lim_{x\to 0}\frac{1}{\cos x}\cdot\lim_{x\to 0}\frac{\sin x}{x}=1$$

注　$\lim\limits_{x\to 0}\dfrac{\tan x}{x}=1$ 也可当作公式来用.

例 2－21　求$\lim\limits_{x\to 0}\dfrac{1-\cos x}{\dfrac{1}{2}x^2}$.

解
$$\lim_{x\to 0}\frac{1-\cos x}{\dfrac{1}{2}x^2}=\lim_{x\to 0}\frac{2\sin^2\dfrac{x}{2}}{\dfrac{1}{2}x^2}=\lim_{x\to 0}\left(\frac{\sin\dfrac{x}{2}}{\dfrac{x}{2}}\right)^2=1$$

例 2-22 求$\lim\limits_{x\to 1}\dfrac{\sin(x-1)}{x-1}$.

解 这里 x 不趋向于 0，故应考虑换元，使得换元所得的变量趋向于 0. 故令 $t=x-1$，则当 $x\to 1$ 时，$t\to 0$，所以

$$\lim_{x\to 1}\frac{\sin(x-1)}{x-1}=\lim_{t\to 0}\frac{\sin t}{t}=1$$

二、重要极限Ⅱ $\lim\limits_{x\to\infty}\left(1+\dfrac{1}{x}\right)^x=\mathrm{e}$

同样，我们可以采取列表的方式来观察$\left(1+\dfrac{1}{x}\right)^x$ 的变化趋势，如表 2-3 所示($x\neq 0$).

表 2-3

x	…	10	100	1000	10 000	100 000	…	$\to+\infty$
$\left(1+\dfrac{1}{x}\right)^x$	…	2.59	2.705	2.717	2.718	2.718 27	…	e
x	…	-10	-100	-1000	$-100 00$	$-100 000$	…	$\to-\infty$
$\left(1+\dfrac{1}{x}\right)^x$	…	2.88	2.732	2.720	2.7183	2.718 28	…	e

从表 2-3 可以看出，当 $x\to+\infty$和 $x\to-\infty$时，$\left(1+\dfrac{1}{x}\right)^x$ 都是无限地趋近于一个无限的不循环小数 2.718 281 828 459…，我们把这个无理数记作 e. 因此，根据极限的定义有

$$\lim_{x\to+\infty}\left(1+\frac{1}{x}\right)^x=\mathrm{e}$$

$$\lim_{x\to-\infty}\left(1+\frac{1}{x}\right)^x=\mathrm{e}$$

从而有

$$\lim_{x\to\infty}\left(1+\frac{1}{x}\right)^x=\mathrm{e}$$

这一重要极限是括号内的底数趋向于 1，而指数趋向于∞，故这一类极限可看作“1^∞”型极限，称为“重要极限Ⅱ”.

与第一个重要极限相类似，第二个重要极限也具有两个典型特征，即趋势特征和结构特征.

(1) 趋势特征：在$\lim\limits_{x\to\infty}\left(1+\dfrac{1}{x}\right)^x$ 中，$\dfrac{1}{x}\to 0$，$x\to\infty$.

(2) 结构特征：在$\lim\limits_{x\to\infty}\left(1+\dfrac{1}{x}\right)^x$ 中，$\dfrac{1}{x}$与 x 互为倒数关系.

一般地，碰到“1^∞”型极限且满足条件的可优先考虑使用这个重要极限.

例 2-23 求$\lim\limits_{x\to\infty}\left(1+\dfrac{2}{x}\right)^x$.

解 令$\dfrac{1}{u}=\dfrac{2}{x}$，则 $x=2u$，当 $x\to\infty$时，$u\to\infty$，所以

$$\lim_{x\to\infty}\left(1+\frac{2}{x}\right)^x=\lim_{u\to\infty}\left(1+\frac{1}{u}\right)^{2u}=\lim_{u\to\infty}\left[\left(1+\frac{1}{u}\right)^u\right]^2=\mathrm{e}^2$$

例 2-24 求$\lim\limits_{x\to\infty}\left(1-\dfrac{3}{x}\right)^x$.

解　$\lim\limits_{x\to\infty}\left(1-\dfrac{3}{x}\right)^{x}=\lim\limits_{x\to\infty}\left(1+\dfrac{1}{-\dfrac{x}{3}}\right)^{x}=\lim\limits_{x\to\infty}\left[\left(1+\dfrac{1}{-\dfrac{x}{3}}\right)^{-\frac{x}{3}}\right]^{-3}=\mathrm{e}^{-3}$

例 2-25　求$\lim\limits_{x\to0}(1+x)^{\frac{1}{x}}$.

解　令$x=\dfrac{1}{u}$，则$u=\dfrac{1}{x}$，当$x\to0$时，$u\to\infty$，所以

$$\lim_{x\to0}(1+x)^{\frac{1}{x}}=\lim_{u\to\infty}\left(1+\frac{1}{u}\right)^{u}=\mathrm{e}$$

从上面的例题我们可以注意到，这一重要极限可扩展为：当□里的内容一致，且□趋向于无穷大时，有$\lim\limits_{\square\to\infty}\left(1+\dfrac{1}{\square}\right)^{\square}=\mathrm{e}$成立.

另外，当□趋向于0时，也有$\lim\limits_{\square\to0}(1+\square)^{\frac{1}{\square}}=\mathrm{e}$成立.

例 2-26　求$\lim\limits_{x\to\infty}\left(\dfrac{x+1}{x-1}\right)^{x}$.

解法一：$\lim\limits_{x\to\infty}\left(\dfrac{x+1}{x-1}\right)^{x}=\lim\limits_{x\to\infty}\left[\dfrac{1+\dfrac{1}{x}}{1-\dfrac{1}{x}}\right]^{x}=\lim\limits_{x\to\infty}\dfrac{\left(1+\dfrac{1}{x}\right)^{x}}{\left(1-\dfrac{1}{x}\right)^{x}}$

$$=\lim_{x\to\infty}\left(1+\frac{1}{x}\right)^{x}\left(1-\frac{1}{x}\right)^{-x}$$

$$=\lim_{x\to\infty}\left(1+\frac{1}{x}\right)^{x}\left(1+\frac{1}{-x}\right)^{-x}$$

$$=\mathrm{e}\cdot\mathrm{e}=\mathrm{e}^{2}$$

解法二：$\lim\limits_{x\to\infty}\left(\dfrac{x+1}{x-1}\right)^{x}=\lim\limits_{x\to\infty}\left(\dfrac{x-1+2}{x-1}\right)^{x}=\lim\limits_{x\to\infty}\left(1+\dfrac{2}{x-1}\right)^{x}$

$$=\lim_{x\to\infty}\left(1+\frac{1}{\frac{x-1}{2}}\right)^{x}=\lim_{x\to\infty}\left(1+\frac{1}{\frac{x-1}{2}}\right)^{\frac{x-1}{2}\cdot2+1}$$

$$=\lim_{x\to\infty}\left[\left(1+\frac{1}{\frac{x-1}{2}}\right)^{\frac{x-1}{2}}\right]^{2}\cdot\lim_{x\to\infty}\left(1+\frac{1}{\frac{x-1}{2}}\right)$$

$$=\mathrm{e}^{2}\cdot1=\mathrm{e}^{2}$$

练习题 2-3

1. 求下列各极限值：

(1) $\lim\limits_{x\to0}\dfrac{\sin3x}{\sin2x}$；　　(2) $\lim\limits_{x\to0}\dfrac{\sin4x}{5x}$；

(3) $\lim\limits_{x\to0}\dfrac{\tan4x}{x}$；　　(4) $\lim\limits_{x\to0}\dfrac{\sin2x}{\tan5x}$；

(5) $\lim\limits_{x\to2}\dfrac{\sin(x-2)}{x-2}$；　　(6) $\lim\limits_{x\to0}\dfrac{1-\cos x}{x^{2}}$；

(7) $\lim\limits_{x\to+\infty}x\sin\dfrac{1}{x}$；　　(8) $\lim\limits_{x\to+\infty}x\tan\dfrac{1}{x}$；

(9) $\lim\limits_{x\to 0}\frac{x}{\tan 5x}$；
(10) $\lim\limits_{x\to \pi}\frac{\sin 2x}{\sin 3x}$；

(11) $\lim\limits_{x\to 0}\frac{x-\sin x}{x+\sin x}$；
(12) $\lim\limits_{x\to 0}\frac{1-\cos 2x}{x\sin x}$.

2. 求下列各极限值：

(1) $\lim\limits_{x\to 0}(1+2x)^{\frac{1}{x}}$；
(2) $\lim\limits_{x\to \infty}\left(1+\frac{3}{x}\right)^{x+2}$；

(3) $\lim\limits_{x\to \infty}\left(1-\frac{2}{x}\right)^{x}$；
(4) $\lim\limits_{x\to 0}(1-x)^{\frac{1}{x}}$；

(5) $\lim\limits_{x\to 0}(1+2x)^{\frac{2}{x}}$；
(6) $\lim\limits_{t\to \infty}\left(\frac{t}{1+t}\right)^{t}$；

(7) $\lim\limits_{x\to \infty}\left(\frac{x}{x-1}\right)^{3x-1}$；
(8) $\lim\limits_{x\to \infty}\left(\frac{2-x}{3-x}\right)^{x}$；

(9) $\lim\limits_{x\to \infty}\left(\frac{3x+4}{3x-1}\right)^{x+1}$；
(10) $\lim\limits_{x\to \infty}\left(\frac{1+x}{x}\right)^{2x}$.

第四节 无穷小量与无穷大量

一、无穷小量

在计算中我们经常会遇到两类变量：一类是在变化过程中绝对值越来越小，最后趋近于零；另一类是在变化过程中函数的绝对值可以任意大.

函数 $f(x)=\sin x$，当 $x\to 0$ 时，有 $\sin x\to 0$.

函数 $f(x)=\frac{1}{x}$，当 $x\to\infty$时，有$\frac{1}{x}\to 0$.

像上面这样的变量，我们称之为无穷小量，是指以零为极限的函数或变量.

定义 2-6 如果在 x 的某种变化趋势下，函数 $f(x)$的极限为零，则称 $f(x)$为当 x 在这种变化趋势下的**无穷小量**，简称为**无穷小**. 记作

$$\lim_{x\to x_0}f(x)=0\text{（或}\lim_{x\to\infty}f(x)=0\text{）}$$

注 (1) 指明一个函数是无穷小量，必须指出其自变量的变化趋向，否则没有意义. 如 $f(x)=\frac{1}{x}$只有在 $x\to\infty$时，才是无穷小量.

(2) 无穷小量是指(在 x 的某种变化趋势下)以零为极限的函数或变量，而不是一个很小的常数. 因此，很小的非零常数不能与无穷小量混淆.

(3) 常数中只有零可以看作是无穷小量.

(4) 此概念对数列极限也适用. 若$\lim\limits_{n\to\infty}x_n=0$，则称数列 x_n 为 $n\to\infty$时的无穷小量.

例 2-27 指出下面变量在什么情况下是无穷小量.

(1) $f(x)=\ln x$；　(2) $f(x)=x-2$；　(3) $f(x)=e^{-x}$.

解 (1) 函数的图像如图 2-8 所示.

因为$\lim\limits_{x\to 1}\ln x=0$，所以当 $x\to 1$ 时，$f(x)=\ln x$ 为无穷小量.

(2) 函数的图像如图 2-9 所示.

因为$\lim\limits_{x\to 2}(x-2)=0$，所以当 $x\to 2$ 时，$f(x)=x-2$ 为无穷小量.

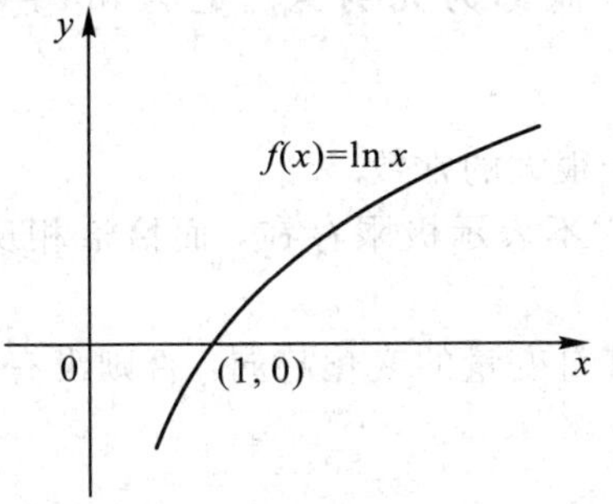

图 2-8

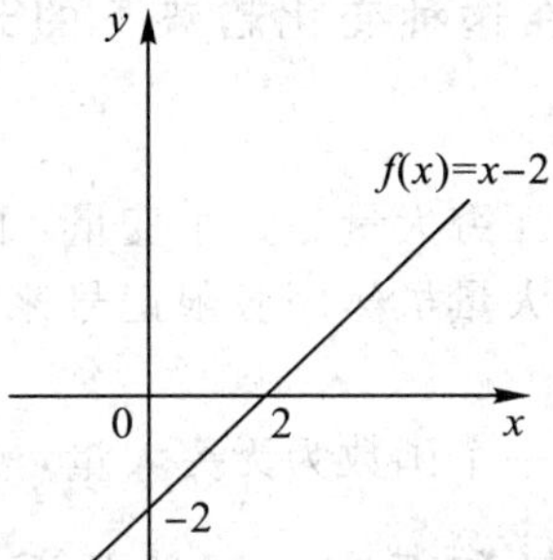

图 2-9

(3) 函数的图像如图 2-10 所示.

因为$\lim\limits_{x\to +\infty}\mathrm{e}^{-x}=0$，所以当 $x\to +\infty$时，$f(x)=\mathrm{e}^{-x}$为无穷小量.

注　无穷小量具有以下性质.

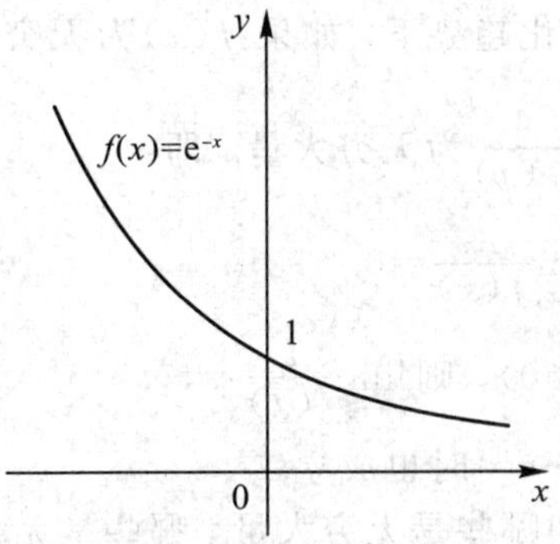

图 2-10

性质 1　有限个无穷小量的代数和是无穷小量.

如 $x\to 0$ 时，x^2 和 $\sin x$ 是无穷小量，所以 $x^2\pm\sin x$ 也是无穷小量. 即$\lim\limits_{x\to 0}(x^2\pm\sin x)=0$.

性质 2　有界函数与无穷小量的乘积是无穷小量.

如 $x\to\infty$时，$\frac{1}{x}$是无穷小量，$\sin x$ 是有界函数，则$\frac{1}{x}\sin x$ 也是无穷小量. 即$\lim\limits_{x\to\infty}\frac{1}{x}\sin x=0$.

性质 3　常数与无穷小量的乘积是无穷小量.

如 $x\to\infty$时，$\frac{1}{x}$是无穷小量，C 是常数，则 $C\cdot\frac{1}{x}$也是无穷小量. 即$\lim\limits_{x\to\infty}C\,\frac{1}{x}=0$.

性质 4　有限个无穷小量的乘积是无穷小量.

二、无穷大量

我们认识了无穷小量，与之对应的还有另外一种变量. 例如：

$$x\to\infty\text{时}，x^2\to\infty$$

$$x\to 0\text{ 时}，\frac{1}{x}\to\infty$$

像这样的变量，我们称之为无穷大量，即在 x 的某种变化趋势下，趋向于无穷大的量.

定义 2－7　如果在 x 的某种变化趋势下，函数 $f(x)$的绝对值可以无限增大，则称 $f(x)$为当 x 在这种变化趋势下的**无穷大量**，简称为**无穷大**. 记为 $\lim\limits_{x\to x_0} f(x)=\infty$（或 $\lim\limits_{x\to\infty} f(x)=\infty$）.

注　(1) 无穷大量是一个变量，而不是一个很大的常数.

(2) 无穷大量虽然用极限记号来定义，但它不表示极限存在，而恰恰相反，表示极限不存在.

(3) 指明一个函数为无穷大量，必须指出其自变量的变化趋向，否则没有意义.

三、无穷小量和无穷大量的关系

无穷小量和无穷大量之间有一种简单的关系. 根据定义可知，当 $x\to 0$ 时，$\dfrac{1}{x}\to\infty$；而当 $x\to\infty$时，$x^2\to\infty$，$\dfrac{1}{x^2}\to 0$. 于是可以得出，在 x 的同种变化趋势下，无穷大量和无穷小量互为倒数.

定理 2－3　在 x 的某种变化趋势下，如果 $f(x)$为无穷大量，则$\dfrac{1}{f(x)}$为无穷小量；反之，如果 $f(x)$为无穷小量，则$\dfrac{1}{f(x)}$为无穷大量. 即：

(1) 若$\lim\limits_{x\to x_0} f(x)=\infty$，则$\lim\limits_{x\to x_0}\dfrac{1}{f(x)}=0$.

(2) 若$\lim\limits_{x\to x_0} f(x)=0(f(x)\neq 0)$，则$\lim\limits_{x\to x_0}\dfrac{1}{f(x)}=\infty$.

注　定理 2－3 的内容当 $x\to\infty$时也成立.

例 2－28　指出下列各题中哪些是无穷大量，哪些是无穷小量.

(1) $f(x)=\dfrac{1}{\sin x}$，当 $x\to 0$ 时；　　(2) $f(x)=x-1$，当 $x\to 1$ 时；

(3) $f(x)=e^x$，当 $x\to -\infty$时；　　(4) $f(x)=e^x$，当 $x\to +\infty$时.

解　(1) $\lim\limits_{x\to 0}\dfrac{1}{\sin x}=\infty$，是无穷大量.

(2) $\lim\limits_{x\to 1}(x-1)=0$，是无穷小量.

(3) $\lim\limits_{x\to -\infty} e^x=0$，是无穷小量.

(4) $\lim\limits_{x\to +\infty} e^x=+\infty$，是无穷大量.

四、无穷小量的比较

根据前面的学习我们已经知道两个无穷小量的和、差、积仍是无穷小，但是两个无穷小量的商却比较复杂. 对此我们给出如下定义：

定义 2－8　若在同一种变化趋势下，$\alpha(x)$和 $\beta(x)$都是无穷小量，且设 $\beta(x)\neq 0$，则有：

(1) 若 $\lim\dfrac{\alpha(x)}{\beta(x)}=0$，则称 $\alpha(x)$是 $\beta(x)$的**高阶无穷小**，也称 $\beta(x)$是 $\alpha(x)$的**低阶无穷小**，记作 $\alpha(x)=o[\beta(x)]$.

(2) 若 $\lim \dfrac{\alpha(x)}{\beta(x)}=C$($C$ 为常数，且 $C\neq 0$)，则称 $\alpha(x)$ 和 $\beta(x)$ 是**同阶无穷小**.

(3) 若 $\lim \dfrac{\alpha(x)}{\beta(x)}=1$，则称 $\alpha(x)$ 和 $\beta(x)$ 是**等价无穷小**. 记作 $\alpha(x)\sim\beta(x)$.

例如：因为 $\lim\limits_{x\to 0}\dfrac{x^2}{3x}=0$，即 $x^2=o(3x)(x\to 0)$，所以当 $x\to 0$ 时，x^2 是 $3x$ 的高阶无穷小；因为 $\lim\limits_{x\to 0}\dfrac{\sin x}{x}=1$，即 $\sin x\sim x(x\to 0)$，所以当 $x\to 0$ 时，$\sin x$ 与 x 是等价无穷小；因为 $\lim\limits_{x\to 3}\dfrac{x^2-9}{x-3}=6$，所以当 $x\to 3$ 时，x^2-9 与 $x-3$ 是同阶无穷小.

注　两个无穷小阶的高低描述了两个无穷小趋于零的速度的快慢，高阶的趋于零的速度快，低阶的趋于零的速度慢.

定理 2-4　(等价无穷小代换定理)若 α、β、α'、β' 是无穷小量，且 $\alpha\sim\alpha'$，$\beta\sim\beta'$，如果 $\lim \dfrac{\beta'}{\alpha'}$ 存在，则 $\lim \dfrac{\beta}{\alpha}=\lim \dfrac{\beta'}{\alpha'}$.

在求两个无穷小量之比的极限时，分子、分母的乘积因子可用等价无穷小量代换，这种代换常使极限计算简化.

例 2-29　求 $\lim\limits_{x\to 0}\dfrac{\sin 3x}{\tan 5x}$.

解　当 $x\to 0$ 时，$\sin 3x\sim 3x$，$\tan 5x\sim 5x$，于是

$$\lim_{x\to 0}\frac{\sin 3x}{\tan 5x}=\lim_{x\to 0}\frac{3x}{5x}=\frac{3}{5}$$

例 2-30　求 $\lim\limits_{x\to 0}\dfrac{1-\cos x}{x\sin x}$.

解　当 $x\to 0$ 时，$1-\cos x\sim\dfrac{1}{2}x^2$，$\sin x\sim x$

根据定理 2-4，有

$$\lim_{x\to 0}\frac{1-\cos x}{x\sin x}=\lim_{x\to 0}\frac{\frac{1}{2}x^2}{x^2}=\frac{1}{2}$$

下面是几个常用的等价无穷小量代换：

$$\sin x\sim x\ (x\to 0)$$

$$\tan x\sim x\ (x\to 0)$$

$$1-\cos x\sim\frac{1}{2}x^2\ (x\to 0)$$

$$\ln(1+x)\sim x\ (x\to 0)$$

$$e^x-1\sim x\ (x\to 0)$$

练习题 2-4

1. 下列各题中哪些是无穷小量？哪些是无穷大量？

(1) $x\to\infty$，$\dfrac{1}{x}\cdot\sin x$；　　(2) $x\to 1$，$\dfrac{x+1}{x-1}$；

(3) $x\to+\infty$，e^{-x}；　　(4) $x\to 0^+$，$\ln x$.

2. 指出下列函数，在 x 怎样变化时是无穷小量，怎样变化时是无穷大量.

(1) $f(x)=e^x$；

(2) $f(x)=\tan x$；

(3) $f(x)=\ln(x-2)$；

(4) $f(x)=\dfrac{1}{x-1}$.

3. 利用等价无穷小代换定理，计算下列极限：

(1) $\lim\limits_{x\to 0}\dfrac{1-\cos x}{\sin^2 x}$；

(2) $\lim\limits_{x\to 0}\dfrac{\sin ax}{\sqrt{1-\cos x}}(a\neq 0)$；

(3) $\lim\limits_{x\to 0}\dfrac{e^{2x}-1}{\sin x}$；

(4) $\lim\limits_{x\to 0}\dfrac{\ln(1+x)}{\sin 2x}$；

(5) $\lim\limits_{x\to 0}\dfrac{\sin(x^3)}{(\sin x)^2}$；

(6) $\lim\limits_{x\to 0}\dfrac{\tan 3x}{\sin 5x}$；

(7) $\lim\limits_{x\to 0}\dfrac{\tan x-\sin x}{\ln(1+x^3)}$；

(8) $\lim\limits_{n\to\infty}n[\ln(n+1)-\ln n]$；

(9) $\lim\limits_{x\to 0}\dfrac{(e^x-1)\sin x}{1-\cos x}$；

(10) $\lim\limits_{x\to\infty}x^2\left(1-\cos\dfrac{1}{x}\right)$.

第五节　函数的连续性

在自然界中有许多现象，如气温的变化、植物的生长等，都是连续地变化着的，这种现象在函数关系上的反映，就是函数的连续性.

一、连续性的概念

定义 2-9　如果自变量在其定义域内从初值 x_0 变化到终值 x，则称 $x-x_0$ 为自变量的改变量(增量)，记作 Δx，即 $\Delta x=x-x_0$.

对应的函数值由 $f(x_0)$变化到 $f(x)$，把 $f(x)-f(x_0)$称为函数的改变量(增量)，记作 Δy，即 $\Delta y=f(x)-f(x_0)$.

又因为 $x=x_0+\Delta x$，所以

$$\Delta y=f(x_0+\Delta x)-f(x_0)$$

注　由于 x 不一定大于 x_0，故 Δx 可正可负，但不能为零；Δy 可能为正，可能为负，也可能为零.

观察图 2-11 和图 2-12，从直观上看，函数 $y=f(x)$和 $y=g(x)$分别表示曲线在横坐标为 x_0 处的变化情况. 从图中可以看出，函数 $y=f(x)$的图像在 x_0 处没有间断，当 x 在

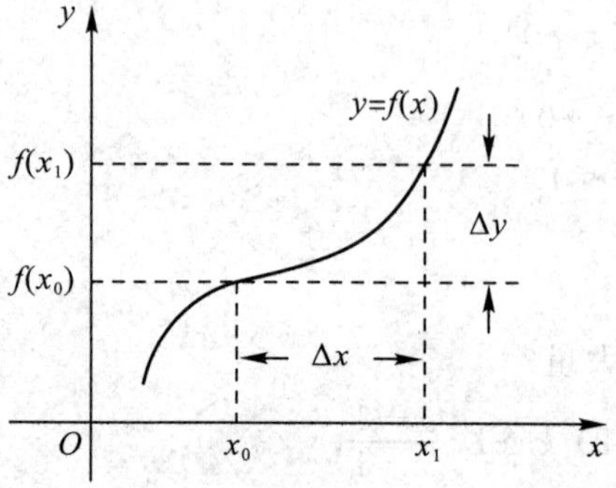

图 2-11

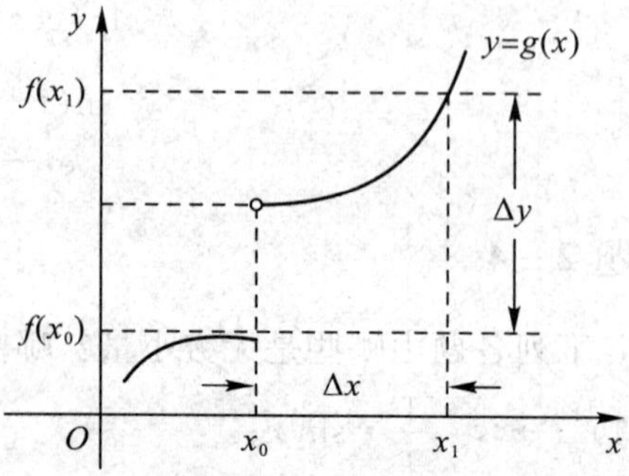

图 2-12

该点处的改变量 Δx 很小时，函数值在该点处相应的改变量 Δy 也很小，而函数 $y=g(x)$ 的图像在 x_0 处是断开的，于是就有下面的定义：

定义 2-10　设函数 $f(x)$ 在点 x_0 的附近有定义，当自变量的增量 $\Delta x=x_1-x_0$ 趋于零时，对应的函数增量也趋于零，即

$$\lim_{\Delta x\to 0}\Delta y=\lim_{\Delta x\to 0}[f(x_0+\Delta x)-f(x_0)]=0$$

则称函数 $f(x)$ 在点 x_0 处**连续**.

例 2-31　证明函数 $f(x)=\begin{cases}x\sin\dfrac{1}{x}, & x\neq 0\\ 0, & x=0\end{cases}$ 在 $x=0$ 处连续.

证明　因为

$$\Delta y=f(0+\Delta x)-f(0)=\Delta x\sin\frac{1}{\Delta x}-0=\Delta x\sin\frac{1}{\Delta x}$$

则

$$\lim_{\Delta x\to 0}\Delta y=\lim_{\Delta x\to 0}\Delta x\sin\frac{1}{\Delta x}=0$$

所以函数 $f(x)$ 在 $x=0$ 处连续.

利用定义 2-10 去验证函数的连续性时，求函数的改变量 Δy 比较烦琐，因此我们可以对定义 2-10 进行如下解析：

记 $x=x_0+\Delta x$，则当 $\Delta x\to 0$ 时，$x\to x_0$，此时

$$\Delta y=f(x_0+\Delta x)-f(x_0)=f(x)-f(x_0)$$

即

$$\lim_{\Delta x\to 0}\Delta y=\lim_{x\to x_0}[f(x)-f(x_0)]=\lim_{x\to x_0}f(x)-f(x_0)=0$$

则

$$\lim_{x\to x_0}f(x)=f(x_0)$$

于是得到函数连续的另一个定义.

定义 2-11　设函数 $f(x)$ 在点 x_0 的附近有定义，若当自变量 $x\to x_0$ 时，对应的函数 $f(x)\to f(x_0)$，即

$$\lim_{x\to x_0}f(x)=f(x_0)$$

则称函数 $f(x)$ 在点 x_0 处**连续**.

我们用定义 2-11 验证函数连续时，函数 $f(x)$ 必须同时满足以下三个条件：

(1) 函数 $f(x)$ 在点 x_0 的附近有定义；

(2) $\lim\limits_{x\to x_0}f(x)$ 存在；

(3) 这个极限等于函数值 $f(x_0)$.

则称函数 $f(x)$ 在点 x_0 处连续. 上述三个条件中有一条不满足，函数 $f(x)$ 在 x_0 处就不连续.

例 2-32　判断下列函数在 $x=0$ 处是否连续.

(1) $y=\dfrac{1}{x}$；　　　(2) $f(x)=\begin{cases}1, & x\geqslant 0\\ -1, & x<0\end{cases}$；

(3) $g(x)=\begin{cases}x+1, & x\neq 0\\ 0, & x=0\end{cases}$;　　(4) $h(x)=\begin{cases}\dfrac{\sin x}{x}, & x\neq 0\\ 1, & x=0\end{cases}$.

解 (1) $y=\dfrac{1}{x}$在$x=0$处没有定义，则$y=\dfrac{1}{x}$在$x=0$处不连续.

(2) 因为$\lim\limits_{x\to 0^+}f(x)=\lim\limits_{x\to 0^+}1=1$，$\lim\limits_{x\to 0^-}f(x)=\lim\limits_{x\to 0^-}(-1)=-1$，所以$\lim\limits_{x\to 0}f(x)$不存在，故函数$f(x)$在$x=0$处不连续.

(3) 因为$\lim\limits_{x\to 0}g(x)=\lim\limits_{x\to 0}(x+1)=1$，$g(0)=0$，$\lim\limits_{x\to 0}g(x)\neq g(0)$，故函数$g(x)$在$x=0$处不连续.

(4) 因为$\lim\limits_{x\to 0}h(x)=\lim\limits_{x\to 0}\dfrac{\sin x}{x}=1$，$h(0)=1$，$\lim\limits_{x\to 0}h(x)=h(0)$，故函数$h(x)$在$x=0$处连续.

定义 2-12 在区间(a, b)内的每一点都连续的函数，称为在该区间上的连续函数，或者说函数在该区间上连续，该区间也称为函数的连续区间.

函数的连续性可以通过函数的图像——曲线的连续性表示出来，即若函数$f(x)$在x_0上连续，则$f(x)$的图像在$(x_0, f(x_0))$处不断开；若函数$f(x)$在$[a, b]$上连续，则$f(x)$在$[a, b]$上的图像就是一条连续不断的曲线.

因此，我们可以从图像上看出来：

$f(x)=\sin x$，$f(x)=e^x$在其定义域内都是连续不断的曲线，故$f(x)=\sin x$，$f(x)=e^x$在其定义域内都是连续函数. 同理可知，其他一些基本初等函数在其定义域内都是连续函数，故有如下结论：**基本初等函数在其定义域内是连续的.**

二、连续函数的运算

设函数$f(x)$及$g(x)$在点x_0处连续，则$f(x)\pm g(x)$、$f(x)g(x)$、$\dfrac{f(x)}{g(x)}[g(x_0)\neq 0]$在点$x_0$处也连续. 即

$$\lim_{x\to x_0}(f(x)\pm g(x))=f(x_0)\pm g(x_0)$$

$$\lim_{x\to x_0}f(x)g(x)=f(x_0)g(x_0)$$

$$\lim_{x\to x_0}\frac{f(x)}{g(x)}=\frac{f(x_0)}{g(x_0)}[g(x_0)\neq 0]$$

函数$y=f(u)$在u_0处连续，函数$u=\varphi(x)$在点x_0处连续，则复合函数$y=f[\varphi(x)]$在点x_0处连续. 即

$$\lim_{x\to x_0}f[\varphi(x)]=f[\varphi(x_0)]$$

于是根据上面的内容可以得到如下结论：**初等函数在其定义区间内都是连续的.**

这个结论为求极限带来了方便，若$f(x)$在x_0处连续，则有

$$\lim_{x\to x_0}f(x)=f(x_0)=f(\lim_{x\to x_0}x)$$

上式表明求连续函数的极限时，极限符号与函数符号可以互换，即可将求连续函数的极限归结为计算函数值.

例 2-33　求下列极限.

(1) $\lim\limits_{x\to\frac{\pi}{4}}\ln(\sin 2x)$；　(2) $\lim\limits_{x\to 0}\dfrac{\ln(1+x)}{x}$；　(3) $\lim\limits_{x\to 0}\dfrac{e^x-1}{x}$.

解　(1) 由于函数 $f(x)=\ln(\sin 2x)$ 在 $x=\dfrac{\pi}{4}$ 处连续，故

$$\lim_{x\to\frac{\pi}{4}}\ln(\sin 2x)=\ln\left(\sin 2\cdot\frac{\pi}{4}\right)=\ln 1=0$$

(2) 函数 $f(x)=\dfrac{\ln(1+x)}{x}$ 在 $x=0$ 处不连续，所以不能用代入法，求极限得

$$\lim_{x\to 0}\frac{\ln(1+x)}{x}=\lim_{x\to 0}\ln(1+x)^{\frac{1}{x}}=\ln\lim_{x\to 0}(1+x)^{\frac{1}{x}}=\ln e=1$$

(3) 令 $e^x-1=t$，则 $x=\ln(1+t)$，故

$$\lim_{x\to 0}\frac{e^x-1}{x}=\lim_{t\to 0}\frac{t}{\ln(1+t)}=\frac{1}{\lim\limits_{t\to 0}\dfrac{\ln(1+t)}{t}}=1$$

例题中介绍的都是函数连续的情况，有时函数在一些点也有可能是不连续的，如图 2-12 所示的函数 $y=g(x)$ 的图像在点 x_0 处是断开的，这时就需要引入间断点的概念.

三、函数的间断点

如果函数 $y=f(x)$ 在点 x_0 处不连续，则称点 x_0 为函数的一个间断点.

例 2-34　讨论函数 $f(x)=\dfrac{1}{x-1}$ 在 $x=1$ 处的连续性.

解　因为 $f(x)=\dfrac{1}{x-1}$ 在 $x=1$ 处没有定义，所以 $x=1$ 是 $f(x)=\dfrac{1}{x-1}$ 的一个间断点，即函数在 $x=1$ 处不连续.

例 2-35　设函数 $f(x)=\begin{cases}x-2, & x\leqslant 0\\ x+2, & x>0\end{cases}$，讨论 $f(x)$ 在点 $x=0$ 处的连续性.

解　由于 $f(x)$ 是一个分段函数，且

$$\lim_{x\to 0^-}f(x)=\lim_{x\to 0^-}(x-2)=-2$$

$$\lim_{x\to 0^+}f(x)=\lim_{x\to 0^+}(x+2)=2$$

$$\lim_{x\to 0^-}f(x)\neq\lim_{x\to 0^+}f(x)$$

显然，$f(x)$ 在点 $x=0$ 处左、右极限不相等，故 $\lim\limits_{x\to 0}f(x)$ 不存在，所以 $x=0$ 是函数 $f(x)$ 的一个跳跃间断点.

例 2-36　考察函数 $f(x)=\begin{cases}\dfrac{x^2-1}{x-1}, & x\neq 1\\ 1, & x=1\end{cases}$ 在点 $x=1$ 处的连续性.

解　函数 $f(x)$ 在点 $x=1$ 处有定义，$f(1)=1$，且 $f(x)$ 在 $x=1$ 处函数的极限存在，即

$$\lim_{x\to 1}f(x)=\lim_{x\to 1}\frac{x^2-1}{x-1}=\lim_{x\to 1}(x+1)=2$$

则$\lim\limits_{x\to 1}f(x)\neq f(1)$.

所以 $x=1$ 是函数 $f(x)$ 的一个间断点. 如图 2-13 所示，只要在 $x=1$ 处改变定义或者补充定义，就可以使函数 $f(x)$ 在该点连续. 因此，我们称这种当 $x\to x_0$ 时极限存在的间断点为可去间断点.

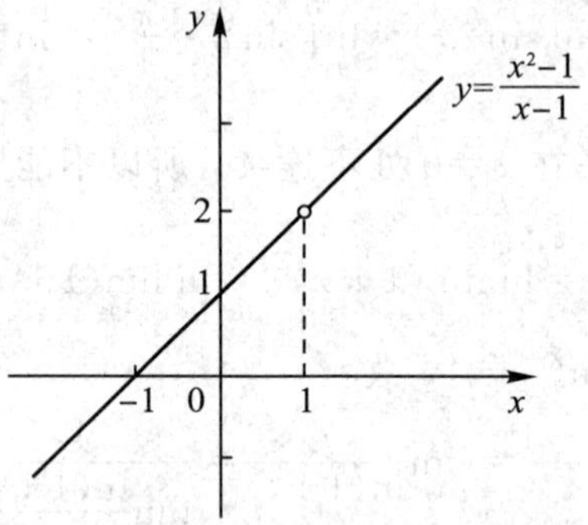

图 2-13

综上，根据不同时满足连续的三个条件，可以将间断点按以下方式分类：

设 x_0 为 $f(x)$ 的一个间断点，如果当 $x\to x_0$ 时，$f(x)$ 的左、右极限都存在，则称 x_0 为 $f(x)$ 的**第一类间断点**；若左、右极限至少有一个不存在，则称 x_0 为 $f(x)$ 的**第二类间断点**（也称无穷间断点）.

例 2-37 已知函数 $f(x)=\begin{cases}x^2+1, & x<0\\ 2x+b, & x\geqslant 0\end{cases}$ 在点 $x=0$ 处连续，求 b 的值.

解 $\lim\limits_{x\to 0^-}f(x)=\lim\limits_{x\to 0^-}(x^2+1)=1$，$\lim\limits_{x\to 0^+}f(x)=\lim\limits_{x\to 0^+}(2x+b)=b$

因为 $f(x)$ 在 $x=0$ 处连续，则$\lim\limits_{x\to 0}f(x)$存在，即

$$\lim_{x\to 0^-}f(x)=\lim_{x\to 0^+}f(x)$$

所以 $b=1$.

练习题 2-5

1. 指出下列函数的间断点：

(1) $f(x)=\dfrac{1}{(1-x)^2}$；　　(2) $f(x)=\begin{cases}x-1, & x<0\\ 0, & x=0.\\ x+1, & x>0\end{cases}$

2. 设 $f(x)=\begin{cases}2e^x, & x<0\\ 3x+a, & x\geqslant 0\end{cases}$ 在 $x=0$ 处连续，则 a 应为何值？

3. 求下列函数的极限：

(1) $\lim\limits_{x\to 0}\sqrt{x^2-x+6}$；　　(2) $\lim\limits_{x\to 0}\ln\dfrac{x}{\sin x}$；

(3) $\lim\limits_{x\to \frac{\pi}{3}}\sin^3 3x$；　　(4) $\lim\limits_{x\to\infty}e^{\frac{1}{x}}$.

4. 讨论函数 $f(x)=\begin{cases}x-1, & x<0\\ \sqrt{1-x^2}, & x\geqslant 0\end{cases}$ 在点 $x=0$ 处的连续性.

5. 考察函数 $f(x)=\begin{cases}x^2, & x\neq 0\\ 1, & x=0\end{cases}$ 在点 $x=0$ 处的连续性.

自测题一

一、填空题.

1. $\lim\limits_{x\to 0}\dfrac{\sqrt{1+x^2}-1}{x}=$__________.

2. $\lim\limits_{x\to 0}\dfrac{\sin x}{x}=$__________.

3. $\lim\limits_{x\to\infty}\dfrac{2x^2-3}{-x^2+x-1}=$__________.

4. 若 $\lim\limits_{x\to\infty}\dfrac{3x^k-2x+5}{4x^5+3x^3-2x}=\dfrac{3}{4}$，$k=$__________.

5. $\lim\limits_{x\to\infty}\left(\dfrac{x+2}{x+1}\right)^x=$__________.

6. $f(x)=\begin{cases}ax, & x<2\\ x^2-1, & x\geqslant 2\end{cases}$，在 $x=2$ 处连续，则 $a=$__________.

7. $\lim\limits_{x\to\infty}\dfrac{(a+1)x+2}{x+1}=0$，则 $a=$__________.

8. $\lim\limits_{x\to\infty}\left(1+\dfrac{a}{x}\right)^x=e^3$，则 $a=$__________.

9. 已知 a，b 为常数，$\lim\limits_{x\to+\infty}\dfrac{ax^2+bx+2}{2x-1}=3$，则 $a=$__________，$b=$__________.

二、选择题.

1. 设 $f(x)=\dfrac{x^2-1}{x^2(x-1)}$，下列结论中不正确的是(　　).

A. 当 $x\to\infty$ 时，$f(x)$ 是无穷小量　　B. 当 $x\to -1$ 时，$f(x)$ 是无穷小量

C. 当 $x\to 1$ 时，$f(x)$ 是无穷小量　　D. 当 $x\to 0$ 时，$f(x)$ 是无穷大量

2. 当 $x\to-\infty$ 时，下列变量为无穷小量的是(　　).

A. 2^x　　B. $\ln(1-x)$　　C. e^{-x}　　D. $\dfrac{x^2}{1+x}$

3. $\lim\limits_{x\to\infty}\dfrac{2x^2+x+3}{3x^2-2x+1}$ 等于(　　).

A. 0　　B. $\dfrac{2}{3}$　　C. ∞　　D. 不存在

4. $\lim\limits_{x\to\infty}x\sin\dfrac{8}{x}$ 的值是(　　).

A. 0　　B. 8　　C. ∞　　D. 不存在

5. $\lim\limits_{x\to\infty}\left(1-\dfrac{1}{x}\right)^{x}$ 的值是(　　).

A. ∞　　B. 0　　C. e　　D. $\dfrac{1}{\mathrm{e}}$

6. $\lim\limits_{x\to 0}x\sin\dfrac{1}{x}$的值是(　　).

A. 1　　B. 0　　C. $\dfrac{1}{\pi}$　　D. 不确定

7. 设 $f(x)=\begin{cases}\dfrac{x^2-9}{x-3}, & x\neq 3\\ a, & x=3\end{cases}$ 在 $x=3$ 处连续，则 $a=$(　　).

A. 0　　B. 3　　C. 6　　D. 9

8. 函数 $f(x)=\begin{cases}x-1, & 0<x\leqslant 1\\ 2-x, & 1<x\leqslant 3\end{cases}$ 在 $x=1$ 处不连续是因为(　　).

A. $f(x)$在 $x=1$ 处无定义　　B. $\lim\limits_{x\to 1^-}f(x)$不存在

C. $\lim\limits_{x\to 1^+}f(x)$不存在　　D. $\lim\limits_{x\to 1}f(x)$不存在

9. 当 $x\to\infty$时，函数 $f(x)=x+\sin x$ 是(　　).

A. 无穷大量　　B. 无穷小量

C. 有极限且极限不为0　　D. 有界函数

10. 设函数 $f(x)=\begin{cases}ax+b, & 0\leqslant x\\ (a+b)x^2+x, & x<0\end{cases}$ $(a+b\neq 0)$，则 $f(x)$处处连续的充要条件是 $b=$(　　).

A. a　　B. 0　　C. 1　　D. -1

三、计算题.

1. $\lim\limits_{x\to 0}\dfrac{1-\cos x}{3x^2}$；　　2. $\lim\limits_{x\to 0}(1-2x)^{\frac{2}{x}}$；

3. $\lim\limits_{x\to 1}\dfrac{x^2+2x-3}{x^2-5x+4}$；　　4. $\lim\limits_{x\to 0}\dfrac{\sin 2x}{\sin 3x}$；

5. $\lim\limits_{x\to\infty}\dfrac{\sqrt{x^2+x+1}}{2x+5}$；　　6. $\lim\limits_{x\to 0}\dfrac{\tan x}{\sin 8x}$；

7. $\lim\limits_{x\to\infty}\left(1-\dfrac{2}{x+1}\right)^{x}$；　　8. $\lim\limits_{x\to+\infty}x[\ln(x+1)-\ln x]$.

四、解答题.

1. 讨论函数 $f(x)=\begin{cases}x^2, & 0\leqslant x\leqslant 1\\ 2-x, & 1<x\leqslant 2\end{cases}$ 在 $x=1$ 处的连续性.

2. 设函数 $f(x)=\begin{cases} ax^2+b, & x<1 \\ 2, & x=1 \\ a-bx, & x>1 \end{cases}$，试确定 a、b 的值，使得 $f(x)$ 在 $x=1$ 处连续.

自测题 二

一、填空题.

1. 设函数 $f(x)=\begin{cases} ax^2+x+2, & x<1 \\ 2ax+b, & x>1 \end{cases}$，若 $\lim\limits_{x\to-1}f(x)=0$ 且 $\lim\limits_{x\to1}f(x)$ 存在，则常数 $a=$__________，$b=$__________.

2. $\lim\limits_{x\to0}\dfrac{\tan^2x+\sin^2x}{x^2}=$__________.

3. $\lim\limits_{x\to+\infty}x\cdot(\sqrt{x^2+1}-x)=$__________.

4. $\lim\limits_{n\to\infty}\left(\dfrac{2n+3}{2n+1}\right)^{n+2}=$__________.

5. $\lim\limits_{x\to0}\left(x^2\sin\dfrac{1}{x^2}+\dfrac{\sin 2x}{x}\right)=$__________.

6. 当 $x\to\infty$ 时，无穷小量 $\dfrac{1}{x^k}$ 与 $\dfrac{1}{x^3}+\dfrac{1}{x^2}$ 等价，则 $k=$__________.

7. 当常数 $a=$__________时，函数 $f(x)=\begin{cases} x\cdot\sin\dfrac{1}{x}, & x>0 \\ a+x^2, & x\leqslant0 \end{cases}$ 在 $(-\infty,+\infty)$ 内连续.

8. 设 $f(x)=\begin{cases} \dfrac{e^{2x}-1}{ax}, & x\neq0 \\ 1, & x=0 \end{cases}$ 在 $x=0$ 点连续，则 $a=$__________.

二、选择题.

1. 下述论断正确的是（　　）.

A. 若数列 $\{x_n\}$ 满足 $x_{n+1}=2x_n+1$，则必有 $\lim\limits_{n\to\infty}x_n=-1$

B. 若数列有界，则 $\lim\limits_{n\to\infty}x_n$ 必存在

C. 若数列 $\{x_n\}$ 单调增加，则 $\lim\limits_{n\to\infty}x_n$ 必存在

D. 若数列 $\{x_n\}$ 单调且有界，则 $\lim\limits_{n\to\infty}x_n$ 必存在

2. $\lim\limits_{n\to\infty}\dfrac{\sqrt{4n^2+n}+n}{n+2}=$（　　）.

A. ∞　　B. 0　　C. 2　　D. 3

3. $\lim\limits_{x\to0}\dfrac{7x^6+2x-1}{2x^6+x+3}=$（　　）.

A. $\dfrac{7}{2}$　　B. 0　　C. $-\dfrac{1}{3}$　　D. $\dfrac{1}{3}$

4. $f(x)=\begin{cases}x+2, & x\leqslant 0\\ e^{-x}+1, & 0<x\leqslant 1\\ x^2, & 1<x\end{cases}$，则$\lim\limits_{x\to 0}f(x)=($　　$)$.

A. 0　　B. 不存在　　C. 2　　D. 1

5. 若$\lim\limits_{x\to\infty}x^k\tan\dfrac{2}{x^2}=2$，则$k=($　　$)$.

A. 2　　B. 0　　C. $\dfrac{1}{2}$　　D. 1

三、计算题.

1. $\lim\limits_{x\to 1}\dfrac{2x^2+x-3}{x^2+2x-3}$；

2. $\lim\limits_{x\to\infty}\left(1+\dfrac{2}{x}\right)^{1-3x}$；

3. $\lim\limits_{x\to 1}\left(\dfrac{3}{x-1}-\dfrac{x+5}{x^2-1}\right)$；

4. $\lim\limits_{x\to\infty}\dfrac{(2x-1)\cdot(3x+2)}{x^2+x\sin x+1}$；

5. $\lim\limits_{x\to\pi}\dfrac{\sin 3x}{x-\pi}$；

6. $\lim\limits_{x\to 0}\dfrac{3-\sqrt{9-x^2}}{\sin^2 x}$；

7. $\lim\limits_{n\to\infty}n\cdot(e^{\frac{1}{n}}-1)$；

8. $\lim\limits_{x\to 0}(\cos x)^{\frac{1}{x^2}}$.

四、解答题.

1. 设$f(x)=\begin{cases}a+x, & x<e\\ \ln x-1, & x>e\end{cases}$，若$\lim\limits_{x\to e}f(x)$存在，求常数$a$的值.

2. 设函数$f(x)=\dfrac{e-1}{e^{\frac{1}{x}}+1}$，求$\lim\limits_{x\to 0^+}f(x)$与$\lim\limits_{x\to 0^-}f(x)$，并求$\lim\limits_{x\to 0}f(x)$是否存在？

3. 设函数$f(x)=\begin{cases}-\dfrac{2}{\cos\pi x}, & x<1\\ 0, & x=1\\ \dfrac{x-1}{\sqrt{x}-1}, & x>1\end{cases}$，讨论$f(x)$在$x=-1$，$x=\dfrac{1}{2}$，$x=1$，$x=2$处是否连续. 如果间断，指出间断点类型.

阅读材料　古代极限思想

早在公元前5世纪，古希腊学者安蒂丰为了研究化圆为方问题就设计了一种方法：先作一个圆内接正四边形，以此为基础作一个圆内接正八边形，再逐次加倍其边数，得到正十六边形、正三十二边形等，直至正多边形的边长小到恰与它们各自所在的圆周部分重合. 他认为按照这种方法就可以完成化圆为方问题.

到公元前3世纪，古希腊科学家阿基米德在《论球和圆柱》一书中，利用穷竭法建立起这样的命题：只要边数足够多，圆外切正多边形的面积与内接正多边形的面积之差可以任意小．阿基米德又在《圆的度量》一书中利用正多边形割圆的方法得到圆周率的值小于 $3\frac{2}{7}$ 而大于 $3\frac{10}{70}$，且圆面积与外切正方形面积之比为 11∶14，即取圆周率等于 $\frac{22}{7}$．

战国时期，我国的《庄子·天下》篇中的“一尺之棰，日取其半，万世不竭”，即一根一尺长的棍子，第一天截去一半，第二天截去剩下的一半，以后每天都截取剩下的一半，这样永远也不能取尽．此说法认为物质是可以无限分割的，明确道出了极限的思想．

公元 263 年，我国数学家刘徽在《九章算术注》中提出“割圆”之说，他从圆内接正六边形开始，每次把边数加倍，直至圆内接正九十六边形，算得圆周率为 3.14 或 $\frac{157}{50}$，后人称之为徽率．书中还记载了圆周率更精确的值 $\frac{3927}{1250}$（等于 3.1416）．

刘徽是我国数学史上一位非常伟大的数学家，在世界数学史上，也占有杰出的地位．他的杰作《九章算术注》和《海岛算经》是我国宝贵的数学遗产．

关于刘徽的生平，我们知之甚微．《隋书·律历志》中提到“魏陈留王景元四年刘徽注九章”，由此可知道刘徽是公元 3 世纪魏晋时人，并于公元 263 年（即景元四年）撰《九章算术注》．《九章算术注》中包含了刘徽本人的许多创造，同时奠定了这位数学家在我国数学史上的不朽地位．

刘徽数学成就中最突出的是“割圆术”和体积理论．

刘徽在《九章算术·圆田术》注中，提出了“割圆术”，作为计算圆的周长、面积以及圆周率的基础．割圆术的要旨是用圆内接正多边形和圆外切正多边形逐步逼近圆．刘徽从圆内接正六边形开始，将边数逐次加倍，并计算逐次得到的正多边形的周长和面积．他利用割圆术科学地求出了圆周率 $\pi=3.14$ 的结果．刘徽在割圆术中提出的“割之弥细，所失弥少，割之又割以至于不可割，则与圆合体而无所失矣”，这可视为中国古代极限观念的佳作．其思想与古希腊穷竭法不谋而合．割圆术在圆周率计算史上曾长期使用．

1610 年，德国数学家柯伦用 2^{62} 边形将圆周率计算到小数点后 35 位．1630 年，格林贝尔格利用改进的方法计算到小数点后 39 位，成为割圆术计算圆周率的最好结果．分析方法发明后，割圆术逐渐被取代，但其作为计算圆周率最早的科学方法一直为人们所称道．

割圆术直观地体现了极限法．极限法有丰富的数学内涵，它把事物运动与静止、有限与无限、过程与结果、量变与质变、近似与准确辩证统一起来．极限法既是从有限认识无限，又是由无限来逼近有限的过程，反映了数学发展的辩证规律．

极限思想是高等数学中必不可少的一种重要方法，也是数学分析与初等数学的本质区别之处．由于数学分析采用了极限的思想，因此，它解决了许多初等数学无法解决的问题，如求瞬时速度、曲线弧长、曲边形面积、曲面体体积等．

第三章　导数与微分

本章将在函数极限概念的基础上，讨论微分学的主要内容——函数的导数与微分及其应用. 在工程建设、社会经济管理等许多领域，有大量与变化率有关的量，它们都可以用导数来表示，如物体运动的速度、加速度，经济增长率、人口出生率等. 导数能反映函数相对于自变量的变化快慢. 微分能刻画自变量有一微小改变量时，相应函数的改变量. 希望大家通过本章的学习，能掌握导数与微分的概念及应用.

第一节　导数概述

导数的概念主要起源于两个著名的问题：一个是求变速运动物体的瞬时速度问题；另一个是求曲线的切线问题.

一、引例

引例 3-1　变速直线运动的瞬时速度问题

设一物体作变速直线运动，位移 s 是时间 t 的函数，记作 $s=s(t)$，求该物体在 $t=t_0$ 时刻的瞬时速度 $v(t_0)$.

物体作直线运动时，$\bar{v}=\dfrac{s}{t}$ 刻画的是某一时间间隔内的平均速度. 那么，物体作变速直线运动时，任一时刻的瞬时速度又如何？

设一质点作变速直线运动，已知运动方程为 $s=s(t)$. 记 $t=t_0$ 时质点的路程为 $s_0=s(t_0)$. 当 t 从 t_0 增加到 $t_0+\Delta t$ 时，s 相应地从 s_0 增加到 $s_0+\Delta s=s(t_0+\Delta t)$. 因此质点在 Δt 这段时间内的路程是 $\Delta s=s(t_0+\Delta t)-s(t_0)$，而在 Δt 时间内质点的平均速度是

$$\bar{v}=\frac{\Delta s}{\Delta t}=\frac{s(t_0+\Delta t)-s(t_0)}{\Delta t}$$

显然，随着 Δt 的减小，平均速度 $\bar{v}$ 就越接近质点在 t_0 时刻的瞬时速度(简称速度). 但无论 Δt 取怎样小的值，平均速度 $\bar{v}$ 总不能精确地刻画出质点运动在 $t=t_0$ 时变化的快慢. 为此我们采取“极限”的方法，如果平均速度 $\bar{v}=\dfrac{\Delta s}{\Delta t}$，当 $\Delta t\to 0$ 时的极限存在，则自然地把此极限值(记作 v)定义为质点在 $t=t_0$ 时的瞬时速度：

$$v=\lim_{\Delta t\to 0}\frac{\Delta s}{\Delta t}=\lim_{\Delta t\to 0}\frac{s(t_0+\Delta t)-s(t_0)}{\Delta t}$$

引例 3-2　曲线的切线斜率问题

设曲线 C 的方程为 $y=f(x)$，求其在点 $M(x_0, y_0)$处切线的斜率.

在平面几何里，圆的切线可定义为“与圆只有一个交点的直线”. 但是对于其他曲线，用“与曲线只有一个交点的直线”作为切线的定义就不一定合适. 例如，对于抛物线 $y=x^2$，

在原点 O 处两个坐标轴都符合上述定义，但实际上只有 x 轴是该抛物线在点 O 处的切线. 下面给出切线的定义.

定义 3-1　设 M 是曲线 $y=f(x)$ 上一点(见图 3-1)，在曲线上另取一点 N，作割线 MN. 当点 N 沿曲线趋于点 M 时，割线 MN 绕点 M 旋转，如果存在极限位置 MT，则直线 MT 就称为曲线 $y=f(x)$ 在点 M 处的切线.

这里极限位置的含义是：只要弦长 $|MN|$ 趋于零，$\angle NMT$ 也趋于零.

现在就曲线 $y=f(x)$ 图形的情形来讨论切线问题. 设 $M(x_0, y_0)$ 是曲线上一点，在点 M 外另取曲线上的一点 $N(x, y)$(见图 3-2)，于是割线 MN 的斜率为

$$\tan\varphi=\frac{\Delta y}{\Delta x}=\frac{f(x)-f(x_0)}{x-x_0}$$

其中，φ 为割线 MN 的倾斜角. 当 $x\to x_0$ 时，点 N 沿曲线趋于点 M，如果上式的极限存在，设为 k，即

$$k=\lim_{x\to x_0}\frac{\Delta y}{\Delta x}=\lim_{x\to x_0}\frac{f(x)-f(x_0)}{x-x_0}$$

则此极限 k 是割线斜率的极限，也就是切线的斜率. 即 $k=\tan\alpha$，其中 α 是切线 MT 的倾斜角. 于是，通过点 $M(x_0, y_0)$ 且以 k 为斜率的直线 MT 便是曲线在点 M 处的切线.

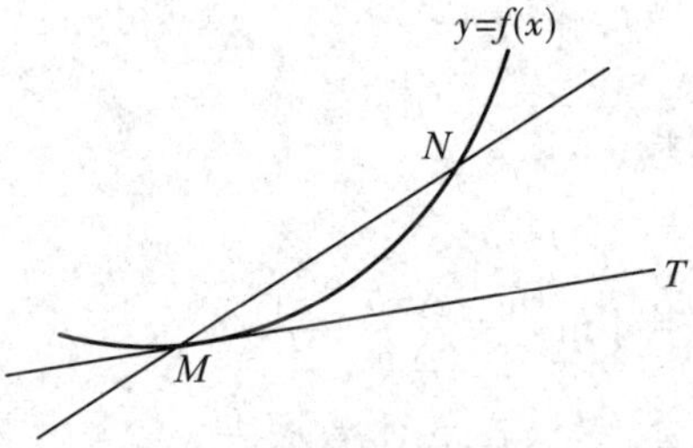

图 3-1

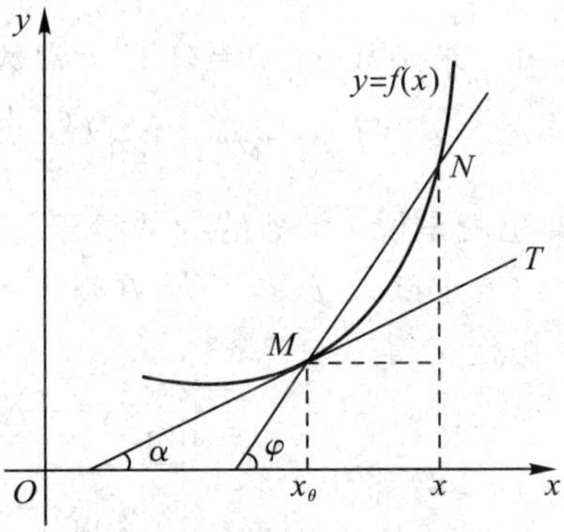

图 3-2

这里$\frac{\Delta s}{\Delta t}$、$\frac{\Delta y}{\Delta x}$是函数增量与自变量增量之比，它们都表示函数的平均变化率.

上面所讲的瞬时速度和切线斜率虽然是不同的问题，但在计算上都归结为同一个极限形式，即函数的平均变化率的极限，称为**瞬时变化率**.

二、导数的定义

以上两个引例，一个是物理学的问题，一个是数学的几何问题，但解决问题的思想方法是一致的. 因此，可归纳出求函数 $y=f(x)$ 瞬时变化率的方法：

(1) 由 Δx，求 Δy；

(2) 求$\frac{\Delta y}{\Delta x}$；

(3) 求极限$\lim\limits_{\Delta x\to 0}\frac{\Delta y}{\Delta x}$.

为了方便研究瞬时变化率，我们把它定义为函数的导数.

定义 3-2 设函数 $y=f(x)$在点 x_0 的某个邻域内有定义，当自变量 x 在 x_0 处取得增量 Δx(点 $x_0+\Delta x$ 仍在该邻域内)时，相应地，函数 y 取得增量 $\Delta y=f(x_0+\Delta x)-f(x_0)$. 如果$\lim\limits_{\Delta x\to 0}\dfrac{\Delta y}{\Delta x}$存在，则称函数 $y=f(x)$在点 x_0 处可导，并称这个极限为函数 $y=f(x)$在点 x_0 处的**导数**，记作

$$y'|_{x=x_0}，f'(x_0)，\left.\frac{\mathrm{d}y}{\mathrm{d}x}\right|_{x=x_0} 或 \left.\frac{\mathrm{d}f(x)}{\mathrm{d}x}\right|_{x=x_0}$$

即

$$y'|_{x=x_0}=\lim_{\Delta x\to 0}\frac{\Delta y}{\Delta x}=\lim_{\Delta x\to 0}\frac{f(x_0+\Delta x)-f(x_0)}{\Delta x}$$

如果上式的极限不存在，则称函数 $y=f(x)$在点 x_0 处不可导.

如果函数 $y=f(x)$在区间(a, b)内每一点都可导，则称函数 $y=f(x)$在区间(a, b)内可导. 叫作函数 $y=f(x)$对 x 的**导函数**，记为 $f'(x)$，$y'(x)$，$\dfrac{\mathrm{d}f(x)}{\mathrm{d}x}$或$\dfrac{\mathrm{d}y}{\mathrm{d}x}$，导函数亦简称为导数.

函数 $y=f(x)$在点 x_0 处的导数 $f'(x_0)$就是导函数 $f'(x)$在点 $x=x_0$ 处的函数值，即

$$f'(x)|_{x=x_0}=f'(x_0)$$

例 3-1 求函数 $f(x)=C$(C 为常数)的导数.

解 $$f'(x)=\lim_{\Delta x\to 0}\frac{f(x+\Delta x)-f(x)}{\Delta x}=\lim_{\Delta x\to 0}\frac{C-C}{\Delta x}=0$$

即 $C'=0$. 也就是说，常数的导数等于零.

例 3-2 求函数 $f(x)=x^2$ 在点 $x=1$ 处的导数.

解 由定义得

$$f'(1)=\lim_{\Delta x\to 0}\frac{f(1+\Delta x)-f(1)}{\Delta x}=\lim_{\Delta x\to 0}\frac{(1+\Delta x)^2-1}{\Delta x}$$

$$=\lim_{\Delta x\to 0}\frac{2\Delta x+\Delta x^2}{\Delta x}=\lim_{\Delta x\to 0}(2+\Delta x)=2$$

因此，函数 $f(x)=x^2$ 在点 $x=1$ 处的导数为 2.

例 3-3 求函数 $y=\dfrac{1}{x}$在 $x_0(x_0\neq 0)$处的导数.

解 $$f'(x_0)=\lim_{\Delta x\to 0}\frac{\dfrac{1}{x_0+\Delta x}-\dfrac{1}{x_0}}{\Delta x}=\lim_{\Delta x\to 0}\frac{-1}{x_0(x_0+\Delta x)}=-\frac{1}{x_0^2}$$

例 3-4 求 $f(x)=\sqrt{x}$的导数.

解 $$f'(x)=\lim_{\Delta x\to 0}\frac{f(x+\Delta x)-f(x)}{\Delta x}=\lim_{\Delta x\to 0}\frac{\sqrt{x+\Delta x}-\sqrt{x}}{\Delta x}$$

$$=\lim_{\Delta x\to 0}\frac{\Delta x}{\Delta x(\sqrt{x+\Delta x}+\sqrt{x})}=\lim_{\Delta x\to 0}\frac{1}{\sqrt{x+\Delta x}+\sqrt{x}}=\frac{1}{2\sqrt{x}}$$

一般地，对于幂函数 $y=x^\alpha$(α 为常数)，有$(x^\alpha)'=\alpha x^{\alpha-1}$. 这就是幂函数的导数公式. 利用这个公式可以很方便地求出幂函数的导数，例如：当 $\alpha=-1$ 时，$y=x^{-1}=\dfrac{1}{x}(x\neq 0)$的

导数为$(x^{-1})'=-1\cdot x^{-1-1}=-x^{-2}$，即$\left(\frac{1}{x}\right)'=-\frac{1}{x^2}$.

例 3-5　求函数 $f(x)=a^x(a>0,\ a\neq1)$的导数.

解

$$f'(x)=\lim_{\Delta x\to0}\frac{f(x+\Delta x)-f(x)}{\Delta x}=\lim_{\Delta x\to0}\frac{a^{x+\Delta x}-a^x}{\Delta x}$$

$$=a^x\lim_{\Delta x\to0}\frac{a^{\Delta x}-1}{\Delta x}\overset{令 a^{\Delta x}-1=t}{=\!=\!=\!=}a^x\lim_{t\to0}\frac{t}{\log_a(1+t)}$$

$$=a^x\frac{1}{\log_a e}=a^x\ln a$$

特别地，$(e^x)'=e^x$.

例 3-6　求函数 $f(x)=\log_a x(a>0,\ a\neq1)$的导数.

解

$$f'(x)=\lim_{\Delta x\to0}\frac{f(x+\Delta x)-f(x)}{\Delta x}=\lim_{\Delta x\to0}\frac{\log_a(x+\Delta x)-\log_a x}{\Delta x}$$

$$=\lim_{\Delta x\to0}\frac{x}{\Delta x}\log_a\left(\frac{x+\Delta x}{x}\right)=\frac{1}{x}\lim_{\Delta x\to0}\frac{x}{\Delta x}\log_a\left(1+\frac{\Delta x}{x}\right)$$

$$=\frac{1}{x}\lim_{\Delta x\to0}\log_a\left(1+\frac{\Delta x}{x}\right)^{\frac{x}{\Delta x}}$$

$$=\frac{1}{x}\log_a e=\frac{1}{x\ln a}$$

一般地，当 $a=e$ 时，有$(\ln x)'=\frac{1}{x}$.

例 3-7　求函数 $f(x)=\sin x$ 的导数.

解

$$f'(x)=\lim_{\Delta x\to0}\frac{f(x+\Delta x)-f(x)}{\Delta x}=\lim_{\Delta x\to0}\frac{\sin(x+\Delta x)-\sin x}{\Delta x}$$

$$=\lim_{\Delta x\to0}\frac{1}{\Delta x}\cdot2\cos\left(x+\frac{\Delta x}{2}\right)\sin\frac{\Delta x}{2}$$

$$=\lim_{\Delta x\to0}\cos\left(x+\frac{\Delta x}{2}\right)\cdot\frac{\sin\frac{\Delta x}{2}}{\frac{\Delta x}{2}}=\cos x.$$

类似可得，$(\cos x)'=-\sin x$.

三、导数的几何意义

由导数的定义可知，$f'(x_0)$是曲线 $y=f(x)$在点$(x_0,\ f(x_0))$处切线的斜率，这就是导数的几何意义.

函数 $y=f(x)$在点 x_0 处的导数 $f'(x_0)$在几何上表示曲线 $y=f(x)$在点 $p(x_0,\ f(x_0))$处的切线斜率，即 $f'(x_0)=k_{切}$.

因此，函数 $y=f(x)$在点$(x_0,\ f(x_0))$处的切线方程和法线方程分别为

切线方程　$y-y_0=f'(x_0)(x-x_0)$

法线方程　$y-y_0=-\frac{1}{f'(x_0)}(x-x_0)$

例 3-8　求曲线 $y=x^3$ 在点 $p(1,\ 1)$处的切线方程与法线方程.

解　由于 $y'|_{x=1}=3x^2|_{x=1}=3$，因此曲线 $y=x^3$ 在点 p 处的切线方程为

$$y-1=3(x-1)$$

即

$$y-3x+2=0$$

法线方程为

$$y-1=-\frac{1}{3}(x-1)$$

即

$$3y+x-4=0$$

四、可导与连续的关系

可导与连续是函数的两个重要概念.虽然在导数的定义中未明确要求函数在 x_0 处一定连续，但却蕴涵可导必然连续这一关系. 因此，$f(x)$在 x_0 处可导，则在 x_0 处必连续. 反之不然，即 $f(x)$在 x_0 处连续，但在 x_0 处未必可导.

例 3－9 讨论 $f(x)=\begin{cases} x, & x\leqslant 1 \\ 2-x, & x>1 \end{cases}$在点 $x=1$ 处的连续性与可导性.

解 因为 $\lim\limits_{x\to 1^-} f(x)=\lim\limits_{x\to 1^-} x=1$，$\lim\limits_{x\to 1^+} f(x)=\lim\limits_{x\to 1^+}(2-x)=1$，所以 $f(x)$在 $x=1$ 处连续.

又因为

$$f'_-(1)=\lim_{x\to 1^-}\frac{f(x)-f(1)}{x-1}=\lim_{x\to 1^-}\frac{x-1}{x-1}=1$$

$$f'_+(1)=\lim\frac{f(x)-f(1)}{x-1}=\lim_{x\to 1^+}\frac{2-x-1}{x-1}=-1$$

左右导数不相等，故 $f(x)$在点 $x=1$ 处不可导.

上述例子说明，函数在某点处连续是函数在该点处可导的必要条件，但不是充分条件. 于是可知，若函数在某点处不连续，则它在该点处一定不可导.

练习题 3－1

1. 利用导数的定义，求下列函数的导数.

(1) $y=\frac{1}{x^2}$；

(2) $y=x^2+x$；

(3) 求 $y=2-3x$ 在点 $x=1$ 处的导数.

2. 设 $f(x)$在 x_0 可导，求$\lim\limits_{h\to 0}\frac{f(x_0+h)-f(x_0-2h)}{h}$.

3. (1) 求曲线 $y=\sqrt{x}$在点(1，1)处的切线方程.

(2) 求曲线 $y=\frac{1}{x}$在点(1，1)处的切线方程.

4. 求曲线 $y=e^x$ 上点(0，1)处的切线方程和法线方程.

第二节　初等函数的导数

第一节我们给出了函数导数的定义，即 $f'(x)=\lim\limits_{\Delta x\to 0}\frac{f(x+\Delta x)-f(x)}{\Delta x}$. 但直接计算上述极限不是一件容易的事，特别是当 $f(x)$为较复杂的函数时，计算极限会比较困难. 目前，我们已经通过导数的定义得出常数函数、幂函数、指数函数、对数函数、正弦函数、余弦函数的求导公式. 为了方便计算，本节将引入一些基本初等函数的求导公式、导数的四则运算法则以及复合函数的求导法则.

一、求导公式与四则运算法则

1. 基本初等函数的求导公式

(1) $C'=0$；　(2) $(x^a)'=ax^{a-1}$（a 为任意实数）；

(3) $(a^x)'=a^x\ln a$（$a>0$ 且 $a\neq1$）；　(4) $(\mathrm{e}^x)'=\mathrm{e}^x$；

(5) $(\log_a x)'=\dfrac{1}{x\ln a}$（$a>0$ 且 $a\neq1$）；　(6) $(\ln x)'=\dfrac{1}{x}$；

(7) $(\sin x)'=\cos x$；　(8) $(\cos x)'=-\sin x$；

(9) $(\tan x)'=\sec^2 x$；　(10) $(\cot x)'=-\csc^2 x$；

(11) $(\sec x)'=\sec x\tan x$；　(12) $(\csc x)'=-\csc x\cot x$；

(13) $(\arcsin x)'=\dfrac{1}{\sqrt{1-x^2}}$（$|x|<1$）；　(14) $(\arccos x)'=-\dfrac{1}{\sqrt{1-x^2}}$（$|x|<1$）；

(15) $(\arctan x)'=\dfrac{1}{1+x^2}$（$|x|<1$）；　(16) $(\operatorname{arccot} x)'=-\dfrac{1}{1+x^2}$（$|x|<1$）.

2. 函数的四则运算求导法则

定理 3-1　设 $u(x)$、$v(x)$ 均在点 x 处可导，则 $u(x)\pm v(x)$、$u(x)v(x)$、$\dfrac{u(x)}{v(x)}$（$v(x)\neq0$）在点 x 处也可导，且有如下法则：

(1) $[u(x)\pm v(x)]'=u'(x)\pm v'(x)$，简记为：$(u\pm v)'=u'\pm v'$；

(2) $[u(x)v(x)]'=u'(x)v(x)+u(x)v'(x)$，简记为：$(uv)'=u'v+v'u$；

(3) $\left[\dfrac{u(x)}{v(x)}\right]'=\dfrac{u'(x)v(x)-u(x)v'(x)}{v^2(x)}$，简记为：$\left(\dfrac{u}{v}\right)'=\dfrac{u'v-v'u}{v^2}$　($v\neq0$).

推论 3-1　若 $u(x)$ 在 x 处可导，C 是常数，则 $Cu(x)$ 在点 x 处也可导，且 $[Cu(x)]'=Cu'(x)$. 简记为：$(Cu)'=Cu'$.

推论 3-2　乘积求导公式可以推广到有限个可导函数的乘积. 例如，若 u、v、w 都是区间 I 内的可导函数，则

$$(uvw)'=u'vw+uv'w+uvw'$$

例 3-10　求下列函数的导数.

(1) $y=x^2+\sin x-\ln x$；

(2) $y=\mathrm{e}^x(\sin x+\cos x)$；

(3) $y=\dfrac{\ln x}{x}$.

解　(1)

$$\begin{aligned}y'&=(x^2)'+(\sin x)'-(\ln x)'\\&=2x+\cos x-\frac{1}{x}\end{aligned}$$

(2)

$$\begin{aligned}y'&=(\mathrm{e}^x)'(\sin x+\cos x)+\mathrm{e}^x(\cos x-\sin x)'\\&=\mathrm{e}^x(\sin x+\cos x)+\mathrm{e}^x(\cos x-\sin x)=2\mathrm{e}^x\cos x\end{aligned}$$

(3) $y'=\left(\dfrac{\ln x}{x}\right)'=\dfrac{(\ln x)'x-x'\ln x}{x^2}=\dfrac{1-\ln x}{x^2}$

二、复合函数的导数

定理 3-2 设 $y=f(u)$与 $u=\varphi(x)$可以复合成函数 $y=f[\varphi(x)]$，如果 $u=\varphi(x)$在 x 处可导，且 $y=f(u)$在对应的 u 处可导，则函数 $y=f[\varphi(x)]$在 x 处可导，且

$$[f(\varphi(x))]'=f'(u)\cdot\varphi'(x)$$

或记作

$$\frac{\mathrm{d}y}{\mathrm{d}x}=\frac{\mathrm{d}y}{\mathrm{d}u}\cdot\frac{\mathrm{d}u}{\mathrm{d}x}\text{或 }y'_x=y'_u\cdot u'_x$$

即复合函数对自变量的导数等于函数对中间变量的导数乘以中间变量对自变量的导数，此法则又称为复合函数的**链式求导法则**.

例 3-11 求下列函数的导数.

(1) $y=\sin(2x+1)$；

(2) $y=\ln\sin x$；

(3) $y=\sqrt[3]{1-2x^2}$.

解 (1) 设 $y=\sin u$，$u=2x+1$，则

$$y'=(\sin u)'(2x+1)'=2\cos u=2\cos(2x+1)$$

(2) 设 $y=\ln u$，$u=\sin x$，则

$$y'=(\ln u)'(\sin x)'=\frac{1}{u}\cdot\cos x=\frac{\cos x}{\sin x}=\cot x$$

(3) 函数变形为 $y=(1-2x^2)^{\frac{1}{3}}$，设 $y=u^{\frac{1}{3}}$，$u=1-2x^2$，则

$$y'=(u^{\frac{1}{3}})'\cdot(1-2x^2)'=\frac{1}{3}u^{-\frac{2}{3}}\cdot(-4x)=-\frac{4}{3}x\cdot(1-2x^2)^{-\frac{2}{3}}$$

另外需要注意，此法则可以推广到求有限个可导函数的复合函数的导数.

例如，设 $y=f(u)$，$u=\varphi(v)$，$v=\psi(x)$均为相应区间内的可导函数，且可以复合成函数 $y=f\{\varphi[\psi(x)]\}$，则

$$\frac{\mathrm{d}y}{\mathrm{d}x}=\frac{\mathrm{d}y}{\mathrm{d}u}\cdot\frac{\mathrm{d}u}{\mathrm{d}v}\cdot\frac{\mathrm{d}v}{\mathrm{d}x}\text{或记作 }y'_x=y'_u\cdot u'_v\cdot v'_x$$

例 3-12 求函数 $y=\ln\cos(\mathrm{e}^x)$的导数.

解 函数可分解为 $y=\ln u$，$u=\cos v$，$v=\mathrm{e}^x$，故

$$y'=y'_u\cdot u'_v\cdot v'_x=\frac{1}{u}\cdot(-\sin v)\cdot\mathrm{e}^x$$

$$=-\frac{\sin v}{\cos v}\cdot\mathrm{e}^x=-\mathrm{e}^x\tan(\mathrm{e}^x)$$

如果不写出中间变量，此例可这样写：

$$y'=[\ln\cos(\mathrm{e}^x)]'=\frac{1}{\cos(\mathrm{e}^x)}[\cos(\mathrm{e}^x)]'$$

$$=\frac{-\sin(\mathrm{e}^x)}{\cos(\mathrm{e}^x)}\cdot(\mathrm{e}^x)'=-(\mathrm{e}^x)\tan(\mathrm{e}^x)$$

例 3-13 求幂函数 $y=x^\mu$($x>0$，μ 为任意实数)的导数.

解　由于 $y=x^{\mu}=\mathrm{e}^{\mu\ln x}$ 可以看作由指数函数与对数函数复合而成的函数，故由公式有

$$y'=\mathrm{e}^{\mu\ln x}\cdot(\mu\ln x)'=\mu\mathrm{e}^{\mu\ln x}\cdot\frac{1}{x}=\mu x^{\mu-1}$$

即

$$(x^{\mu})'=\mu x^{\mu-1}(x>0)$$

三、高阶导数

定义 3-3　如果函数 $y=f(x)$ 的导数 $f'(x)$ 仍可导，则称 $f'(x)$ 的导数为函数 $y=f(x)$ 的**二阶导数**，记作

$$y''\text{或}f''(x)\text{或}\frac{\mathrm{d}^2y}{\mathrm{d}x^2}$$

即

$$y''=(y')'\text{或}f''(x)=[f'(x)]'\text{或}\frac{\mathrm{d}^2y}{\mathrm{d}x^2}=\frac{\mathrm{d}}{\mathrm{d}x}\left(\frac{\mathrm{d}y}{\mathrm{d}x}\right)$$

相应地，把 $y=f(x)$ 的导数 $f'(x)$ 叫作函数 $y=f(x)$ 的**一阶导数**.

类似地，二阶导数的导数称为**三阶导数**，记作

$$y'''\text{或}f'''(x)\text{或}\frac{\mathrm{d}^3y}{\mathrm{d}x^3}$$

三阶导数的导数称为**四阶导数**，记作

$$y^{(4)}\text{或}f^{(4)}(x)\text{或}\frac{\mathrm{d}^4y}{\mathrm{d}x^4}$$

$$\cdots$$

$n-1$ 阶导数的导数称为 n **阶导数**，记作

$$y^{(n)}\text{或}f^{(n)}(x)\text{或}\frac{\mathrm{d}^ny}{\mathrm{d}x^n}$$

注　一阶、二阶、三阶导数的记法与四阶导数及四阶以上导数的记法是不同的.

函数 $y=f(x)$ 具有 n 阶导数，也常说成函数 $f(x)$ 为 n 阶可导. 如果函数 $f(x)$ 在点 x 处具有 n 阶导数，那么 $f(x)$ 在点 x 的某一邻域内必定具有一切低于 n 阶的导数. 二阶及二阶以上的导数统称为**高阶导数**. 由此可见，求高阶导数就是在其低一阶导数的基础上求导，所以仍可应用前面学过的求导方法来计算高阶导数.

例 3-14　求对数函数 $y=\ln(1+x)$ 的二阶导数.

解

$$y'=\frac{1}{1+x}$$

$$y''=(y')'=\left(\frac{1}{1+x}\right)'=-\frac{1}{(1+x)^2}$$

所以

$$y''=-\frac{1}{(1+x)^2}$$

例 3-15　求指数函数 $y=\mathrm{e}^x$ 的 n 阶导数.

解

$$y'=\mathrm{e}^x,\ y''=\mathrm{e}^x,\ y'''=\mathrm{e}^x$$

依此类推，有

$$y^n = e^x$$

例 3-16 求正弦函数 $y=\sin x$ 的 n 阶导数.

解

$$y'=(\sin x)'=\cos x=\sin\left(x+\frac{\pi}{2}\right)$$

$$y''=(\cos x)'=-\sin x=\sin\left(x+2\cdot\frac{\pi}{2}\right)$$

$$y'''=(-\sin x)'=-\cos x=\sin\left(x+3\cdot\frac{\pi}{2}\right)$$

$$y^{(4)}=(-\cos x)'=\sin x=\sin\left(x+4\cdot\frac{\pi}{2}\right)$$

依此类推，可得

$$y^{(n)}=\sin\left(x+n\cdot\frac{\pi}{2}\right)$$

即

$$(\sin x)^n=\sin\left(x+n\cdot\frac{\pi}{2}\right)$$

类似地，可得

$$(\cos x)^{(n)}=\cos\left(x+n\cdot\frac{\pi}{2}\right)$$

练习题 3-2

1. 求下列函数的导数.

(1) $y=3x^2-2\sqrt{x}$；(2) $y=\sqrt[3]{x^2}$；

(3) $y=x^\pi$；(4) $y=(2x+1)(3x^3-2x^2)$；

(5) $y=\dfrac{1}{2x}-\sqrt{3}$；(6) $y=x^3-\dfrac{4}{x^2}$；

(7) $y=\dfrac{1}{x^2}-\dfrac{x}{2}$；(8) $y=\dfrac{2}{x-1}$；

(9) $y=(x+1)\sqrt{x}$；(10) $y=(x-1)(x+2)$；

(11) $y=x^2+2^x+2^2$；(12) $y=\dfrac{x-1}{x+1}$；

(13) $y=x\ln x$；(14) $y=\dfrac{\cos x}{1-x}$；

(15) $y=e^x\ln x$；(16) $y=\dfrac{1-\ln x}{1+\ln x}$；

(17) $y=\sin x+x\cos x$；(18) $y=\tan x-\cot x$；

(19) $y=\dfrac{\sin x}{x}$；(20) $y=\dfrac{\ln x}{\sec x}$；

(21) $y=\dfrac{x}{\sqrt{1-x^2}}$；(22) $y=\dfrac{e^x-e^{-x}}{e^x+e^{-x}}$.

2. 求下列函数的导数.

(1) $y=\ln\cos x$；(2) $y=\sqrt{x^2-2x+5}$；

(3) $y=\arcsin\frac{x}{2}$；

(4) $y=\sqrt{1+x^2}$；

(5) $y=\ln\ln x$；

(6) $y=\sqrt{1+\ln^2 x}$；

(7) $y=\ln\sin(1+2x)$；

(8) $y=2^{\frac{x}{\ln x}}$；

(9) $y=\frac{1}{4}\ln\frac{1+x}{1-x}$；

(10) $y=\sin^2(e^{1+x^2})$；

(11) $y=2\cos x^2+\cos^2(2x)$；

(12) $y=x\sqrt{1-x^2}+\arcsin x$.

3. 求下列函数的二阶导数.

(1) $y=\ln(1-x^2)$；

(2) $f(x)=e^{-2x}$；

(3) $y=\ln x$；

(4) $y=xe^{x^2}$.

4. 求下列函数的 n 阶导数.

(1) $y=\ln(1+x)$；

(2) $y=xe^{-x}$.

第三节　隐函数的导数和对数求导法

一、隐函数的导数

函数 $y=f(x)$表示两个变量 y 与 x 之间的对应关系，这种对应关系可以用各种不同的方式来表达. 前面我们遇到的函数，如 $y=\sin x$、$y=\ln x+\sqrt{1-x^2}$ 等，等号左端是因变量，等号右端是含有自变量的式子，当自变量取定义域内任一值时，由此式能确定相应的函数值，形如这种形式的函数叫作**显函数**. 另外，有些函数的表示方式不同，例如，方程 $x+y^3-1=0$ 表示一个函数，因为当变量 x 在$(-\infty, +\infty)$内取值时，变量 y 有确定的值与之对应，如当 $x=0$ 时，$y=1$；当 $x=-1$ 时，$y=\sqrt[3]{2}$ 等. 我们把用这种方式表达的函数称为**隐函数**.

一般地，如果在方程 $F(x, y)=0$ 中，当 x 取某区间内的任一值时，相应地总有满足此方程的唯一的 y 值存在，那么就说方程 $F(x, y)=0$ 在该区间内确定了一个**隐函数**.

把一个隐函数化成显函数，叫作隐函数的显化. 例如，从方程 $x+y^3-1=0$ 中解出 $y=\sqrt[3]{1-x}$，就把隐函数化成了显函数. 但隐函数的显化有时是有困难的，甚至是不可能的. 可在实际问题中，有时需要计算隐函数的导数.

例 3-17　求由方程 $e^y+xy-e=0$ 所确定的隐函数 $y=y(x)$的导数 y'_x.

解　将方程两边同时对 x 求导数(将 y 看成 x 的函数)，得

$$(e^y)'+(xy)'-(e)'=(0)'$$

即

$$e^y y'+y+xy'=0$$

所以

$$y'=-\frac{y}{e^y+x}$$

在这个结果中，分式中的 y 是由方程 $e^y+xy-e=0$ 所确定的隐函数.

隐函数求导方法小结：

(1) 方程两端同时对 x 求导数，注意把 y 当作复合函数求导的中间变量来看待，例如：

$$(\ln y)'_x = \frac{1}{y} y'_x$$

(2) 从求导后的方程中解出 y'.

(3) 隐函数求导允许其结果中含有 y. 但求某一点处的导数时不但要把 x 的值代入，还要把对应的 y 的值代入.

下面利用隐函数求导计算反三角函数的导数.

例 3-18 求反函数 $y=\arcsin x$ 的导数.

解 因为反函数 $y=\arcsin x$ 可以转化为方程 $x=\sin y$ 确定的隐函数，利用隐函数求导，方程两边同时对 x 求导(将 y 看成 x 的函数)，得

$$1=\cos y \cdot y'$$

故

$$y'=\frac{1}{\cos y}=\frac{1}{\sqrt{1-\sin^2 y}}$$

把 $x=\sin y$ 代入上式即得

$$y'=\frac{1}{\sqrt{1-x^2}}$$

因此，反正弦函数的导数公式为

$$(\arcsin x)'=\frac{1}{\sqrt{1-x^2}}$$

类似地，反余弦函数的导数公式为

$$(\arccos x)'=-\frac{1}{\sqrt{1-x^2}}$$

同样，我们可得到其他反三角函数的导数公式：

$$(\arctan x)'=\frac{1}{1+x^2}，(\text{arccot}\, x)'=-\frac{1}{1+x^2}$$

二、对数求导法

一般地，当遇到求多个函数的积、商、幂构成的函数的导数时，我们可以先对等式两端同时取对数，再利用隐函数求导法进行求导.

例 3-19 求 $y=x^x (x>0)$ 的导数.

解 求函数 $y=x^x (x>0)$ 的导数，可以对等式两边分别取对数，得

$$\ln y = x \cdot \ln x$$

上式两边对 x 求导(将 y 看成 x 的函数)，得

$$\frac{1}{y}y'=\ln x + x\cdot\frac{1}{x}$$

所以

$$y'=(\ln x+1)y$$

将 $y=x^x$ 代入即得所求函数的导数，即

$$y'=(\ln x+1)x^x$$

注 (1) 形如 $y=u(x)^{v(x)}$ 的函数，既不是幂函数也不是指数函数，通常称为**幂指函数**.

对于幂指函数 $y=u(x)^{v(x)}$ 是没有求导公式的，我们可以通过对方程两端同时取对数，化幂指函数为隐函数，再求出其导数.

(2) 关于幂指函数求导，除了用取对数的方法也可以采取化指数的办法. 例如，求 $y=e^{x\ln x}$ 的导数时，可以把幂指函数化为隐函数求导；在求 $y=x^{e^x}+e^{x^e}$ 的导数时，化指数方法比取对数方法要简单，且不容易出错.

例 3-20 求 $y=\sqrt{\dfrac{(x-1)(x-2)}{(x-3)(x-4)}}$ 的导数.

解 先对函数两边取对数，得

$$\ln y=\frac{1}{2}[\ln(x-1)+\ln(x-2)-\ln(x-3)-\ln(x-4)]$$

再对上式两边对 x 分别求导，得

$$\frac{1}{y}y'=\frac{1}{2}\left(\frac{1}{x-1}+\frac{1}{x-2}-\frac{1}{x-3}-\frac{1}{x-4}\right)$$

于是

$$y'=\frac{y}{2}\left(\frac{1}{x-1}+\frac{1}{x-2}-\frac{1}{x-3}-\frac{1}{x-4}\right)$$

将 $y=\sqrt{\dfrac{(x-1)(x-2)}{(x-3)(x-4)}}$ 代入，得

$$y'=\frac{1}{2}\left(\frac{1}{x-1}+\frac{1}{x-2}-\frac{1}{x-3}-\frac{1}{x-4}\right)\cdot\sqrt{\frac{(x-1)(x-2)}{(x-3)(x-4)}}$$

注 若遇到繁分式、无理式等较复杂的函数表达式，求导前可先对等式两边取对数，并利用对数性质化简，再按隐函数求导法则来求导，这种求导的方法称为**对数求导法**. 由于对数具有化积商为和差的性质，因此我们可以把多因子乘积开方的求导运算，通过取对数得到化简.

练习题 3-3

1. 求下列隐函数的导数.

(1) 设 $\ln y=xy+\cos x$，求 $\dfrac{dy}{dx}$，$\left.\dfrac{dy}{dx}\right|_{x=0}$.

(2) 设 $y=1+xe^y$，求 $\dfrac{dy}{dx}$.

(3) 若 $y=f(x)$ 由方程 $ye^x+\sin(xy)=0$ 确定，求 $\dfrac{dy}{dx}$.

2. 用对数求导法求下列函数的导数.

(1) 求 $y=x^{\sin x}(x>0)$ 的导数.

(2) $y=(\sin x)^{\cos x}$，求 y'.

(3) $y=\sqrt[3]{\dfrac{x(x-1)}{(x-2)(x+3)}}$，求 y'.

第四节 函数的微分

在自然科学与工程技术中，常遇到这样一类问题：在运动变化过程中，当自变量有微

小改变量 Δx 时，需要计算相应的函数改变量 Δy.

函数 $y=f(x)$ 在 x_0 处的函数增量可表示为 $\Delta y=f(x_0+\Delta x)-f(x_0)$，而在很多函数关系中，用上式表达的 Δy 与 Δx 之间的关系相对比较复杂，不利于计算相应于自变量 Δx 的改变量 Δy. 能否有较简单的关于 Δx 的线性关系去近似代替 Δy 的上述复杂关系呢？近似后所产生的误差又是怎样的呢？这一节中，我们以可导函数 $y=f(x)$ 来研究这个问题.

引例 3-3 受热金属片面积的改变量

如图 3-3 所示，一块正方形金属薄片受温度变化的影响，其边长由 x_0 变到 $x_0+\Delta x$，问此薄片的面积改变了多少？

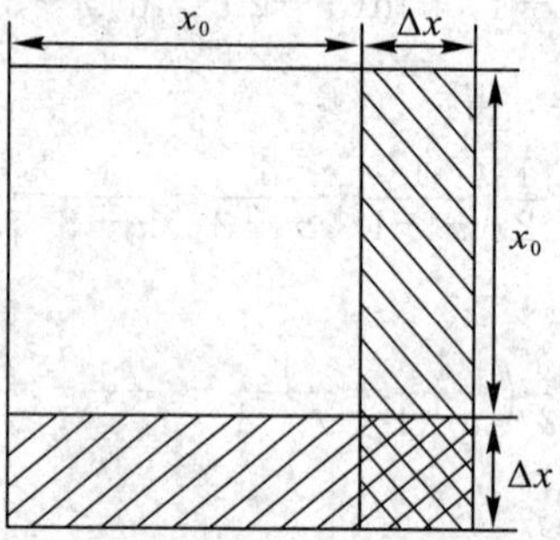

图 3-3

设此薄片的边长为 x，面积为 S，则 S 是 x 的函数：$S=x^2$. 薄片受温度变化的影响时面积的改变量，可以看成是当自变量 x 自 x_0 取得增量 Δx 时，函数 S 相应的增量 ΔS，即

$$\Delta S=(x_0+\Delta x)^2-x_0^2=2x_0\Delta x+(\Delta x)^2$$

从上式可以看出，ΔS 分成两部分：第一部分 $2x_0\Delta x$ 是 ΔS 的线性函数，即图中带有斜线的两个矩形面积之和，也是增量 ΔS 的主要部分；第二部分 $(\Delta x)^2$ 在图中是带有交叉斜线的小正方形的面积，当 $\Delta x\to 0$ 时，第二部分 $(\Delta x)^2$ 是 Δx 的高阶无穷小量. 由此可见，当边长改变得很微小，即 $|\Delta x|$ 很小时，面积的改变量 ΔS 可近似地用第一部分来代替，称为 ΔS 的线性主部，即 $\Delta S\approx 2x_0\Delta x$，而 $2x_0$ 正好是函数 $S=x^2$ 在 x_0 处的导数，所以 $\Delta S\approx S'|_{x=x_0}\cdot\Delta x$.

一、微分的定义

定义 3-4 如果函数 $y=f(x)$ 在点 x_0 处具有导数 $f'(x_0)$，则 $f'(x_0)\Delta x$ 叫作函数 $y=f(x)$ 在点 x_0 处的微分，记为 $\mathrm{d}y$，即

$$\mathrm{d}y=f'(x_0)\Delta x$$

一般地，函数 $y=f(x)$ 在任意点 x 的微分，称为函数的微分，记作 $\mathrm{d}y$，即 $\mathrm{d}y=f'(x)\Delta x$.

特别地，对于函数 $y=x$ 来说，由于 $x'=1$，则 $\mathrm{d}x=x'\Delta x=\Delta x$，所以我们规定自变量的微分等于自变量的增量. 这样，函数 $y=f(x)$ 的微分可以写成

$$\mathrm{d}y=f'(x)\mathrm{d}x$$

从而有

$$\frac{\mathrm{d}y}{\mathrm{d}x}=f'(x)$$

即函数的微分与自变量的微分之商等于函数的导数，因此导数又称为微商.

根据导数与微分的关系式，只要知道函数的导数，就能求出它的微分. 例如：

$$d(x^\alpha)=\alpha x^{\alpha-1}dx$$

$$d(e^x)=e^x dx$$

$$d(\sin x)=\cos x\,dx$$

二、微分的运算

由微分与导数的关系式，及前面介绍过的求导基本公式和求导法则，我们很容易得到以下微分的基本公式：

(1) $d(x^\alpha)=\alpha x^{\alpha-1}dx$（$\alpha$为任意实数）；

(2) $d(a^x)=a^x\ln a\,dx$（$a>0$且$a\neq1$）；

(3) $d(e^x)=e^x dx$；

(4) $d(\log_a x)=\dfrac{1}{x\ln a}dx$（$a>0$且$a\neq1$）；

(5) $d(\ln x)=\dfrac{1}{x}dx$；

(6) $d(\sin x)=\cos x\,dx$；

(7) $d(\cos x)=-\sin x\,dx$；

(8) $d(\tan x)=\sec^2 x\,dx$；

(9) $d(\cot x)=-\csc^2 x\,dx$；

(10) $d(\sec x)=\sec x\tan x\,dx$；

(11) $d(\csc x)=-\csc x\cot x\,dx$；

(12) $d(\arcsin x)=\dfrac{1}{\sqrt{1-x^2}}dx$（$|x|<1$）；

(13) $d(\arccos x)=-\dfrac{1}{\sqrt{1-x^2}}dx$（$|x|<1$）；

(14) $d(\arctan x)=\dfrac{1}{1+x^2}dx$；

(15) $d(\text{arccot}\,x)=-\dfrac{1}{1+x^2}dx$.

注　上述公式必须牢记，这对以后学习积分学很有好处. 导数的四则运算法则对微分也是成立的. 即设u、v为x的可微函数，则

(1) $d(u\pm v)=du\pm dv$；

(2) $d(uv)=v\,du+u\,dv$，$d(Cu)=Cdu$（C是常数）；

(3) $d\left(\dfrac{u}{v}\right)=\dfrac{v\,du-u\,dv}{v^2}$（$v\neq0$），$d\left(\dfrac{1}{v}\right)=-\dfrac{dv}{v^2}$，（$v\neq0$）.

与复合函数的求导法则相应的复合函数的微分法则如下：

设$y=f(u)$及$u=\varphi(x)$都可导，则复合函数$y=f[\varphi(x)]$的微分为

$$dy=y'_x dx=f'(u)\cdot\varphi'(x)dx$$

由于$\varphi'(x)dx=du$，因此复合函数$y=f[\varphi(x)]$的微分公式也可以写成$dy=f'(u)du$或$dy=y'_u du$.

例 3-21　求函数$y=e^x+x\sin 2x$的微分.

解

$$\begin{aligned}dy&=d(e^x)+d(x\sin 2x)\\&=e^x dx+\sin 2x\,dx+x d(\sin 2x)\\&=e^x dx+\sin 2x\,dx+2x\cos 2x dx\\&=(e^x+\sin 2x+2x\cos 2x)dx\end{aligned}$$

例 3-22　求$y=\ln(1+e^{x^2})$的微分.

解　设$y=\ln u$，$u=1+e^{x^2}$，则

$$dy=(\ln u)'(1+e^{x^2})'dx$$

$$=\frac{1}{u}\cdot 2xe^{x^2}dx=\frac{2xe^{x^2}}{(1+e^{x^2})}dx$$

三、微分的几何意义

为了对微分有更加直观的了解，我们来研究微分的几何意义.

在直角坐标系中，函数 $y=f(x)$的图形是一条曲线. 对于某一固定的 x_0 值，曲线上有一个确定的点 $M(x_0, y_0)$，当自变量 x 有微小增量 Δx 时，可以得到曲线上另一个点 $N(x_0+\Delta x, y_0+\Delta y)$. 从图 3-4 可知：$MQ=\Delta x$，$QN=\Delta y$. 过 M 点作曲线的切线，它的倾角为 α，则 $QP=MQ\cdot\tan\alpha=\Delta x\cdot f'(x_0)=dy$，即

$$dy=QP$$

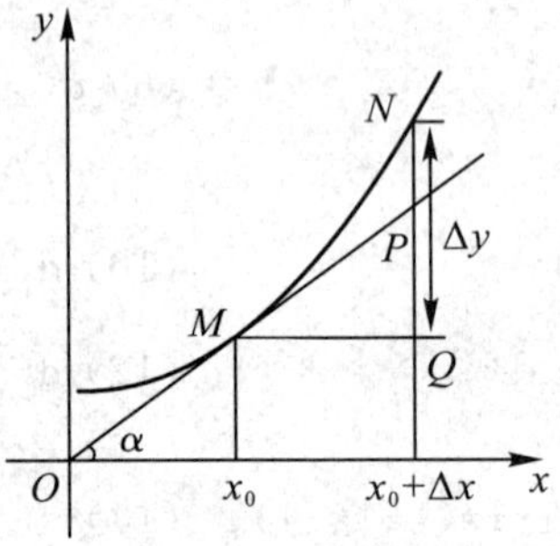

图 3-4

由此可见，当 Δy 是曲线 $y=f(x)$上的 M 点的纵坐标的增量时，dy 就是曲线的切线上 M 点的纵坐标的相应增量. 当$|\Delta x|$很小时，$|\Delta y-dy|$比$|\Delta x|$小很多. 因此在点 M 的邻近，我们可以用切线段来近似代替曲线段.

例 3-23 求函数 $y=x^2$ 在 $x_0=1$ 处的微分.

解 因为 $dy=d(x^2)=2xdx$，所以

$$dy|_{x_0=1}=(2x)|_{x=1}dx=2dx$$

四、微分在近似计算中的应用

计算函数的增量是科学技术和工程中经常遇到的问题，有时由于函数比较复杂，计算增量往往比较困难，但是对于可微函数，通常可以利用微分去近似替代函数的增量，函数在一点处的微分是函数增量的近似值，它与函数增量仅相差 Δx 的高阶无穷小. 因此，可以利用微分计算函数的近似值. 当$|\Delta x|$很小时，我们有

$$\Delta y=f(x_0+\Delta x)-f(x_0)\approx dy=f'(x_0)\Delta x$$

所以

$$f(x_0+\Delta x)\approx f(x_0)+f'(x_0)\Delta x$$

若令 $x_0+\Delta x=x$，上式可以写成

$$f(x)\approx f(x_0)+f'(x_0)(x-x_0)$$

我们可以利用此公式计算函数的近似值.

例 3-24　利用微分计算 $\sin 30°30'$ 的近似值.

解　由于 $\sin 30°30'=\sin\left(\frac{\pi}{6}+\frac{\pi}{360}\right)$，因此设 $f(x)=\sin x$，且 $f'(x)=\cos x$，取 $x_0=\frac{\pi}{6}$，$\Delta x=\frac{\pi}{360}$，则有

$$\begin{aligned}\sin 30°30'&=\sin\left(\frac{\pi}{6}+\frac{\pi}{360}\right)\\&\approx\sin\frac{\pi}{6}+\cos\frac{\pi}{6}\times\frac{\pi}{360}\\&=\frac{1}{2}+\frac{\sqrt{3}}{2}\times\frac{\pi}{360}\approx 0.5076\end{aligned}$$

例 3-25　求 $\sqrt{1.02}$ 的近似值.

解　设 $y=\sqrt{x}$，取 $x_0=1$，$\Delta x=0.02$，由 $f(x_0+\Delta x)\approx f(x_0)+f'(x_0)\Delta x$ 可知

$$f(1.02)\approx f(1)+f'(1)\times 0.02$$

因为 $f(1)=1$，$f'(1)=\frac{1}{2}$，所以 $f(1.02)\approx 1.01$，即 $\sqrt{1.02}\approx 1.01$.

练习题 3-4

1. 求下列函数的微分.

(1) $y=\sqrt{x}$；

(2) $y=x\sin x$；

(3) $y=e^{x+1}$；

(4) $y=\ln x$；

(5) $y=\sqrt{\ln x}$；

(6) $y=\arcsin\sqrt{x}$；

(7) $y=e^{-x}\tan x$；

(8) $y=\tan\frac{x}{2}$.

2. 求下列各式的近似值.

(1) $\sqrt{0.95}$；

(2) $\sqrt{1.99}$；

(3) $\sin 31°$；

(4) $\cos 55°$；

(5) $\ln 1.01$；

(6) $\tan 44°$.

自测题一

一、填空题.

1. 设 $f(x)$ 在点 x_0 处可导，则 $\lim\limits_{\Delta x\to 0}\frac{f(x_0-2\Delta x)-f(x_0)}{\Delta x}=$__________.

2. 设 $f(x)=x(x+1)(2x+1)$，则 $f'(0)=$__________.

3. 设 $f\left(\frac{1}{x}\right)=\frac{1}{1-x}$，则 $f'(x)=$__________.

4. 若 $f(u)$ 可导，且 $y=f(2^x)$，则 $dy=$__________.

5. 曲线 $y=x^3-3x$ 上切线平行于 x 轴的点为__________.

二、选择题.

1. 设 $f(x)$ 在 $x=x_0$ 附近有定义，且 $\lim\limits_{h\to 0}\dfrac{f(x_0-3h)-f(x_0)}{h}=1$，则 $f'(x_0)=$(　　).

A. $-\dfrac{1}{3}$　　B. -2　　C. 1　　D. $\dfrac{1}{3}$

2. 若 $f(x)=\ln(1+2x)$，则 $f'(0)=$(　　).

A. -2　　B. 2　　C. $\dfrac{1}{2}$　　D. $-\dfrac{1}{2}$

3. 下列函数中，在 $x=-1$ 处连续，但不可导的是(　　).

A. $y=\dfrac{1}{x+1}$　　B. $y=|x+1|$

C. $y=\ln(x^2+1)$　　D. $y=(x+1)^2$

4. 下列运算中正确的是(　　).

A. $\ln x\,\mathrm{d}x=\mathrm{d}\,\dfrac{1}{x}$　　B. $\dfrac{1}{\sqrt{x}}\mathrm{d}x=\mathrm{d}\sqrt{x}$

C. $x\,\mathrm{d}x=-\dfrac{1}{8}\mathrm{d}(1-4x^2)$　　D. $\dfrac{1}{x^2}\mathrm{d}x=\mathrm{d}\,\dfrac{1}{x}$

5. 下列函数中导数不等于 $\sin 2x$ 的是(　　).

A. $\sin^2 x$　　B. $\dfrac{1}{2}\cos 2x$　　C. $-\cos^2 x$　　D. $1-\dfrac{1}{2}\cos 2x$

6. 设 $y=\sin x$，则 $y^{(10)}=$(　　).

A. $\sin x$　　B. $-\sin x$　　C. $\cos x$　　D. $-\cos x$

7. 曲线 $y=3x-x^3$ 上切线平行于 x 轴的点有(　　).

A. (0，0)　　B. (−1，−2)

C. (1，2)　　D. (1，2)和(−1，−2)

三、解答题.

1. 求下列函数的导数.

(1) $y=\mathrm{e}^{\sin^2 x}$.

(2) $y=\dfrac{1}{2}\arctan\sqrt{x}$.

(3) $y=\tan^3(2x)$.

(4) 设 $y=x^2\sin x$，求 y''.

(5) 已知 $\sin y+\mathrm{e}^x-xy^2=0$，求 $\dfrac{\mathrm{d}y}{\mathrm{d}x}$.

2. 已知曲线 $y=x^3+bx^2+cx$ 过点(−1，−4)，且在横坐标 $x=1$ 处具有水平切线，求 b、c 的值.

自测题二

一、填空题.

1. 设 $f(x)$在 $x=x_0$ 处可导，且 $f'(x_0)=k$，则$\lim\limits_{h\to 0}\dfrac{f(x_0)-f(x_0-h)}{2h}=$__________.

2. 若 $f(x)$在点 $x=1$ 处可导且$\lim\limits_{x\to 1}f(x)=3$，则 $f(1)=$__________.

3. 曲线 $y=\dfrac{1}{3}x^3$ 上平行于直线 $x-4y=5$ 的切线方程为__________________.

4. 设 $f(x)$为可导的偶函数，$g(x)=f(\cos x)$，则 $g'\left(\dfrac{\pi}{2}\right)=$__________.

5. 若函数 $y=e^x(\cos x+\sin x)$，则 $dy=$____________.

二、选择题.

1. 设 $f(x)$在 x_0 处可导，则$\lim\limits_{\Delta x\to 0}\dfrac{f(x_0-\Delta x)-f(x_0)}{\Delta x}$等于(　　).

A. $-f'(x_0)$　　B. $f'(x_0)$　　C. $f'(-x_0)$　　D. $2f'(x_0)$

2. $y=\arctan\dfrac{1}{x}$，则 $y'=$(　　).

A. $-\dfrac{1}{1+x^2}$　　B. $\dfrac{1}{1+x^2}$　　C. $-\dfrac{x^2}{1+x^2}$　　D. $\dfrac{x^2}{1+x^2}$

3. 设函数 $y=f(u)$是可导的，且 $u=x^2$，则$\dfrac{dy}{dx}=$(　　).

A. $f'(x^2)$　　B. $xf'(x^2)$　　C. $2xf'(x^2)$　　D. $x^2f(x^2)$

4. 曲线 $y=2x^3-5x^2+4x-5$ 在点(2，1)处的切线斜率等于(　　).

A. 8　　B. 12　　C. -6　　D. 6

5. 曲线 $y=x^3$上，切线斜率等于 3 的点是(　　).

A. (1，1)　　B. $(-1，1)$

C. (1，1)和$(-1，-1)$　　D. $(-1，-1)$

三、计算题.

1. $y=5x^3-2^x+\sin x$，求 y'.

2. $y=\sin x-\cos x$，求 $y'\left(\dfrac{\pi}{6}\right)$.

3. $y=\ln(1+x^2)$，求 y'.

4. $y=\arcsin(\sin x)$，求 y'.

5. $y=e^{2x-1}$，求 y''.

6. 设 $y=\tan x+e^x$，求 dy.

7. 设 $y=\sqrt[7]{x}+\sqrt[x]{7}+\sqrt[7]{7}$，求 dy.

8. $y=f(x)$ 由方程 $ye^x+\sin(xy)=0$ 确定，求 $\frac{\mathrm{d}y}{\mathrm{d}x}$.

四、解答题.

1. 求曲线 $y=\cos x$ 上点 $\left(\frac{\pi}{3}, \frac{1}{2}\right)$ 处的切线方程和法线方程.

2. 讨论函数在 $x=0$ 处的可导性与连续性：$f(x)=\begin{cases} x^2\sin\frac{1}{x}, & x\neq 0 \\ 0, & x=0 \end{cases}$.

阅读材料　微分学的创立

如果将整个数学比作一棵大树，那么初等数学是树的根，名目繁多的数学分支是树枝，而树干的主要部分就是微积分. 微积分堪称是人类智慧最伟大的成就之一.

17 世纪，由于物理学和天文学的发展，有许多科学问题需要解决，这些问题成为促使微积分产生的因素. 归结起来，大约有三种主要类型的问题：第一类是研究运动时，求即时速度的问题；第二类是求曲线的切线的问题；第三类是求函数的最大值和最小值问题. 这些问题导致了微分学的产生，当然微分学作为一种新的方法，其产生需要一个漫长的过程，下面就从史学的角度给大家介绍一下微分学的创立.

一、微积分的孕育

17 世纪，有数十位科学家为微分的创立做了开创性的研究，我们来了解几位贡献比较突出的科学家.

1. 伽利略(1564—1642，意大利，物理学家)

1638 年，伽利略在《关于力学和位置运动的两种新科学的对话和数学证明》中指出“物体运动的合速度方向在运动曲线的切线上”，求物体运动的合速度方向本身是属于第一类问题，而曲线的切线则属于第二类问题. 在该文中，伽利略将第一类问题归入到第二类中，使得物理力学和几何求切线的问题抛开其现实意义，而统一为同一种问题.

2. 笛卡尔(1596—1650，法国，数学家)

1637 年，笛卡尔在其《几何学》中指出“曲线的切线是由割线的两交点逐渐靠近，直到重合而得到的.”实际上笛卡尔的结论相当于我们现在微分学所说的切线是割线的极限位置.

3. 费马(1601—1665，法国，数学家)

1629 年，费马在求极大值、极小值的方法中，将增量 e 引入. 即假设 a 是函数 $f(x)$ 的极值点，费马用 $a+e$ 代替 a，并使 $f(a+e)$ 逼近 $f(a)$，并得出结论：“若 $\left[\frac{f(a+e)-f(a)}{e}\right]_{e=0}=0$，则 a 是函数的极值点.”这一方法几乎相当于现在微分学的方法，只是以符号 e 代替了增量 Δx.

4. 巴罗(1630—1677，英国，数学家，牛顿的老师)

1669 年，巴罗在《几何讲义》中给出了求切线的方法(如图 3-5)——即后人推崇的“微分三角形”. 在该方法中，巴罗考虑当弧 PQ 很小时，可将 PRQ 近似地看作是三角形，且该三角形越小，其与$\triangle PMT$ 越趋近于相似，故应有$\dfrac{PM}{TM}=\dfrac{QR}{PR}$，并得出结论：“当增量很小时，切线的斜率就等于 y 的增量与 x 的增量的比值.”即相当于现在的 $k=\dfrac{\mathrm{d}y}{\mathrm{d}x}$. 后人将 PRQ 称为曲线 $f(x)$的“特征三角形”或“微分三角形”.

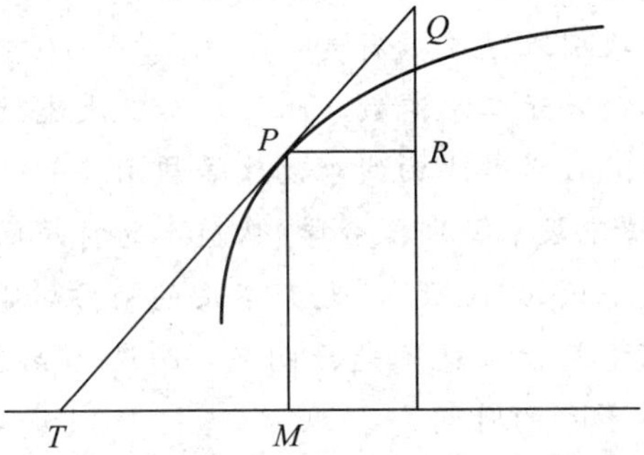

图 3－5

纵观 17 世纪早期的数学家所解决的问题，实际上都是微分学的应用问题. 真正使微分成为数学的一个重要分支的还是牛顿和莱布尼茨.

二、微分学的创立

1. 牛顿的“流数术”

牛顿(1643—1727)，英国物理学家、数学家，被誉为“有史以来最伟大的科学家”. 1661 年，牛顿入剑桥大学三一学院，受教于巴罗，并同时钻研伽利略、笛卡尔等人的著作.

牛顿于 1665 年至 1666 年在研究“非匀速直线运动速度、位移、时间的关系”时产生了微分学的思想. 牛顿将其称为“流数术”，牛顿有关“流数术”的主要论文有《流数简论》《流数法和无穷极数》《曲线求积术》等，主要著作有《自然哲学的数学原理》.

《流数简论》写于 1666 年，但没有正式发表，只在同事间传阅. 该书中牛顿以速度的形式引进了“流数”概念，但没有用“流数”这一术语.

《流数法和无穷级数》写于 1671 年，但直到 1736 年才发表. 在该文中，牛顿清楚地解释了流数的概念，即“所研究的位移、速度都是随着时间连续变化的量，因此将这样的量称为‘流量’，而将流量的变化率称为‘流数’”. 牛顿以清楚明白的流数语言表述微分学的基本问题：“已知流量间的关系，求流数关系.”即已知变量的函数关系，求其导数的关系.

前面两篇文章中，牛顿在解决“流数”问题时，所采用的方法同费马的方法相同，即先引入无限小量，再将其看作零舍去.

《曲线求积术》完成于 1691 年，发表于 1704 年，该文是牛顿关于微分学最完整的论文. 在该文中，牛顿使用新的方法——首末比方法. 即如计算 $y=x^n$ 的流数，设 x 变为 $x+o$，

则 x^n 变为 $(x+o)^n$，则流数的最初比为

$$\frac{(x+o)-x}{(x+o)^n-x^n}=\frac{o}{nx^{n-1}o+\frac{n(n-1)}{2}x^{n-2}o^2+\cdots}=\frac{1}{nx^{n-1}+\frac{n(n-1)}{2}x^{n-2}o+\cdots}$$

设增量 o 消逝，即逐渐减小为 0，于是得到它们的最终比 $\frac{1}{nx^{n-1}}$，即流量 x 与 x^n 的流数之比．这一方法相当于求自变量与因变量变化之比的极限，因此成为极限方法的先导．

在该文中，牛顿还第一次引入了流数符号：

$\dot{x}$，$\dot{y}$表示一次流数，$\ddot{x}$，$\ddot{y}$表示二次流数，$\dddot{x}$，$\dddot{y}$表示三次流数，……

在该文中，还包含有用流数术解决曲线求切线等应用．

由此可知，牛顿已经将“流数术”(即微分学)从前人的特殊问题中一般化为一种解决上述几种问题的新方法．但是牛顿的“流数术”也有不足的地方，比如无限小量的使用．在牛顿的文章中，“无限小量”究竟是什么就不是很明确，而这一点需要后续的数学家去完善，而且这一完善过程用了 100 多年的时间．

2．莱布尼茨创立微分学

莱布尼茨(1646—1716)，德国法学博士、哲学家、数学家、自然科学家、外交官，他的博学多才是科学史上罕见的，被誉为“17 世纪的全才.”

莱布尼茨在 1672 年至 1676 年留居巴黎，受到惠更斯等人的影响从而开始研究数学．

1673 年，莱布尼茨在研究巴罗的“微分三角形”时发现，曲线的切线依赖于纵坐标的差值与横坐标的差值之比．于是对此类问题做了大量的工作，并将其与自己的数列研究联系起来，他认为“求切线不过是求差运算.”

1684 年，莱布尼茨发表了他的第一篇微分法论文《一种求极大、极小值和求切线的新方法》．这也是世界上第一篇正式发表的微分学文献．

在该文中，莱布尼茨定义了微分，并广泛采用微分符号 $\mathrm{d}x$，$\mathrm{d}y$，定义了切线的斜率为 $\frac{\mathrm{d}y}{\mathrm{d}x}$，并得出了函数和、差、积、乘幂和方根的微分公式：

$$\mathrm{d}(z-y+w+x)=\mathrm{d}z-\mathrm{d}y+\mathrm{d}w+\mathrm{d}x$$

$$\mathrm{d}(xv)=x\mathrm{d}v+v\mathrm{d}x$$

$$\mathrm{d}\left(\frac{v}{y}\right)=\frac{y\mathrm{d}v-v\mathrm{d}y}{y^2}$$

$$\mathrm{d}x^a=ax^{a-1}\mathrm{d}x$$

$$\mathrm{d}\sqrt[b]{x^a}=\frac{a}{b}\sqrt[b]{x^{a-b}}\,\mathrm{d}x$$

该文中也包括了微分法在曲线求切线、函数求极值等方面的广泛应用．

从上面的论述中我们可以说，牛顿和莱布尼茨在微分学创立上的功绩是相当瞩目的．然而，在 17 世纪末却发生了一场被称为“世界上最不幸的一章”的关于发明优先权的争论．

3. 发明优先权的争论

1）争论的起因

1699 年，瑞士数学家德丢勒在一本小册子上提出“牛顿是微分学的第一发明人，莱布尼茨是第二发明人，且曾向牛顿有所借鉴.”莱布尼茨立刻进行了反驳.

1712 年，英国皇家学会专门对此进行调查，并于 1713 年发出了著名的“通告”：“确认牛顿是第一发明人”，这引起了莱布尼茨的申诉.

争论在双方当事人及其支持者中愈演愈烈，直到双方当事人去世以后，才逐渐平息.

2）争论的真实结果

牛顿和莱布尼茨各自独立创立了微分学，且在思想的发现上，牛顿早于莱布尼茨；而在结论的发表上，莱布尼茨早于牛顿. 而且他们创立的基础也不同：牛顿是以运动学为基础，而莱布尼茨则是以几何为基础.

3）争论对数学发展的影响

这一争论使得欧洲数学家分成势不两立的两派：支持牛顿的“英国派”和支持莱布尼茨的“大陆派”. 争论使得双方停止了学术交流，并延伸到整个自然科学领域.

“英国派”坚决对抗“大陆派”，并抵制莱布尼茨发明的微分学符号，其结果使得英国的数学从此与欧洲其他国家数学发展分道扬镳，使英国数学的发展落后于其他国家将近 100 年. 当欧洲其他国家在莱布尼茨的符号的推动下将微分学发展得很完善时，英国数学家依然固守牛顿的“流数术”而不认识微分学的符号. 我们现在所学的微分学的内容大部分都是在莱布尼茨的基础上发展而来的.

第四章　导数的应用

本章中，我们将利用导数 f' 的已知性质来研究函数 f 所应具有的性态（如单调性、极值、凹凸性、拐点等）. 微分中值定理（包括罗尔中值定理、拉格朗日中值定理、柯西中值定理等）正是进行这一讨论的有效工具.

第一节　微分中值定理与洛必达法则

一、微分中值定理

定理 4-1　罗尔中值定理　若函数 $f(x)$ 在 $[a, b]$ 上连续，在 (a, b) 内可导且 $f(a)=f(b)$，则在 (a, b) 内至少存在一点 ξ，使得 $f'(\xi)=0$.

罗尔中值定理的几何意义：如果连续曲线 $y=f(x)$ 在开区间 (a, b) 内的每一点处都存在不垂直于 x 轴的切线，并且两个端点 A、B 处的纵坐标相等，即连结两端点的直线 AB 平行于 x 轴，则在此曲线上至少存在一点 $C(\xi, f(\xi))$，使得曲线 $y=f(x)$ 在点 C 处的切线与 x 轴平行（如图 4-1 所示）.

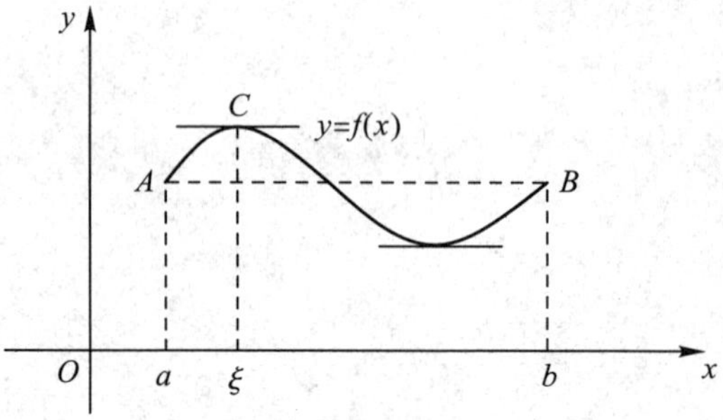

图 4-1

注　定理中的三个条件缺少任何一个，结论将不一定成立.

例 4-1　验证函数 $y=x^2-3x-4$ 在区间 $[-1, 4]$ 上满足罗尔定理，并求出相应的 ξ 点.

解　函数 $y=x^2-3x-4$ 为初等函数，在闭区间 $[-1, 4]$ 上连续，导数 $y'=2x-3$ 在开区间 $(-1, 4)$ 内存在，且 $f(-1)=f(4)=0$，所以函数 $y=x^2-3x-4$ 在区间 $[-1, 4]$ 上满足罗尔定理的三个条件. 因此，在开区间 $(-1, 4)$ 内一定存在 ξ 点，使得 $f'(\xi)=0$.

令 $f'(x)=2x-3=0$，解得 $x=\frac{3}{2}$. 由于 $\frac{3}{2}\in(-1, 4)$，即 $\xi=\frac{3}{2}$.

定理 4-2　拉格朗日中值定理　若函数 $f(x)$ 在 $[a, b]$ 上连续，在 (a, b) 内可导，则在 (a, b) 内至少存在一点 ξ，使得 $f'(\xi)=\dfrac{f(b)-f(a)}{b-a}$.

拉格朗日中值定理的几何意义：在满足定理条件的曲线上至少存在一点 $C(\xi, f(\xi))$，使得曲线在点 C 的切线平行于过曲线两端点 A、B 的弦．直线 AB 的斜率 $k_{AB}=\dfrac{f(b)-f(a)}{b-a}$，与过点 C 的切线的斜率 $f'(\xi)$ 相等(如图 4－2 所示)．即

$$f'(\xi)=\frac{f(b)-f(a)}{b-a}$$

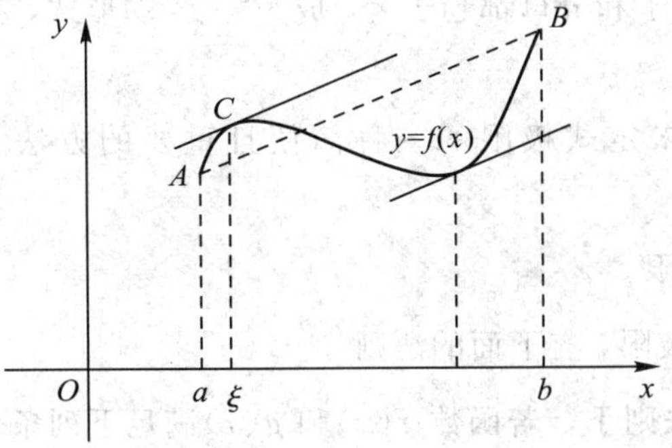

图 4－2

从这个定理的条件与结论可见，当 $f(a)=f(b)$ 时，即得出罗尔中值定理的结论，这表明罗尔中值定理是拉格朗日中值定理的一个特殊情形．

例 4－2　若 $0<a<b$，证明 $\dfrac{b-a}{b}<\ln\dfrac{b}{a}<\dfrac{b-a}{a}$.

证　设 $f(x)=\ln x$，$x\in[a, b]$．因为 $f(x)=\ln x$ 在区间 $[a, b]$ 上连续，在 (a, b) 内可导，所以满足拉格朗日中值定理的条件，于是

$$f(b)-f(a)=f'(\xi)(b-a)$$

而

$$f(a)=\ln a,\ f(b)=\ln b,\ f'(x)=\frac{1}{x}$$

代入上式得

$$\ln b-\ln a=\ln\frac{b}{a}=\frac{1}{\xi}(b-a)\quad(a<\xi<b)$$

又因为

$$\frac{1}{b}<\frac{1}{\xi}<\frac{1}{a}$$

所以

$$\frac{b-a}{b}<\ln\frac{b}{a}<\frac{b-a}{a}$$

定理 4－3　柯西中值定理　若函数 $f(x)$ 与 $g(x)$ 在 $[a, b]$ 上连续，在 (a, b) 内可导且 $g'(x)\neq 0$，则在 (a, b) 内至少存在一点 ξ，使得

$$\frac{f(b)-f(a)}{g(b)-g(a)}=\frac{f'(\xi)}{g'(\xi)}$$

在柯西中值定理中，若令 $g(x)=x$，则它就是拉格朗日中值定理．

二、洛必达法则

在求极限的计算中，有时会遇到“未定式”. 例如，求$\lim\limits_{x\to 0}\dfrac{1-\cos x}{x^2}$的极限，分子$1-\cos x$和分母都趋于0，成为“$\dfrac{0}{0}$”的形式，通常称这种类型的极限为“$\dfrac{0}{0}$”型未定式. 又如，求$\lim\limits_{x\to+\infty}\dfrac{\ln(1+x)}{x}$的极限，分子和分母都趋于$\infty$，成为“$\dfrac{\infty}{\infty}$”的形式，称这种类型的极限为“$\dfrac{\infty}{\infty}$”型未定式.

下面介绍求这两种未定式极限的一种简便且重要的方法——**洛必达**(L'Hospital)法则.

1. “$\dfrac{0}{0}$”型未定式极限

对于“$\dfrac{0}{0}$”型未定式极限，有下面的法则.

定理 4-4 洛必达法则Ⅰ 若函数$f(x)$和$g(x)$满足下列条件：

(1) $\lim\limits_{x\to x_0}f(x)=0$，$\lim\limits_{x\to x_0}g(x)=0$；

(2) $f(x)$与$g(x)$在x_0的某去心邻域内可导，且$g'(x)\neq 0$；

(3) $\lim\limits_{x\to x_0}\dfrac{f'(x)}{g'(x)}$存在或为无穷大，则

$$\lim_{x\to x_0}\frac{f(x)}{g(x)}=\lim_{x\to x_0}\frac{f'(x)}{g'(x)}$$

例 4-3 求$\lim\limits_{x\to 0}\dfrac{\sin ax}{\sin bx}(b\neq 0)$.

解 这是“$\dfrac{0}{0}$”型未定式，用洛必达法则，得

$$\lim_{x\to 0}\frac{\sin ax}{\sin bx}=\lim_{x\to 0}\frac{(\sin ax)'}{(\sin bx)'}=\frac{a}{b}$$

例 4-4 求$\lim\limits_{x\to\frac{\pi}{2}}\dfrac{\cos x}{\frac{\pi}{2}-x}$.

解 这是“$\dfrac{0}{0}$”型未定式，用洛必达法则，得

$$\lim_{x\to\frac{\pi}{2}}\frac{\cos x}{\frac{\pi}{2}-x}=\lim_{x\to\frac{\pi}{2}}\frac{(\cos x)'}{\left(\frac{\pi}{2}-x\right)'}=\lim_{x\to\frac{\pi}{2}}\frac{-\sin x}{-1}=1$$

例 4-5 求$\lim\limits_{x\to+\infty}\dfrac{\frac{\pi}{2}-\arctan x}{\frac{1}{x}}$.

解 这是“$\dfrac{0}{0}$”型未定式，用洛必达法则，得

$$\lim_{x\to+\infty}\frac{\frac{\pi}{2}-\arctan x}{\frac{1}{x}}=\lim_{x\to+\infty}\frac{\left(\frac{\pi}{2}-\arctan x\right)'}{\left(\frac{1}{x}\right)'}=\lim_{x\to+\infty}\frac{-\frac{1}{1+x^2}}{-\frac{1}{x^2}}=\lim_{x\to+\infty}\frac{x^2}{1+x^2}=1$$

例 4-6　求$\lim\limits_{x\to 0}\dfrac{\ln(1-x^2)}{x^2}$.

解　这是"$\dfrac{0}{0}$"型未定式，用洛必达法则，得

$$\lim_{x\to 0}\frac{\ln(1-x^2)}{x^2}=\lim_{x\to 0}\frac{[\ln(1-x^2)]'}{(x^2)'}=\lim_{x\to 0}\frac{\frac{-2x}{1-x^2}}{2x}=-1$$

例 4-7　求$\lim\limits_{x\to 0}\dfrac{x-\sin x}{\tan x^3}$.

解　这是"$\dfrac{0}{0}$"型未定式，用洛必达法则，得

$$\lim_{x\to 0}\frac{x-\sin x}{\tan x^3}=\lim_{x\to 0}\frac{(x-\sin x)'}{(\tan x^3)'}=\lim_{x\to 0}\frac{(1-\cos x)}{3x^2\sec^2 x^3}=\lim_{x\to 0}\frac{(1-\cos x)'}{(3x^2)'}=\lim_{x\to 0}\frac{\sin x}{6x}=\frac{1}{6}$$

在以上求极限的过程中，由于$x\to 0$时，$\dfrac{1-\cos x}{3x^2}$仍为"$\dfrac{0}{0}$"型不定式，因此又一次使用了洛必达法则.

2. "$\dfrac{\infty}{\infty}$"型未定式极限

对于"$\dfrac{\infty}{\infty}$"型未定式极限，有下面法则：

定理 4-5　洛必达法则Ⅱ　若函数$f(x)$和$g(x)$满足下列条件：

(1) $\lim\limits_{x\to x_0}f(x)=\infty$，$\lim\limits_{x\to x_0}g(x)=\infty$；

(2) $f(x)$与$g(x)$在x_0的某去心邻域内可导，且$g'(x)\neq 0$；

(3) $\lim\limits_{x\to x_0}\dfrac{f'(x)}{g'(x)}$存在或为无穷大，则

$$\lim_{x\to x_0}\frac{f(x)}{g(x)}=\lim_{x\to x_0}\frac{f'(x)}{g'(x)}$$

例 4-8　求$\lim\limits_{x\to\infty}\dfrac{ax^2+b}{cx^2+d}$.

解　这是"$\dfrac{\infty}{\infty}$"型未定式，应用洛必达法则，得

$$\lim_{x\to\infty}\frac{ax^2+b}{cx^2+d}=\lim_{x\to\infty}\frac{(ax^2+b)'}{(cx^2+d)'}=\lim_{x\to\infty}\frac{2ax}{2cx}=\frac{a}{c}$$

例 4-9　求$\lim\limits_{x\to+\infty}\dfrac{\ln(1+x)}{\ln(2+x^2)}$.

解　这是"$\dfrac{\infty}{\infty}$"型未定式，应用洛必达法则，得

$$\lim_{x\to+\infty}\frac{\ln(1+x)}{\ln(2+x^2)}=\lim_{x\to+\infty}\frac{[\ln(1+x)]'}{[\ln(2+x^2)]'}=\lim_{x\to+\infty}\frac{\frac{1}{1+x}}{2x\cdot\frac{1}{2+x^2}}=\lim_{x\to+\infty}\frac{2+x^2}{2x(1+x)}=\frac{1}{2}$$

3. 其他类型不定式极限

所谓未定式主要就是"$\dfrac{0}{0}$""$\dfrac{\infty}{\infty}$"这两种类型，其他类型的未定式还有$0\cdot\infty$，$\infty-\infty$，

∞^0，0^0，1^∞ 等类型，这些类型都可以转化为“$\frac{0}{0}$”或“$\frac{\infty}{\infty}$”型未定式，下面举例说明.

例 4-10 求 $\lim\limits_{x\to 0^+} x\ln x$.

解 这是“$0\cdot\infty$”型未定式，利用恒等变形将其转化为“$\frac{\infty}{\infty}$”型未定式，应用洛必达法则，得

$$\lim_{x\to 0^+} x\ln x=\lim_{x\to 0^+}\frac{\ln x}{\frac{1}{x}}=\lim_{x\to 0^+}\frac{(\ln x)'}{\left(\frac{1}{x}\right)'}=\lim_{x\to 0^+}\frac{\frac{1}{x}}{-\frac{1}{x^2}}=\lim_{x\to 0^+}(-x)=0$$

例 4-11 求 $\lim\limits_{x\to\frac{\pi}{2}}(\sec x-\tan x)$.

解 这是“$\infty-\infty$”型未定式，利用恒等变形将其转化为“$\frac{0}{0}$”型未定式，应用洛必达法则，得

$$\lim_{x\to\frac{\pi}{2}}(\sec x-\tan x)=\lim_{x\to\frac{\pi}{2}}\frac{1-\sin x}{\cos x}=\lim_{x\to\frac{\pi}{2}}\frac{(1-\sin x)'}{(\cos x)'}=\lim_{x\to\frac{\pi}{2}}\frac{-\cos x}{-\sin x}=0$$

例 4-12 求 $\lim\limits_{x\to+\infty}(1+x)^{\frac{1}{x}}$.

解 这是“∞^0”型未定式，作恒等变形：

$$\ln(1+x)^{\frac{1}{x}}=e^{\ln(1+x)\frac{1}{x}}$$

其指数部分为“$\frac{\infty}{\infty}$”型未定式，再应用洛必达法则，得

$$\lim_{x\to+\infty}\frac{\ln(x+1)}{x}=\lim_{x\to+\infty}\frac{[\ln(x+1)]'}{x'}=\lim_{x\to+\infty}\frac{\frac{1}{1+x}}{1}=0$$

所以

$$\lim_{x\to+\infty}(1+x)^{\frac{1}{x}}=\lim_{x\to+\infty}e^{\ln(1+x)\frac{1}{x}}=e^0=1$$

例 4-13 求 $\lim\limits_{x\to 0^+} x^x$.

解 这是“0^0”型未定式，作恒等变化，有

$$x^x=e^{\ln x^x}$$

由于

$$\lim_{x\to 0^+}\ln x^x=\lim_{x\to 0^+}x\ln x=0$$

所以

$$\lim_{x\to 0^0}x^x=\lim_{x\to 0^+}e^{\ln x^x}=e^0=1$$

例 4-14 求 $\lim\limits_{x\to 0^+}(\cos x)^{\frac{1}{x^2}}$.

解 这是“0^∞”型未定式，作恒等变形，有

$$(\cos x)^{\frac{1}{x^2}}=e^{\frac{1}{x^2}\cdot\ln\cos x}$$

其指数部分的极限为“$\frac{0}{0}$”型未定式，先求得

$$\lim_{x\to 0^+}\frac{\ln\cos x}{x^2}=\lim_{x\to 0^+}\frac{\ln'\cos x}{(x^2)'}=\lim_{x\to 0^+}\frac{-\tan x}{2x}=-\frac{1}{2}$$

所以

$$\lim_{x\to 0^+}(\cos x)^{\frac{1}{x^2}}=\lim_{x\to 0^+}\mathrm{e}^{\frac{\ln(\cos x)}{x^2}}=\mathrm{e}^{-\frac{1}{2}}$$

可以看出，洛比达法则是极限运算的一种重要手段．使用洛比达法则时应注意检验函数是否符合定理中的条件，在同一题中，只要条件符合，法则可以重复使用．此外，还应注意到洛比达法则的条件是充分的，并非必要的．

例 4-15　$\lim\limits_{x\to+\infty}\frac{\sqrt{1+x^2}}{x}$.

解

$$\lim_{x\to+\infty}\frac{\sqrt{1+x^2}}{x}=\lim_{x\to+\infty}\frac{(\sqrt{1+x^2})'}{x'}=\lim_{x\to+\infty}\frac{x}{\sqrt{1+x^2}}$$

$$=\lim_{x\to+\infty}\frac{\frac{1}{x}}{\sqrt{1+x^2}}=\lim_{x\to+\infty}\frac{\sqrt{1+x^2}}{x}$$

使用洛必达法则后又回到了原式，这说明洛必达法则失效，事实上此题很容易计算：

$$\lim_{x\to+\infty}\frac{\sqrt{x^2+1}}{x}=\lim_{x\to+\infty}\sqrt{\frac{1}{x^2}+1}=1.$$

例 4-16　极限$\lim\limits_{x\to\infty}\frac{x+\sin x}{x-\sin x}$存在吗？能否用洛比达法则求其极限？

解　由于

$$\lim_{x\to\infty}\frac{x+\sin x}{x-\sin x}=\lim_{x\to\infty}\frac{1+\frac{1}{x}\sin x}{1-\frac{1}{x}\sin x}=1$$

所以此极限存在，但不能用洛比达法则求出其极限．因为$\lim\limits_{x\to\infty}\frac{x+\sin x}{x-\sin x}$尽管是“$\frac{\infty}{\infty}$”型，可是若对分子、分母分别求导后得$\frac{1+\cos x}{1-\cos x}$，由于$\lim\limits_{x\to\infty}\frac{1+\cos x}{1-\cos x}$不存在，故不能使用洛比达法则．

练习题 4-1

1. 验证函数 $y=\sin x$ 在区间$\left[\frac{\pi}{4},\frac{3\pi}{4}\right]$上满足罗尔定理，并求出 ξ 值．

2. 求下列各题的极限．

(1) $\lim\limits_{x\to 0}\frac{\mathrm{e}^x-1}{x}$；　　(2) $\lim\limits_{x\to 2}\frac{x^3-12x+16}{x^3-2x^2-4x+8}$；

(3) $\lim\limits_{x\to+\infty}\frac{\ln x}{x}$；　　(4) $\lim\limits_{x\to 0}\frac{\sin(\sin x)}{x}$；

(5) $\lim\limits_{x\to 0}\frac{\mathrm{e}^x-\mathrm{e}^{-x}}{\sin x}$；　　(6) $\lim\limits_{x\to 0}\frac{\tan x-x}{x^2\sin x}$；

(7) $\lim\limits_{x\to+\infty}\frac{\mathrm{e}^x}{x^3}$；　　(8) $\lim\limits_{x\to+\infty}\ln\left(1+\frac{1}{x}\right)\ln x$；

(9) $\lim\limits_{x\to 0}\dfrac{\sqrt[3]{1+x^2}-1}{x^2}$；　　(10) $\lim\limits_{x\to 0}\left(\dfrac{1}{\sin x}-\dfrac{1}{x}\right)$；

(11) $\lim\limits_{x\to 0^+}\dfrac{\ln x}{\cot x}$；　　(12) $\lim\limits_{x\to 0}\dfrac{\cos\alpha x-\cos\beta x}{x^2}$.

第二节　函数的单调性与极值

一、函数的单调性

函数的单调性是函数的一个重要性态，它反映了函数在某个区间随自变量的增大而增大(或减少)的一个特征. 但是利用单调性的定义来讨论函数的单调性往往是比较困难的. 本节我们利用导数符号来研究函数的单调性.

观察图 4-3，曲线 $y=f(x)$在(a, b)内每一点都存在切线，且这些切线与 x 轴的正方向的夹角α_1 和α_2 都是锐角，即 $\tan\alpha=f'(x)>0$，则此时函数 $y=f(x)$在(a, b)内是单调增加的. 而图 4-4 表明，如果这些切线与 x 轴的正方向的夹角α_1 和α_2 都是钝角，即 $\tan\alpha=f'(x)<0$，则此时函数 $y=f(x)$在(a, b)内是单调减少的. 因此，利用导数的符号可方便地判断函数的单调性.

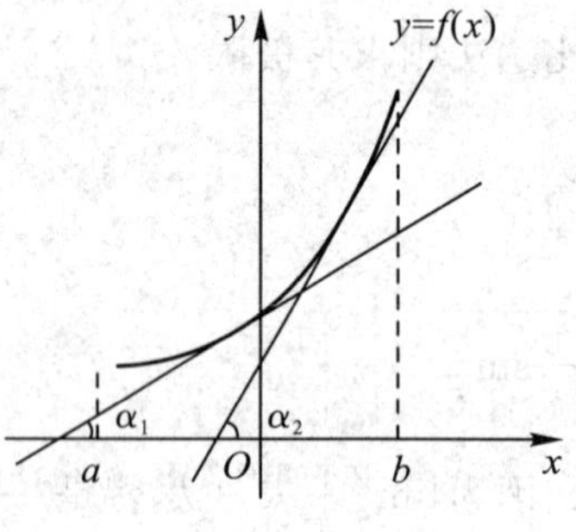

图 4-3

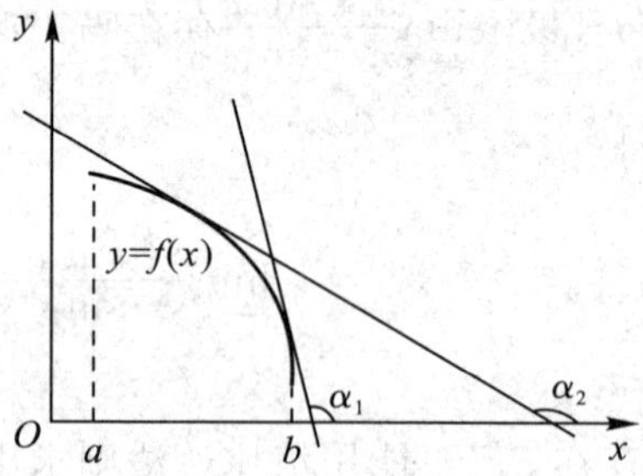

图 4-4

定理 4-6　如果函数 $y=f(x)$在$[a, b]$上连续，在(a, b)内可导，则对一切 $x\in(a, b)$都有：

(1) 若 $f'(x)>0$，则 $y=f(x)$在$[a, b]$上是单调递增的；

(2) 若 $f'(x)<0$，则 $y=f(x)$在$[a, b]$上是单调递减的.

证明　由于函数 $f(x)$满足拉格朗日中值定理条件，故在$[a, b]$上任取两点 x_1、x_2(不妨设 $x_1<x_2$)，必有 $\xi\in(x_1, x_2)$，使

$$f(x_2)-f(x_1)=f'(\xi)(b-a)$$

(1) 如果 $f'(x)>0$，必有 $f'(\xi)>0$，于是

$$f(x_2)-f(x_1)>0$$

即

$$f(x_1)<f(x_2)$$

这表明函数 $y=f(x)$在$[a, b]$上单调增加.

(2) 同理可证，如果 $f'(x)<0$，函数 $y=f(x)$在$[a, b]$上单调减少.

注　上述定理中的闭区间可换成其他各种区间，其结论也成立. 另外，在区间内个别点处导数等于零，不影响函数的单调性. 如幂函数 $y=x^3$，其导数 $y=3x^2$ 在原点处的值为 0，但它在其定义域 $(-\infty, +\infty)$ 内是单调增加的.

此定理告诉我们，根据导函数的符号可以判断函数的单调性，这样将使函数单调性的判定更加容易.

例 4-17　判定函数 $y=x+\cos x(0\leqslant x\leqslant 2\pi)$ 的单调性.

解　函数 $y=f(x)$ 在 $[0, 2\pi]$ 上连续，在 $(0, 2\pi)$ 内可导，由于

$$y'=1-\sin x\geqslant 0$$

所以 $y=x+\cos x$ 在 $[0, 2\pi]$ 上单调递增.

例 4-18　确定函数 $y=x^3-x^2-x+1$ 的单调区间.

解　函数 $y=x^3-x^2-x+1$ 的定义域为 $(-\infty, +\infty)$，求导数得

$$y'=3x^2-2x-1=(3x+1)(x-1)$$

令 $y'=0$，得

$$x_1=-\frac{1}{3},\ x_2=1$$

用它们将定义域分为若干小区间，我们分别考察导数 y' 在各区间内的符号，就可以判断出函数的单调区间. 为了更清楚，列表如下：

表 4-1

x	$\left(-\infty, -\frac{1}{3}\right)$	$-\frac{1}{3}$	$\left(-\frac{1}{3}, 1\right)$	1	$(1, +\infty)$
y'	$+$	0	$-$	0	$+$
y	↗		↘		↗

由表 4-1 可知，函数的单调递增区间为 $\left(-\infty, -\frac{1}{3}\right)$ 和 $(1, +\infty)$，函数的单调递减区间为 $\left(-\frac{1}{3}, 1\right)$.

值得注意的是，导数不存在的点，也可能成为单调增区间和单调减区间的分界点，例如下面的例子.

例 4-19　确定函数 $y=\frac{3}{8}x^{\frac{8}{3}}-\frac{3}{2}x^{\frac{2}{3}}$ 的单调区间.

解　函数的定义域为 $(-\infty, +\infty)$，求导数得

$$y'=x^{\frac{5}{3}}-x^{-\frac{1}{3}}=\frac{(x+1)(x-1)}{\sqrt[3]{x}}$$

令 $y'=0$，得

$$x_1=-1,\ x_2=1$$

当 $x=0$ 时，y' 不存在.

我们用以上三个点把定义域分成若干小区间，列表考察各区间内 y' 的符号，如表 4-2 所示：

表 4-2

x	$(-\infty, -1)$	-1	$(-1, 0)$	0	$(0, 1)$	1	$(1, +\infty)$
y'	$-$	0	$+$	不存在	$-$	0	$+$
y	↘		↗		↘		↗

所以函数的单调递增区间为$(-1, 0)$和$(1, +\infty)$，单调递减区间为$(-\infty, -1)$和$(0, 1)$.

从以上两个例题可以总结出求函数 $f(x)$的单调区间的一般步骤：

(1) 确定函数的定义域；

(2) 求函数 $f(x)$的导数 $f'(x)$，令 $f'(x)=0$，求其根及使 $f'(x)$不存在的点，并由小到大排序；

(3) 将定义域划分为若干子区间；

(4) 列表判断每个子区间内 $f'(x)$的符号，从而判断单调性.

我们还可以利用函数的单调性证明不等式.

例 4-20 证明：当 $x>1$ 时，$2\sqrt{x}>3-\frac{1}{x}$.

证明 令 $f(x)=2\sqrt{x}-3+\frac{1}{x}$，则 $f(x)$在$[1, +\infty)$上连续，在$(1, +\infty)$内可导，且 $f'(x)=\frac{1}{\sqrt{x}}-\frac{1}{x^2}>0$，故 $f(x)$在$[1, +\infty)$上单调递增，从而对任意 $x>1$，都有 $f(x)=2\sqrt{x}-3+\frac{1}{x}>f(1)=0$. 即当 $x>1$ 时，$2\sqrt{x}>3-\frac{1}{x}$.

二、函数的极值

1. 极值的概念

定义 4-1 设函数 $f(x)$在区间(a, b)内有定义，x_0 是(a, b)内的一个点.

(1) 若恒有 $f(x_0)>f(x)$，则称 $f(x_0)$为函数 $f(x)$的**极大值**，x_0 为 $f(x)$的**极大值点**；

(2) 若恒有 $f(x_0)<f(x)$，则称 $f(x_0)$为函数 $f(x)$的**极小值**，x_0 为 $f(x)$的**极小值点**.

函数的极大值与极小值统称为函数的**极值**，使函数取得极值的点称为**极值点**.

如图 4-5 中的 x_1 和 x_3 是函数 $f(x)$的极大值点，$f(x_1)$和 $f(x_3)$是函数 $f(x)$的极大值；x_2 和 x_4 是函数 $f(x)$的极小值点，$f(x_2)$和 $f(x_4)$是函数 $f(x)$的极小值.

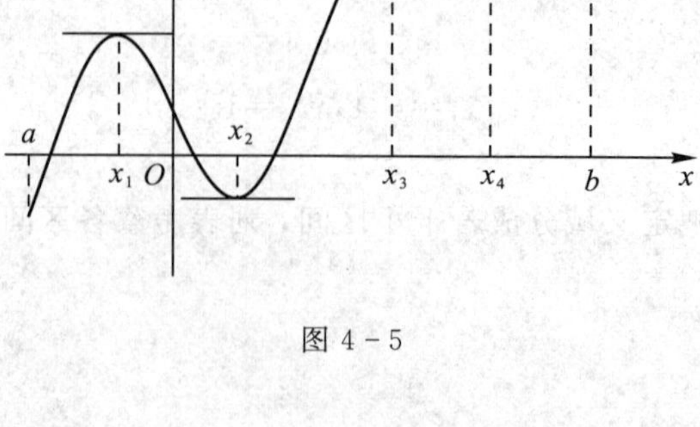

图 4-5

注　函数的极大值和极小值概念是局部性的．如果 $f(x_0)$是函数 $f(x)$的一个极大(小)值，只是就 x_0 附近的一个局部范围而言，$f(x_0)$是 $f(x)$的一个最大(小)值；如果就 $f(x)$的整个定义域来说，$f(x_0)$不一定是最大(小)值．

2．极值的判定

从图 4－5 可以看出，曲线在点 x_1、x_2、x_3、x_4 处的切线都是水平的，即在极值点处函数 $f(x)$的导数等于零．对此，我们给出函数存在极值的必要条件．

定理 4－7　费马(Fermat)定理　如果函数 $f(x)$在点 x_0 处可导且取得极值，那么 $f'(x_0)=0$．使得函数 $f(x)$的导数等于零的点，叫作函数 $f(x)$的**驻点**．

说明　(1) 函数的驻点不一定是它的极值点．例如，点 $x=0$ 是函数 $y=x^3$ 的驻点，但不是极值点．

(2) 导数不存在点也可能是其极值点，如函数 $f(x)=|x|$，在点 $x=0$ 处连续，但不可导，而 $x=0$ 是该函数的极小值点．

定理 4－8　设函数 $f(x)$在点 x_0 的某去心邻域内可导，且 $f'(x_0)=0$．

(1) 如果当 $x<x_0$ 时，$f'(x)>0$；当 $x>x_0$ 时，$f'(x)<0$，那么 x_0 是极大值点，$f(x_0)$是函数 $f(x)$的极大值；

(2) 如果当 $x<x_0$ 时，$f'(x)<0$；当 $x>x_0$ 时，$f'(x)>0$，那么 x_0 是极小值点，$f(x_0)$是函数 $f(x)$的极小值；

(3) 如果在点 x_0 的左右两侧，$f'(x)$同号，那么 x_0 不是极值点，函数 $f(x)$在点 x_0 处没有极值．

图 4－6 分别显示了以上三种情形．

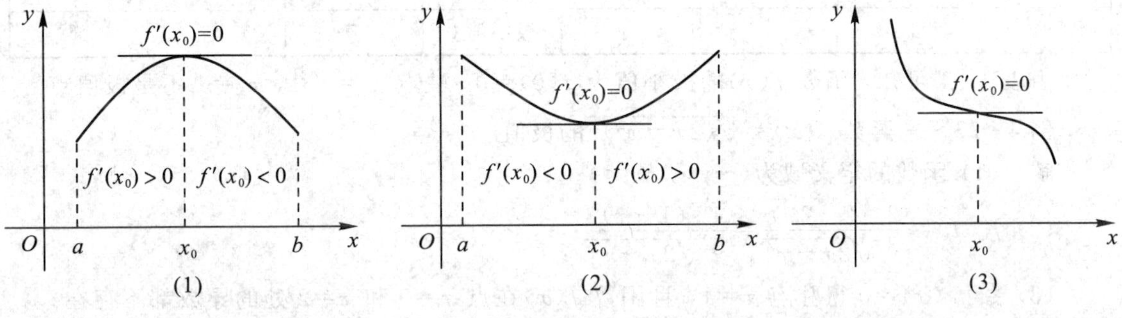

图 4－6

根据定理 4－7 和定理 4－8，可得到求函数 $f(x)$的极值点和极值的步骤如下：

(1) 确定函数的定义域；

(2) 求出函数的导数 $f'(x)$；

(3) 令函数的导数 $f'(x)=0$，求出函数 $f(x)$在定义域内的全部驻点和不可导点；

(4) 用驻点和导数不存在的点把定义域分成若干个部分区间，列表考察每个部分区间内 $f'(x)=0$ 的符号，确定极值点；

(5) 求出各极值点处的函数值，即得函数 $f(x)$的极值．

例 4－21　求函数 $f(x)=x^3-x^2-x+1$ 的极值．

解　(1) 函数 $f(x)$的定义域为$(-\infty, +\infty)$；

(2) $f'(x)=3x^2-2x-1=(3x+1)(x-1)$；

(3) 令 $f'(x)=0$，得驻点：

$$x_1=-\frac{1}{3},\ x_2=1$$

(4) 列表考察，见表 4-3.

表 4-3

x	$\left(-\infty,-\frac{1}{3}\right)$	$-\frac{1}{3}$	$\left(-\frac{1}{3},1\right)$	1	$(1,+\infty)$
$f'(x)$	+	0	−	0	+
$f(x)$	↗	极大值$\frac{32}{27}$	↘	极小值 0	↗

所以函数 $f(x)$的极大值为 $f\left(-\frac{1}{3}\right)=\frac{32}{27}$，极小值为 $f(1)=0$.

例 4-22 求函数 $f(x)=(x^2-1)^3+1$ 的极值.

解 (1) 函数 $f(x)$的定义域为$(-\infty,+\infty)$；

(2) $f'(x)=3(x^2-1)^2 2x=6x(x+1)^2(x-1)^2$；

(3) 令 $f'(x)=0$，得驻点：

$$x_1=-1,\ x_2=0,\ x_3=1$$

(4) 列表考察，见表 4-4.

表 4-4

x	$(-\infty,-1)$	-1	$(-1,0)$	0	$(0,1)$	1	$(1,+\infty)$
$f'(x)$	−	0	−	0	+	0	+
$f(x)$	↘		↘	极小值 0	↗		↗

由表 4-4 可知，函数 $f(x)$的极小值为 $f(0)=0$，驻点 $x_1=-1$，$x_3=1$ 不是极值点.

例 4-23 求函数 $f(x)=\sqrt[3]{(2x-x^2)^2}$ 的极值.

解 (1) 函数的定义域为$(-\infty,+\infty)$；

(2) $f'(x)=\frac{2}{3}\frac{(2-2x)}{\sqrt[3]{2x-x^2}}=\frac{4}{3}\frac{(1-x)}{\sqrt[3]{2x-x^2}}$；

(3) 令 $f'(x)=0$ 得驻点 $x=1$，且函数 $f(x)$在点 $x=0$ 和 $x=2$ 处的导数都不存在；

(4) 用 $x=0$，$x=1$ 和 $x=2$ 这三个点将定义域分为四个区间. 列表考察，见表 4-5.

表 4-5

x	$(-\infty,0)$	0	$(0,1)$	1	$(1,2)$	2	$(2,+\infty)$
$f'(x)$	−	不存在	+	0	−	不存在	+
$f(x)$	↘	极小值 0	↗	极大值 1	↘	极小值 0	↗

由表 4-5 可知，函数 $f(x)$的极大值为 $f(1)=1$，极小值为 $f(0)=f(2)=0$.

练习题 4-2

求下列函数的单调区间及极值.

(1) $y=e^{-x}$；

(2) $y=x^3-3x$；

(3) $y=x^{\frac{2}{3}}$；

(4) $y=\frac{\ln x}{x}$；

(5) $f(x)=\sqrt{2x-x^2}$；

(6) $f(x)=2x^2-\ln x$；

(7) $f(x)=x^3-3x^2-9x+1$；

(8) $y=\frac{1}{2}-\cos x$；

(9) $y=2x^2-\ln x(x>0)$；

(10) $y=3x^2+6x+5$；

(11) $y=x^4-2x^2+2$；

(12) $y=\frac{x}{1+x^2}$；

(13) $y=x-\ln(x+1)$；

(14) $y=x^2\mathrm{e}^{-x}$.

第三节　函数的最值问题及应用

在实际问题中，经常遇到需要在一定条件下解决最大、最小、最远、最近、最省等优化问题，它们在数学上常被归结为求函数在一定区间内的最大值或最小值问题，即最值问题，本节将介绍函数的最值问题的求法及其应用.

一、函数的最大值与最小值

函数 $f(x)$在$[a, b]$上连续，则 $f(x)$在$[a, b]$上取得的最大的函数值称为**最大值**，最小的函数值称为**最小值**，最大值和最小值统称为**最值**.

函数的极大值与极小值是局部性的，它们与函数的最大值、最小值不同. 最大值与最小值是就函数的整个定义域而言的，所以极大值不一定是最大值，极小值不一定是最小值. 在一个区间上，一个函数可能有多个极大值与极小值，甚至某些极大值还可能比另一些极小值小. 但最大值只有一个，且一定大于最小值. 容易看出，最值点只可能在极值点或端点处取得. 因此，可直接比较这两种点的函数值即可求得最大值和最小值. 下面我们给出求函数最值的步骤：

(1) 求 $f(x)$在$[a, b]$内的全部驻点和导数不存在的点；

(2) 分别计算函数在以上各点以及端点 $x=a$，$x=b$ 处的函数值；

(3) 比较(2)中所求函数值的大小.

得出结论：最大的是 $f(x)$在$[a, b]$上的最大值，而最小的是 $f(x)$在$[a, b]$上的最小值.

例 4-24　求函数 $f(x)=x^3-3x^2-9x+5$ 在$[-2, 4]$上的最大值与最小值.

解　(1) $f(x)$在$[-2, 4]$上连续，故必存在最大值与最小值. 令

$$f'(x)=3x^2-6x-9=3(x+1)(x-3)=0$$

得驻点 $x_1=-1$ 和 $x_2=3$；

(2) $f(-1)=10$，$f(3)=-22$，$f(-2)=3$，$f(4)=-15$；

(3) 所以 $f(x)$在 $x=-1$ 时取得最大值 10，在 $x=3$ 时取得最小值 -22.

在求最大(小)值的问题中，值得指出的是，若 $f(x)$有唯一的极值点，则此点一定是最值点.

二、最值的应用问题(优化问题)

在日常生活中，经常会遇到要求最大值或最小值的问题，我们把这类问题称为函数的优化问题.

函数的优化问题的求解步骤如下：

(1) 根据实际问题建立函数关系式；

(2) 求函数的驻点；

(3) 根据所求结果求出函数的最值；

(4) 作答.

例 4-25　用边长为 48 cm 的正方形铁皮做一个无盖的铁盒时，在铁皮的四角各截去一个面积相等的小正方形，然后把四边折起，焊成铁盒，问在四角截去多大的正方形时，才能使所做的铁盒容积最大?(如图 4-7 所示)

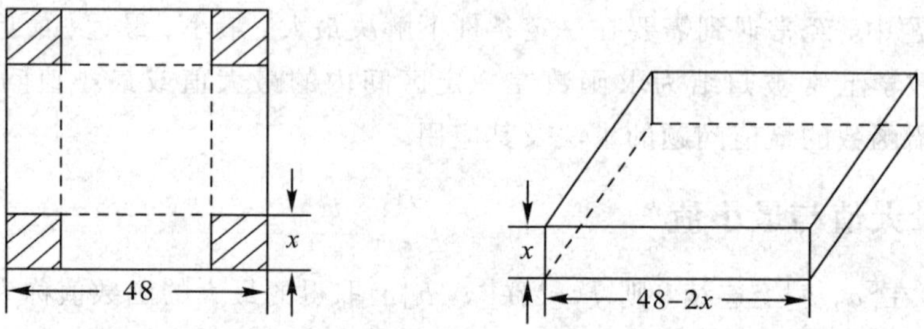

图 4-7

解　设截去的小正方形的边长为 x cm，铁盒的容积为 V cm^3，由题意得：

(1) $V=x(48-2x)^2(0<x<24)$；

(2) 由于

$$V'=(48-2x)^2+x\cdot 2(48-2x)(-2)=12(24-x)(8-x)$$

令 $V'=0$，得驻点 $x_1=8$，$x_2=24$(舍)；

(3) 因为当 $x<8$ 时，$V'>0$，当 $x>8$ 时，$V'<0$.

(4) 所以 V 在 $x=8$ 时取极大值，且只有此唯一极大值，因此也是最大值. 故当所截去的正方形的边长为 8 cm 时，铁盒的容积最大.

例 4-26　从半径为 R 的圆铁片上截下圆心角为 φ 的扇形卷成一圆锥形漏斗，问 φ 取多大时做成的漏斗的容积最大?(如图 4-8 所示)

解　(1) 设所做漏斗的底半径为 r，高为 h，则

$$2\pi r=R\varphi,\ r=\sqrt{R^2-h^2}$$

得

$$\varphi=\frac{2\pi}{R}\sqrt{R^2-h^2}$$

又漏斗的容积 V 为

$$V=\frac{1}{3}\pi r^2h=\frac{1}{3}\pi h(R^2-h^2)\quad(0<h<R)$$

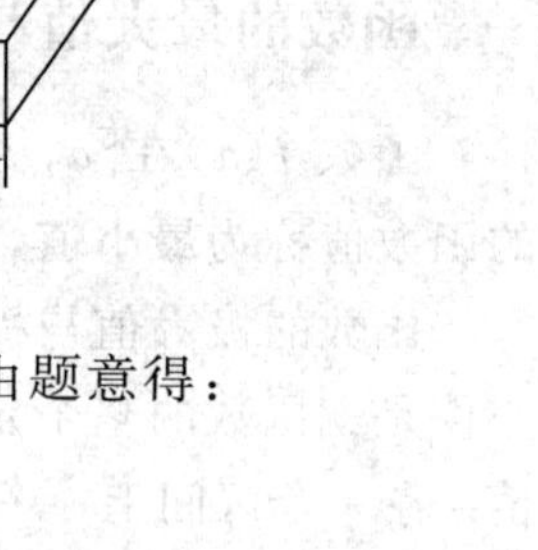

图 4-8

(2) 令 $V'=\frac{1}{3}\pi R^2-\pi h^2=0$，得唯一驻点 $h=\frac{R}{\sqrt{3}}$；

(3) 因此当 $h=\frac{R}{\sqrt{3}}$ 时，漏斗的容积 V 取得最大值，即

$$\varphi=\frac{2\pi}{R}\sqrt{R^2-h^2}\bigg|_{h=\frac{R}{\sqrt{3}}}=\frac{2}{3}\sqrt{6}\,\pi$$

(4) 综上，根据问题的实际意义可知当 $\varphi=\frac{2}{3}\sqrt{6}\,\pi$ 时，能使漏斗的容积 V 最大.

例 4-27　甲、乙两个工厂合用一变压器，其位置如图 4-9 所示，若两厂用同型号线架设输电线，问当变压器设在输电干线何处时，所需输电线最短，长度为多少？

解　设变压器安装在距 A 点 x km 处的 M 点，所需输电线为 y km，根据题意得

$$y=\sqrt{1+x^2}+\sqrt{(3-x)^2+1.5^2}\quad(0\leqslant x\leqslant 3)$$

$$y'=\frac{x}{\sqrt{1+x^2}}+\frac{x-3}{\sqrt{(3-x)^2+1.5^2}}$$

令 $y'=0$，求得在 $[0, 3]$ 内的唯一驻点 $x=1.2$.

由于 y 在 $[0, 3]$ 内没有不可导的点. 因此，当变压器设在距 A 点 1.2 km 时，所需电线最短，长度为 3.92 km.

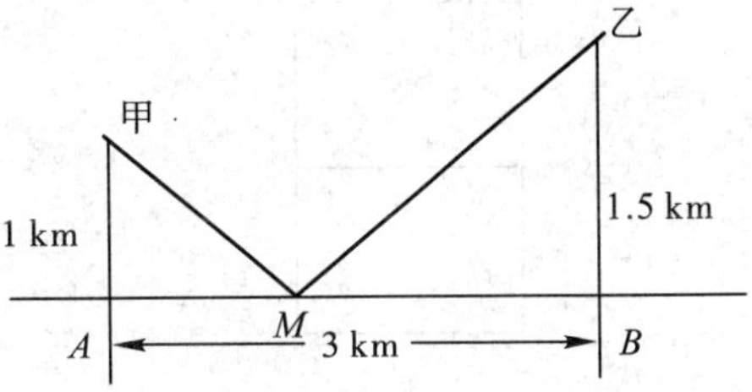

图 4-9

例 4-28　某工厂生产某种产品，固定成本为 20 000 元，每生产一个单位产品，成本增加 100 元. 已知总收入 R 是年产量 x 的函数：

$$R=R(x)=\begin{cases}400x-\dfrac{x^2}{2}, & 0\leqslant x\leqslant 400\\ 80\,000, & x>400\end{cases}$$

问每年生产多少产品时，总利润最大？此时总利润是多少？

解　根据题意，总成本函数为

$$C=C(x)=20\,000+100x$$

由此可知总利润函数为

$$L=L(x)=R(x)-C(x)=\begin{cases}300x-\dfrac{x^2}{2}-20\,000, & 0\leqslant x\leqslant 400\\ 60\,000-100x, & x>400\end{cases}$$

$$L'(x)=\begin{cases}300-x, & 0\leqslant x\leqslant 400\\ -100, & x>400\end{cases}$$

令 $L'(x)=0$，得 $x=300$.

所以当 $x=300$ 时，L 最大，而 $L(300)=25\,000$，即年产量为 300 个单位时，总利润最大，此时总利润为 25 000 元.

练习题 4-3

1. 求以下函数在给定区间上的最值.

(1) $f(x)=x^4-4x^3+8$，$x\in[-1, 1]$；　(2) $f(x)=x+\frac{1}{x}$，$x\in\left[\frac{1}{2}, 2\right]$；

(3) $f(x)=x+2\sqrt{x}$，$x\in[0, 4]$；　(4) $f(x)=\sqrt{x}\ln x$，$x\in(0, +\infty)$；

(5) $f(x)=\ln(x^2+1)$，$x\in[-1, 2]$；　(6) $f(x)=\frac{x^2}{1+x}$，$x\in\left[-\frac{1}{2}, 1\right]$.

2. 试证在面积一定的矩形中，正方形的周长最短.

3. 半径为 R 的半圆内接一梯形，其梯形一底是半圆的直径，求梯形面积的最大值.

4. 欲用长 6 m 的合金材料加工一日字形窗框(如图 4－10 所示)，问它的长和宽分别为多少时，窗户的面积最大？最大面积是多少？

5. 铁路线上 AB 段的距离为 100 km，工厂 C 距 A 处 20 km，并且 AC 垂直于 AB. 为了运输需要，要在 AB 线上选定一点 D 向工厂修筑一条公路. 已知铁路每 km 货运的运费与公路每 km 货运的运费之比为 3∶5. 为了使货物从供应站 B 运到工厂 C 的运费最省，问 D 点应选在何处？(如图 4－11 所示)

图 4－10

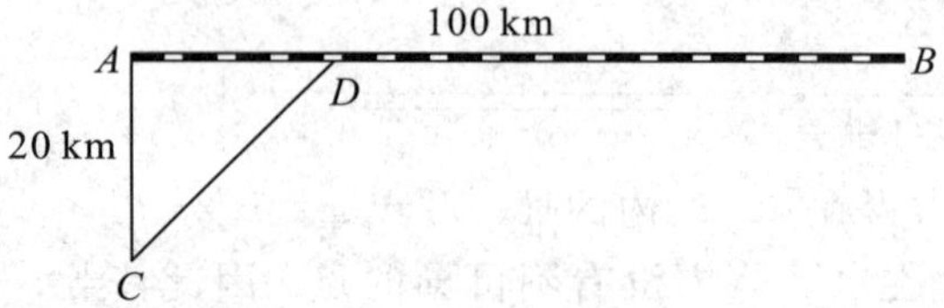

图 4－11

第四节　曲线的凹凸性与拐点

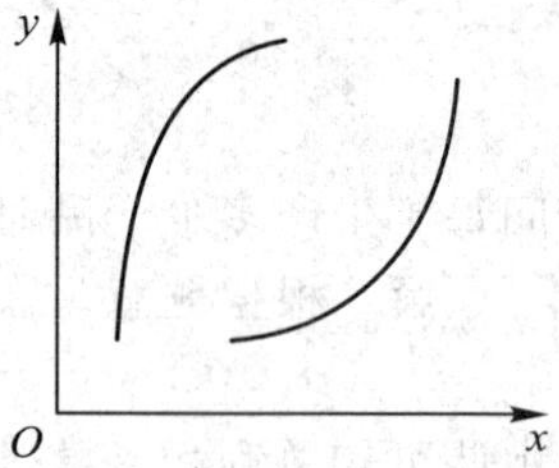

图 4－12

前面我们对函数的单调性、极值、最大值与最小值进行了讨论，对函数的变化有了大致了解. 但这还不够，有时同属单调递增的两个可导函数的图形，虽然从左到右曲线都在上升，但它们的弯曲方向却可以不同，如图 4－12 所示.

定义 4－2　设 $y=f(x)$在(a, b)内可导，若曲线 $y=f(x)$位于其每点处切线的上方，则称它在(a, b)上为凹的(或称为凹弧)；若曲线 $y=f(x)$位于其每点处切线的下方，则称它在(a, b)上是凸的(或称为凸弧).

曲线凸弧与凹弧的转折点，称为该曲线的**拐点**.

从图 4－13 中可以看出，当曲线弧段为凹时，其切线的斜率是逐渐增加的，即函数的导数是单调递增的；当曲线弧段为凸时，其切线的斜率是逐渐减少的，即函数的导数是单调递减的. 根据函数单调性的判定方法，有如下定理.

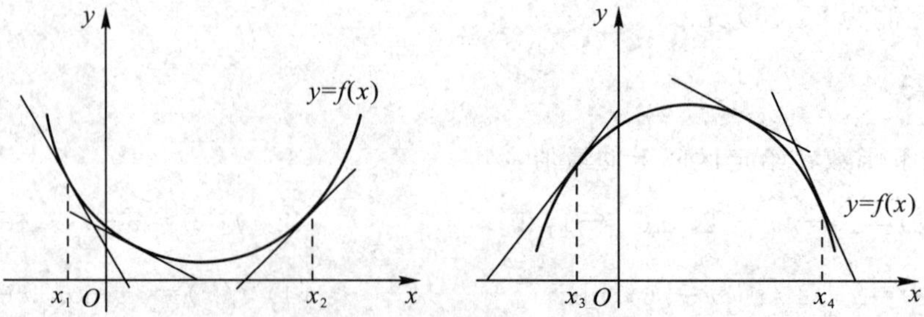

图 4－13

定理 4-9　设函数 $f(x)$在(a, b)内具有二阶导数，那么

(1) 若在(a, b)内，$f''(x)>0$，则曲线 $y=f(x)$在(a, b)内是凹的.

(2) 若在(a, b)内，$f''(x)<0$，则曲线 $y=f(x)$在(a, b)内是凸的.

(3) 若 $f''(x_0)=0$，且在 x_0 两侧 $f''(x)$变号，则点$(x_0, f(x_0))$是曲线 $y=f(x)$的拐点.

例 4-29　判断 $y=\ln x$ 的凹凸性.

解　$y'=\frac{1}{x}$，$y''=-\frac{1}{x^2}<0$，则曲线在定义域$(0, +\infty)$上是凸的.

例 4-30　判断 $y=\sin x$ 在$(0, 2\pi)$上的凹凸性.

解　$y'=\cos x$，$y''=-\sin x$，令 $y''=0$，得 $x=\pi$.

当 $x\in(0, \pi)$时，$f''(x)<0$，则函数是凸的；

当 $x\in(\pi, 2\pi)$时，$f''(x)>0$，则函数是凹的.

例 4-31　求曲线 $y=x^4-2x^3+1$ 的凹凸区间和拐点.

解　(1) 函数的定义域为$(-\infty, +\infty)$；

(2) $y'=4x^3-6x^2$，$y''=12x^2-12x=12x(x-1)$；

(3) 令 $y''=0$，得 $x_1=0$，$x_2=1$；

(4) 列表考察，见表 4-6.

表 4-6

x	$(-\infty, 0)$	0	$(0, 1)$	1	$(1, +\infty)$
y''	+	0	−	0	+
y	∪	拐点(0, 1)	∩	拐点(1, 0)	∪

注　表 4-6 中的“∪”表示曲线是凹的，“∩”表示曲线是凸的.

由表 4-6 可知，曲线在区间$(-\infty, 0)$及$(1, +\infty)$内是凹的，在区间$(0, 1)$内是凸的，拐点为$(0, 1)$和$(1, 0)$.

例 4-32　讨论曲线 $y=(x-2)^{\frac{5}{3}}$的凹凸区间和拐点.

解　(1) 函数的定义域为$(-\infty, +\infty)$；

(2) $y'=\frac{5}{3}(x-2)^{\frac{2}{3}}$，$y''=\frac{10}{9}(x-2)^{-\frac{1}{3}}$；

(3) 令 $y''=0$，无解，但在 $x=2$ 处 y''不存在；

(4) 列表考察，见表 4-7.

表 4-7

x	$(-\infty, 2)$	2	$(2, +\infty)$
y''	−	不存在	+
y	∩	拐点(2, 0)	∪

由表 4-7 可知，曲线在区间$(-\infty, 2)$内是凸的，在区间$(2, +\infty)$内是凹的.

当 $x=2$ 时，y''不存在，但当 $x=2$ 时函数有定义，且两侧 y''异号，所以点$(2, 0)$为拐点.

根据上面的分析和结论，我们总结出关于确定函数 $y=f(x)$的凹凸区间的一般方法和

步骤如下：

(1) 确定函数 $f(x)$ 的定义域；

(2) 求出 y' 和 y''；

(3) 找出令 $f''(x)=0$ 的点和 $f''(x)$ 不存在的点，并以这些点作为分界点，将定义域分成若干个子区间；

(4) 列表，确定 $f''(x)$ 在各个子区间内的符号，进而判断出 $f(x)$ 的凹凸性；

(5) 作答.

例 4-33　求曲线 $y=x^{\frac{1}{3}}$ 的凹凸区间和拐点.

解　(1) $y=x^{\frac{1}{3}}$ 在 $(-\infty, +\infty)$ 内连续；

(2) $y'=\dfrac{1}{3}x^{-\frac{2}{3}}$，$y''=-\dfrac{2}{9}x^{-\frac{5}{3}}$；

(3) 当 $x=0$ 时，y'、y'' 不存在；

(4) 列表考察，见表 4-8.

表 4-8

x	$(-\infty, 0)$	0	$(0, +\infty)$
y''	+	不存在	−
y	$\cup$	拐点(0, 0)	$\cap$

因此，曲线 $y=x^{\frac{1}{3}}$ 在 $(-\infty, 0)$ 内为凹的，在 $(0, +\infty)$ 内为凸的. 点 $(0, 0)$ 是曲线的拐点.

综上所述，寻求曲线 $y=f(x)$ 的拐点时，只需先找到使得 $f''(x)=0$ 的点及二阶不可导点，然后按定理去判定即可.

练习题 4-4

确定下列函数的凹凸区间与拐点.

(1) $y=x^2-x^3$；　　(2) $y=\dfrac{2x}{x^2+1}$；

(3) $y=x^3-3x^2-1$；　　(4) $y=x\cdot e^{-x}$；

(5) $y=\ln(1+x^2)$；　　(6) $y=x+\dfrac{x}{x-1}$.

第五节　函数的作图

我们已经研究了函数的单调性及极值、凹凸性和拐点，这一节将利用函数的一些性态来描绘函数的图形. 下面先介绍渐近线的概念.

一、渐近线

定义 4-3　当曲线上的点沿曲线无限地远离坐标原点时，曲线上的点与某一直线的距离趋于零，称该直线为曲线的**渐近线**.

1. 水平渐近线

若函数 $y=f(x)$ 的定义域是无穷区间，且 $\lim\limits_{x\to\infty} f(x)=C$，则称直线 $y=C$ 为曲线 $y=f(x)$ 的水平渐近线.

例 4-34　求曲线 $y=\dfrac{2x}{1+x^2}$ 的水平渐近线.

解　因为

$$\lim_{x\to\infty}\frac{2x}{1+x^2}=0$$

所以 $y=0$ 是曲线 $y=\dfrac{2x}{1+x^2}$ 的水平渐近线.

例 4-35　求曲线 $y=\arctan x$ 的水平渐近线.

解　因为

$$\lim_{x\to-\infty}\arctan x=-\frac{\pi}{2},\ \lim_{x\to+\infty}\arctan x=\frac{\pi}{2}$$

所以 $y=-\dfrac{\pi}{2}$ 和 $y=\dfrac{\pi}{2}$ 都是曲线 $y=\arctan x$ 的水平渐近线.

2. 垂直渐近线

若函数 $y=f(x)$ 在点 a 处间断，且 $\lim\limits_{x\to a} f(x)=\infty$，则称直线 $x=a$ 为曲线 $y=f(x)$ 的垂直渐近线.

例 4-36　求曲线 $y=\dfrac{3}{x-2}$ 的渐近线.

解　因为

$$\lim_{x\to\infty}\frac{3}{x-2}=0,\ \lim_{x\to2}\frac{3}{x-2}=\infty$$

所以 $y=0$ 是曲线 $y=\dfrac{3}{x-2}$ 的水平渐近线；$x=2$ 是曲线 $y=\dfrac{3}{x-2}$ 的垂直渐近线(见图 4-14).

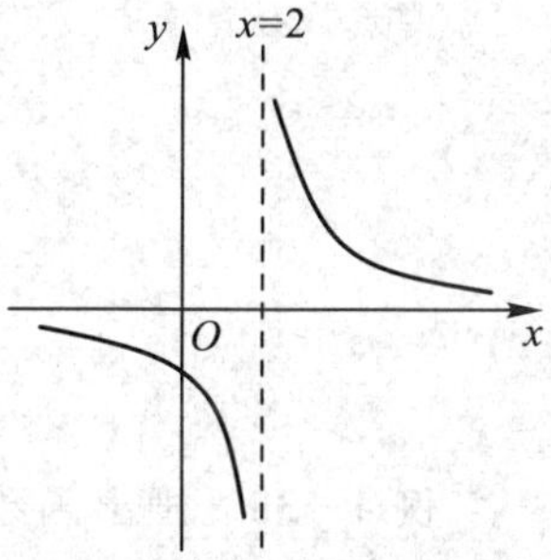

图 4-14

二、函数图形的描绘

通过前面一系列的讨论，我们对函数图形的变化轮廓有了比较全面的了解，从而便于准确地绘制函数的图形.

描绘函数图形的一般步骤如下：

(1) 确定函数 $y=f(x)$ 的定义域；

(2) 讨论函数的奇偶性(对称性)和周期性；

(3) 确定函数的单调性和凹凸性，极值与拐点；

(4) 讨论渐近线；

(5) 必要时，增加一些辅助点；

(6) 建立直角坐标系，作出函数图形.

例 4-37　画出函数 $y=3x-x^3$ 的图形.

解　(1) 函数的定义域为 $(-\infty,+\infty)$，且为奇函数.

(2) $y'=3-3x^2$，$y''=-6x$.

令 $y'=0$ 得 $x=\pm1$，令 $y''=0$ 得 $x=0$. 函数在定义域内没有不可导的点. 列表讨论，见表 4-9.

表 4-9

x	$(-\infty, -1)$	-1	$(-1, 0)$	0	$(0, 1)$	1	$(1, +\infty)$
y'	$-$	0	$+$	$+$	$+$	0	$-$
y''	$+$	$+$	$+$	0	$-$	$-$	$-$
y	↘	极小值	↗	拐点	↗	极大值	↘

注 表中"↘"为凹减，"↗"为凹增，"↘"为凸减，"↗"为凸增.

(3) 显然，曲线 $y=3x-x^3$ 无渐近线.

(4) 令 $y=0$，可知曲线 $y=3x-x^3$ 与 x 轴的交点为$(-\sqrt{3}, 0)$和$(\sqrt{3}, 0)$.

综上所述，画出函数 $y=3x-x^3$ 在$(0, +\infty)$上的图形，由对称性得出函数 $y=3x-x^3$ 在$(-\infty, 0)$上的图形(整体图形见图 4-15).

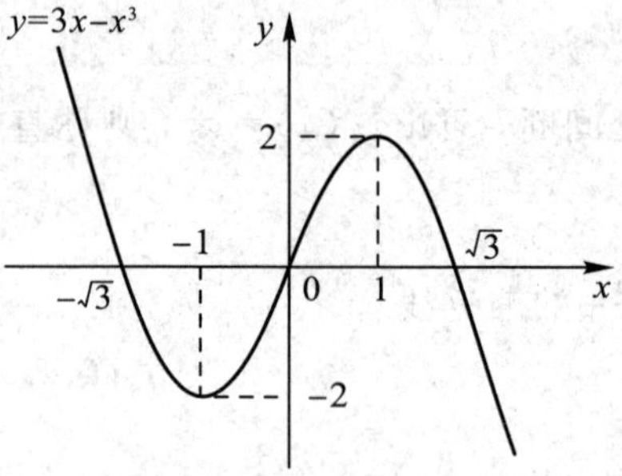

图 4-15

例 4-38 画出函数 $y=e^{-x^2}$ 的图形.

解 (1) 函数的定义域为$(-\infty, +\infty)$，且为偶函数.

(2) $y'=-2xe^{-x^2}$，$y''=2(2x^2-1)e^{-x^2}$.

令 $y'=0$ 得 $x=0$，令 $y''=0$ 得 $x=\pm\dfrac{1}{\sqrt{2}}$. 函数在定义域内没有不可导点. 列表讨论，见表 4-10(这里因为是偶函数，所以可讨论一半区间).

表 4-10

x	0	$\left(0, \frac{1}{\sqrt{2}}\right)$	$\frac{1}{\sqrt{2}}$	$\left(\frac{1}{\sqrt{2}}, +\infty\right)$
y'	0	$-$	$-$	$-$
y''	$-$	$-$	0	$+$
y	极大值 1	↘	拐点$\left(\frac{1}{\sqrt{2}}, e^{-\frac{1}{2}}\right)$	↘

(3) 因为$\lim\limits_{x\to\infty} e^{-x^2}=0$，所以直线 $y=0$ 为水平渐近线；曲线过点(0，1).

根据以上讨论，即可画出函数 $y=e^{-x^2}$ 的图形(见图 4-16).

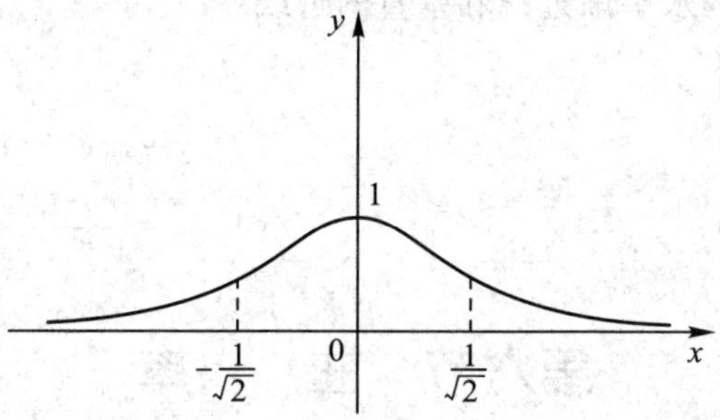

图 4-16

例 4-39　作函数 $y=\dfrac{4(x+1)}{x^2}-2$ 的图像.

解　(1) 函数的定义域为$(-\infty,0)\cup(0,+\infty)$.

(2) $y'=-\dfrac{4(x+2)}{x^3}$，$y''=\dfrac{8(x+3)}{x^4}$.

由 $y'=0$ 得 $x=-2$，又由 $y''=0$ 得 $x=-3$. 列表讨论，见表 4-11.

表 4-11

	$(-\infty,-3)$	-3	$(-3,-2)$	-2	$(-2,0)$	0	$(0,+\infty)$
y'				0	+		
y''		0	+		+		+
y	↘	$-\frac{26}{9}$ 拐点	↘	3 极小值	↗	间断	↘

(3) 渐近线：因为 $\lim\limits_{x\to\pm\infty}\left[\dfrac{4(x+1)}{x^2}-2\right]=-2$，所以 $y=-2$ 是水平渐近线；又因为 $\lim\limits_{x\to 0}\left[\dfrac{4(x+1)}{x^2}-2\right]=\infty$，所以 $x=0$ 是垂直渐近线.

(4) 描出特殊点：$A(-1,-2)$，$B(1,6)$，$C(2,1)$，$D\left(3,-\dfrac{2}{9}\right)$.

(5) 作出函数的图像，如图 4-17 所示.

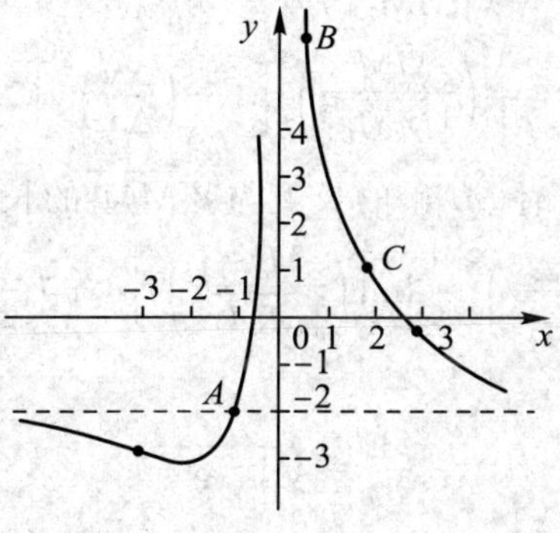

图 4-17

练习题 4－5

1. 求曲线 $y=\dfrac{1}{x-2}$的水平渐近线和垂直渐近线.

2. 作下列函数的图形：

(1) $y=x^3+3x+1$；(2) $y=\ln(1+x^2)$；

(3) $y=x-\ln(x+1)$；(4) $y=\dfrac{x^2}{1+x^2}$.

第六节 曲 率

曲线的单调性、凹凸性等只是对曲线的一种定性化的描述，而在工程机械等实际问题中还要定量地分析、研究有关曲线的弯曲程度，用来表示曲线弯曲程度的概念为曲率，本节介绍曲率及其计算方法.

一、弧微分的概念

设函数 $y=f(x)$在区间(a, b)内有连续的导数. 在曲线上取定一点 $M_0(x_0, y_0)$，规定依 x 增大的方向为曲线的正方向，对于曲线上任一点$M(x, y)$，定义有向弧 M_0M 的值 s 如下：s 的绝对值等于这段弧的长度，当有向弧的方向与曲线的正方向一致时，$s>0$；否则，$s<0$. 显然，弧 s 是 x 的函数 $s=s(x)$，且 $s(x)$是 x 的单增函数. 接下来求弧函数 $s=s(x)$的微分——**弧微分**. 现给 x 一个很小改变量 Δx，在曲线上得到一相应点 $M_1(x+\Delta x, y+\Delta y)$，如图4－18所示，并设相应的弧的增量为 Δs(与 Δx 同号)，则有

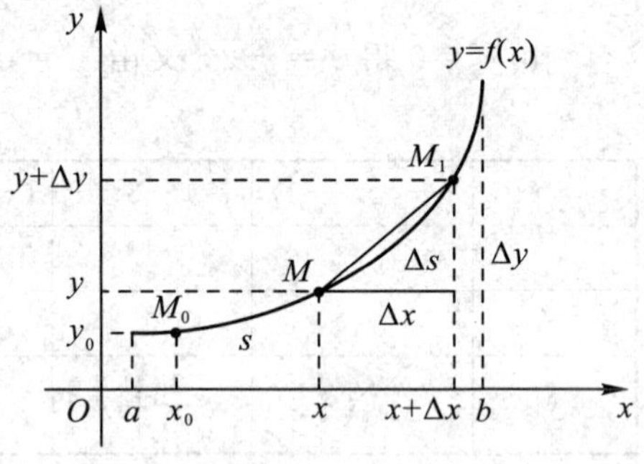

图 4－18

$$\Delta s=M_0M_1-M_0M=MM_1$$

$$\left(\frac{\Delta s}{\Delta x}\right)^2=\left(\frac{MM_1}{\Delta x}\right)^2=\left(\frac{MM_1}{|\overline{MM_1}|}\right)^2\left(\frac{|\overline{MM_1}|}{\Delta x}\right)^2$$

$$=\left(\frac{MM_1}{|\overline{MM_1}|}\right)^2\frac{(\Delta x)^2+(\Delta y)^2}{(\Delta x)^2}$$

$$=\left(\frac{MM_1}{|\overline{MM_1}|}\right)^2\left[1+\left(\frac{\Delta y}{\Delta x}\right)^2\right]$$

当 $\Delta x\to 0$ 时，$M_1\to M$，这时 MM_1 的长度与弦$\overline{MM_1}$的长度之比的极限等于 1，因此

$$\left(\frac{\mathrm{d}s}{\mathrm{d}x}\right)^2=\lim_{\Delta x\to 0}\left(\frac{\Delta s}{\Delta x}\right)^2=\lim_{\Delta x\to 0}\left(\frac{MM_1}{|\overline{MM_1}|}\right)^2\left[1+\left(\frac{\Delta y}{\Delta x}\right)^2\right]=1+y'^2$$

即

$$\frac{\mathrm{d}s}{\mathrm{d}x}=\sqrt{1+y'^2}$$

于是有弧微分公式

$$ds=\sqrt{1+y'^2}\,dx$$

注　对于参数曲线 $\begin{cases}x=x(t)\\y=y(t)\end{cases}(\alpha\leqslant t\leqslant\beta)$，其相应的弧微分公式为

$$ds=\sqrt{[x'(t)]^2+[y'(t)]^2}\,dt$$

二、曲率

曲率研究的是曲线的弯曲程度，那么怎样衡量曲线的弯曲程度呢？

经验告诉我们：半径较小的圆比半径较大的圆更弯曲，抛物线的顶点处要比其他点处更弯曲，那么究竟曲线的弯曲程度与哪些因素有关？

（1）**与曲线上切线转过的角度有关**．如图 4－19 所示，曲线从点 A_1 移动到点 A_2 以及从点 A_2 移动到点 A_3，所走过的弧长是相同的，但是切线所转过的角度 α_1 与 α_2 不同，具体为：$\alpha_2>\alpha_1$，相应的弧 A_2A_3 比弧 A_1A_2 更弯曲．由此可知，**曲线的弯曲程度与曲线上切线转过的角度成正比**．

（2）**与曲线的长度有关**．如图 4－20 所示，弧 A_1B_1 与 A_2B_2 的切线转过的角度均为 $\Delta\alpha$，但是两曲线所走过的弧长是不同的，具体为：$A_1B_1>A_2B_2$，而弧 A_2B_2 比弧 A_1B_1 更加弯曲．由此可知，**曲线的弯曲程度与曲线的长度成反比**．

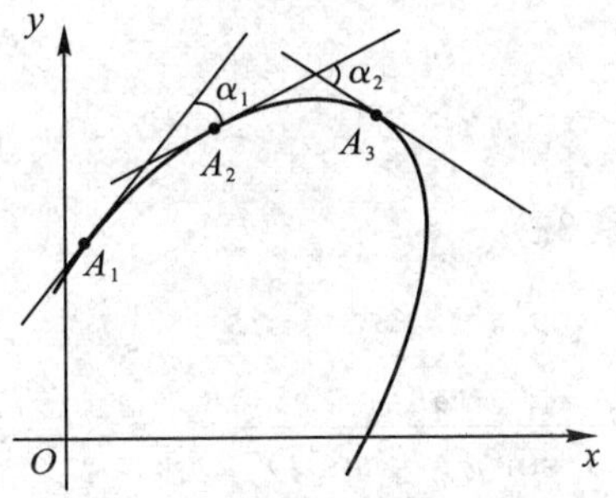

图 4－19

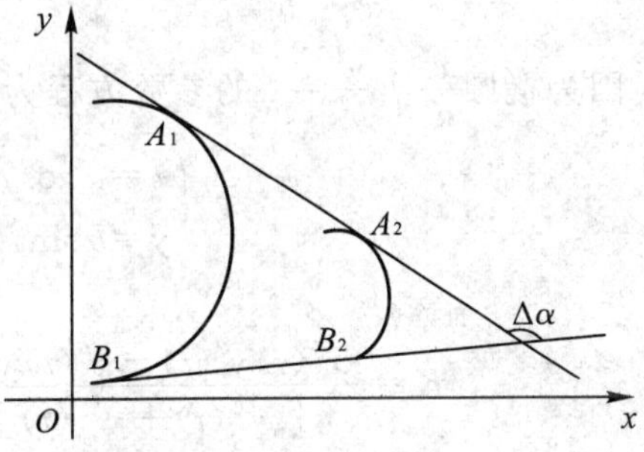

图 4－20

定义 4－4　弧 AB 的切线所转过的角度 $\Delta\alpha$ 与该弧长 Δs 之比的绝对值称为该弧的平均曲率，记作 $\overline{K}$，即

$$\overline{K}=\left|\frac{\Delta\alpha}{\Delta s}\right|$$

定义 4－5　如果当点 B 沿弧 AB 趋近于点 A 时，弧 AB 的平均曲率的极限存在，则称此极限为曲线在点 A 处的**曲率**(curvature)，记作 K．即

$$K=\lim_{B\to A}\left|\frac{\Delta\alpha}{\Delta s}\right| \text{ 或 } K=\lim_{\Delta s\to 0}\left|\frac{\Delta\alpha}{\Delta s}\right|=\left|\frac{d\alpha}{ds}\right|$$

根据曲率的定义很容易得到结论：**直线上任意一点处的曲率均为 0；圆上任意一点处的曲率等于半径的倒数**．

对于曲线 $y=f(x)$ 上任意点 $A(x, y)$（见图 4－21），因为 $\tan\alpha=f'(x)$，即 $\alpha=\arctan f'(x)$，则

$$d\alpha=\alpha'(x)\,dx=\frac{f''(x)}{1+[f'(x)]^2}dx$$

而

$$ds=\sqrt{1+[f'(x)]^2}\,dx$$

因此，有曲率计算公式

$$K=\left|\frac{d\alpha}{ds}\right|=\frac{|f''(x)|}{[1+f'^2(x)]^{\frac{3}{2}}}$$

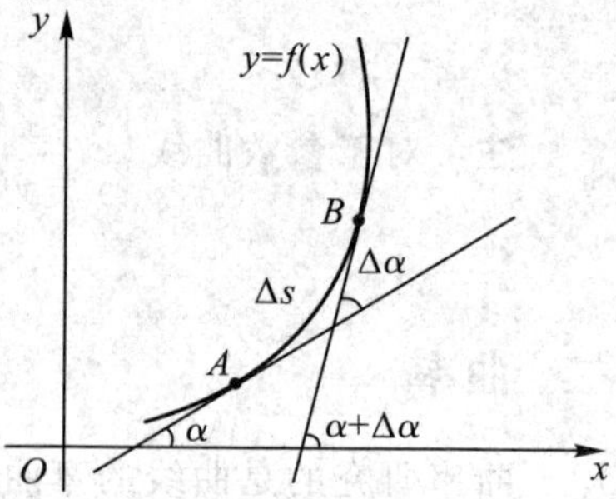

图 4-21

注 对于参数曲线 $\begin{cases}x=x(t)\\y=y(t)\end{cases}$ $(\alpha\leqslant t\leqslant\beta)$，其相应的曲率计算公式为

$$K=\frac{|x'(t)y''(t)-x''(t)y'(t)|}{[x'^2(t)+y'^2(t)]^{\frac{3}{2}}}$$

例 4-40 求抛物线 $y=ax^2(a\neq0)$ 在任意点 $A(x, y)$ 处的曲率 $K(x)$，并求出曲率最大的点以及最大曲率.

解 根据曲率公式有

$$K(x)=\frac{|y''(x)|}{[1+y'^2(x)]^{\frac{3}{2}}}=\frac{2|a|}{(1+4a^2x^2)^{\frac{3}{2}}}$$

当 $x=0$ 时，K 最大，即抛物线 $y=ax^2$ 在点(0, 0)处曲率最大，且最大曲率为 $2|a|$.

例 4-41 求椭圆 $\frac{x^2}{a^2}+\frac{y^2}{b^2}=1(a>0, b>0)$ 上任意点 $A(x, y)$ 处的曲率 K.

解 因为椭圆 $\frac{x^2}{a^2}+\frac{y^2}{b^2}=1$ 的参数方程为

$$\begin{cases}x=a\cos t\\y=b\sin t\end{cases}\quad(0\leqslant t\leqslant2\pi)$$

则有

$$K=\frac{|x'(t)y''(t)-x''(t)y'(t)|}{[x'^2(t)+y'^2(t)]^{\frac{3}{2}}}=\frac{ab}{(a^2\sin^2t+b^2\cos^2t)^{\frac{3}{2}}}$$

定义 4-6 $R=\frac{1}{K}$ 为曲线 $y=f(x)$ 在点 A 处的**曲率半径**.

定义 4-7 在曲线 l 上的点 A 处作法线，并在曲线凹向一侧的法线上截取长度为曲率半径 R 的线段 AO，则点 O 称为该曲线在点 A 处的曲率中心，以 O 为圆心，R 为半径的圆称为该曲线在点 A 处的**曲率圆**(见图 4-22).

例 4-42 设工件内表面的截线为抛物线 $y=ax^2(a>0)$(见图 4-23). 现在要用砂轮磨削其内表面，问用直径多大的砂轮才比较合适?

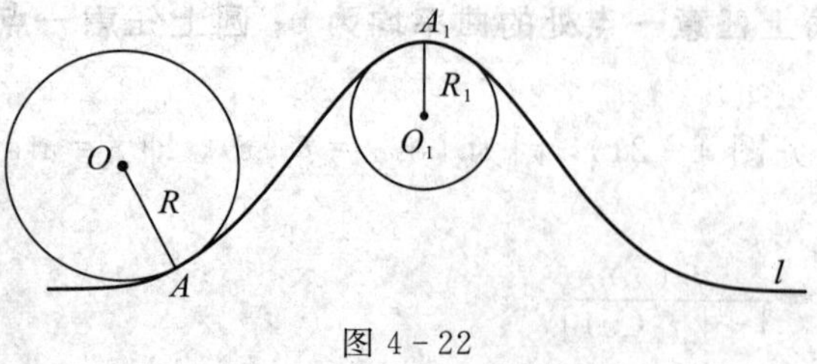

图 4-22

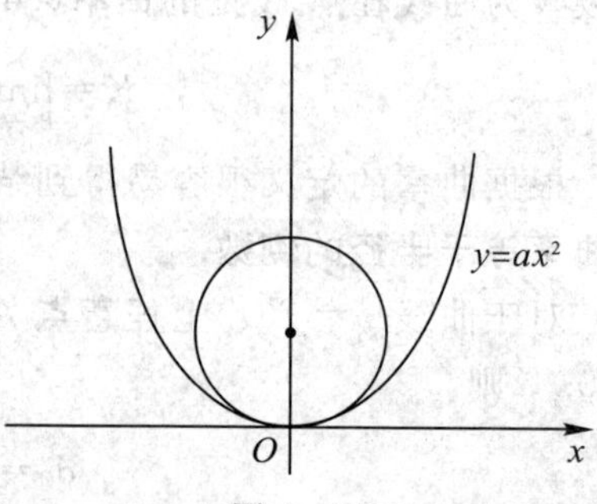

图 4-23

解　为了在磨削时不使砂轮与工件接触处附近的那部分工件磨去太多，砂轮的半径应不大于抛物线上各点处曲率半径中的最小值. 由例 4-40 可知，抛物线在其顶点处的曲率最大，且最大曲率为

$$K=2a$$

即抛物线在其顶点处的曲率半径：

$$R=\frac{1}{K}=\frac{1}{2a}$$

最小，故选用砂轮半径不得超过$\frac{1}{2a}$单位长度，即直径不得超过$\frac{1}{a}$单位长度.

练习题 4-6

1. 求下列函数曲线的弧微分.

(1) $y=\sin x$；(2) $y=\sqrt{a^2-x^2}$.

2. 求下列函数曲线的曲率.

(1) $y=e^x$；(2) $y=\arctan x$.

3. 求曲线 $y=x^3$ 在点(1, 1)处的曲率.

4. 求抛物线 $y=x^2-4x+3$ 上曲率半径最小的点及相应的曲率半径.

5. 求曲线$\begin{cases}x=a\cos^2 t\\ y=b\sin^2 t\end{cases}$，$t\in(-\pi, \pi)$的曲率，其中 a, $b>0$.

自 测 题 一

一、填空题.

1. $\lim\limits_{x\to+\infty}\frac{x^2}{x+e^x}=$__________.

2. 函数 $f(x)=2x^3-3x^2+10$ 的单调递减区间为__________.

3. 曲线 $y=\sqrt[3]{x}$的凹区间是________，凸区间是________，拐点是________.

4. 曲线 $y=\frac{x^2}{x^2-1}$有水平渐近线________，垂直渐近线________.

5. 函数 $y=x+2\cos x$ 在区间$\left[0, \frac{\pi}{2}\right]$上的最大值是________.

二、单选题.

1. 函数 $f(x)=\sin x$ 在$[0, \pi]$上满足罗尔定理结论的 ξ=(　　).

A. 0　　B. $\frac{\pi}{2}$　　C. π　　D. $\frac{3\pi}{2}$

2. 设函数 $f(x)$在(a, b)内连续，$x_0\in(a, b)$，$f'(x_0)=f''(x_0)=0$，则 $f(x)$在 $x=0$ 处(　　).

A. 取得极大值　　B. 取得极小值

C. 一定有拐点$(x_0, f(x_0))$

D. 可能取得极值，也可能有拐点

3. 函数$f(x)$在x_0处取得极值，则必有(　　).

A. $f'(x)=0$

B. $f''(x)<0$

C. $f'(x)=0$，$f''(x)<0$

D. $f'(x)=0$ 或 $f'(x)$不存在

4. 曲线 $y=\dfrac{1}{x+1}+1$ 的渐近线是(　　).

A. 只有一条水平渐近线

B. 有一条水平渐近线和一条垂直渐近线

C. 只有一条垂直渐近线

D. 无渐近线

5. 若在(a, b)内，$f'(x)<0$，则 $f''(x)<0$，则 $f(x)$在(a, b)内为(　　).

A. 单调上升而且是凸的

B. 单调上升而且是凹的

C. 单调下降而且是凸的

D. 单调下降而且是凹的

三、求极限.

1. $\lim\limits_{x\to 0}\dfrac{x-\arctan x}{\ln(1+x^3)}$；

2. $\lim\limits_{x\to 0^+}\sqrt{x}\ln x$；

3. $\lim\limits_{x\to 0}\left(\dfrac{1}{x}-\dfrac{1}{e^x-1}\right)$；

4. $\lim\limits_{x\to\infty}x\left(\cos\dfrac{1}{x}-1\right)$.

四、证明题.

1. 证明：不等式 $e^x>1+x(x>0)$；

2. 证明：当 $x>0$ 时 $x>\ln(1+x)>\dfrac{x}{1+x}$.

五、解答题.

1. 求函数 $y=x+\dfrac{x}{x^2-1}$的单调区间、极值及凹向区间、拐点.

2. 在周长为定值 l 的所有扇形中，当扇形的半径取何值时，所得扇形的面积最大?

3. 设在如图 4-24 所示的电路中，电源电动势为 E，内阻为 r(E 与 r 均为常量)，问负载电阻 R 多大时，才能使输出功率 P 最大?

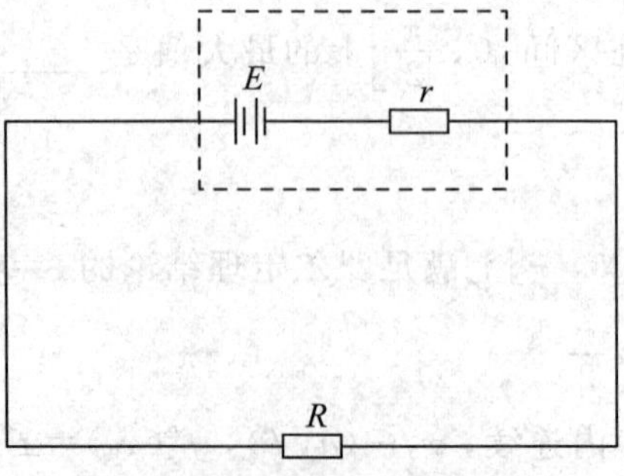

图 4-24

自测题二

一、填空题.

1. $\lim\limits_{x\to\frac{\pi}{2}}\dfrac{\cos 5x}{\cos 3x}=$________.

2. $\lim\limits_{x\to 0}\left(\dfrac{1}{x^2}-\dfrac{1}{x\tan x}\right)=$________.

3. 函数 $y=ax^2+1$ 在$(0, +\infty)$内单调增加，则 a 的取值范围为________.

4. 设 $f'(x)=(x-1)(2x+1)$，则在区间$\left(\dfrac{1}{2}, 1\right)$内________(填“凹”或者“凸”).

5. 曲线 $y=\dfrac{x^2}{(x+1)^2}$的水平渐近线是________，垂直渐近线是________.

6. 曲线 $y=6x-24x^2+x^4$ 的凸区间是________.

二、求极限.

1. $\lim\limits_{x\to a}\dfrac{x^m-a^m}{x_n-a^n}$；

2. $\lim\limits_{x\to 0}\dfrac{2^x+2^{-x}-2}{x^2}$；

3. $\lim\limits_{x\to 0}\dfrac{\sin x-\tan x}{x^3}$；

4. $\lim\limits_{x\to 1}\dfrac{x-x^x}{1-x+\ln x}$.

三、证明题.

1. 求证：当 $0<x<\pi$ 时，$\dfrac{\sin x}{x}>\cos x$.

2. 设函数 $f(x)$的导函数 $f'(x)$在$[a, b]$上连续，且 $f(a)<0$，$f(c)>0$，$f(b)<0$，其中 c 是介于 a，b 间的一个实数. 证明：存在 $\xi\in(a, b)$，使 $f'(\xi)=0$ 成立.

四、解答题.

1. 求函数 $y=(2x-5)\sqrt[3]{x^2}$ 的单调区间、极值及凹向区间、拐点.

2. 在半径为 R 的球内作一个内接圆锥体，问此圆锥体的高、底半径为何值时，其体积 V 最大？

3. 一房地产公司有 50 套公寓要出租，当月租金定为 1000 元时，公寓会全部租出去；当月租金每增加 50 元时，就会多一套公寓租不出去，而租出去的公寓每月需花费 100 元的维修费. 试问房租定为多少时可获得最大收入？最大收入是多少？

阅读材料　洛　必　达

洛必达(1661—1704，法国，数学家)出生于法国的贵族家庭，曾受袭侯爵衔，并在军队中担任骑兵军官，后来因为视力不佳而退出军队，转向学术研究.

他早年就显露出数学才能，在他15岁时就解出帕斯卡的摆线难题. 洛必达是莱布尼茨微积分的忠实信徒，并且是约翰·伯努利的高足，成功地解答过约翰·伯努利提出的“最速降线”问题.

洛必达的最大功绩是撰写了世界上第一本系统的微积分教程——《用于理解曲线的无穷小分析》. 这部著作出版于1696年，是第一本系统的微分学教科书，它由一组定义和公理出发，全面地阐述变量、无穷小量、切线、微分等概念，这对传播新创建的微积分理论起到了很大的作用. 该书的第九章有“洛必达法则”，即求一个分式当分子、分母都趋向于零时的极限的方法. 该法则实际上是约翰·伯努利在1694年7月22日写信告诉洛必达的，后者在1691年前后曾向约翰·伯努利学习微积分. 后人误以为是洛必达的发明，故“洛必达法则”之名沿用至今.

1704年，洛必达在巴黎过早地去世，留下关于圆锥曲线的书1720年才出版，计划中的积分学教科书未能完成. 后来多次修订再版，为在欧洲大陆(特别是在法国)普及微积分起到了重要作用. 这本书追随欧几里得和阿基米德古典范例，以定义和公理为出发点，同时得益于他的老师约翰·伯努利的著作. 其经过是这样的：约翰·伯努利在1691—1692年间写了两篇关于微积分的短论，但未发表. 不久以后，他答应为年轻的洛必达讲授微积分，定期领取薪金. 作为答谢，他把自己的数学发现传授给洛必达，并允许他随时利用. 于是洛必达根据约翰·伯努利的传授和未发表的论著以及自己的学习心得，撰写了该书.

洛必达曾计划出版一本关于积分学的书，但在得悉莱布尼茨也打算撰写这样一本书时，就放弃了自己的计划. 他还写过一本关于圆锥曲线的书——《圆锥曲线分析论》. 此书在他逝世之后16年才出版.

洛必达豁达大度，气宇不凡. 由于他与当时欧洲各国主要数学家都有交往，从而成为全欧洲传播微积分的著名人物.

第五章　不定积分

在微分学中，我们讨论了已知函数的导数问题，但在生产实践和科学技术领域中，往往还会遇到与此相反的问题，即要寻求一个未知函数，使其导函数等于某一已知函数，这就是积分学的基本问题之一．积分学由两个基本部分组成：不定积分和定积分．本章研究不定积分的概念、性质和基本积分法．

第一节　不定积分的概念

一、原函数及不定积分

前面我们讨论了已知路程函数 $s=s(t)$，求质点运动的速度 $v=v(t)$ 的问题，即 $s'(t)=v(t)$．若已知质点作直线运动的速度 $v=v(t)$，而要求路程函数 $s=s(t)$，即已知 $v=v(t)$，要求满足关系式 $s'(t)=v(t)$ 的函数 $s(t)$．这个问题在自然科学及工程技术中是普遍存在的，即已知一个函数的导数或微分，去寻求原本的函数．为了便于研究这类问题，我们首先引入原函数与不定积分的概念．

定义 5-1　设函数 $F(x)$ 和 $f(x)$ 定义在同一区间内，并且对该区间内的任意一点，都有

$$F'(x)=f(x) \text{或} \mathrm{d}F(x)=f(x)\mathrm{d}x$$

则称 $F(x)$ 是 $f(x)$ 在该区间内的一个**原函数**．

例如，对于函数 $f(x)=3x^2$，因为 $(x^3)'=3x^2$，$(x^3+2)'=3x^2$，所以 x^3 与 x^3+2 都是 $3x^2$ 的原函数．再如，对于函数 $f(x)=\cos x$，因为 $(\sin x)'=\cos x$，$(\sin x-3)'=\cos x$，所以 $\sin x$ 与 $\sin x-3$ 都是 $\cos x$ 的原函数．

显然，若有 $F'(x)=f(x)$，则对任意的常数 C，有

$$[F(x)+C]'=f(x)$$

即一个函数如果有原函数，则原函数不止一个．如果函数 $f(x)$ 存在原函数 $F(x)$，则 $F(x)+C$ 是 $f(x)$ 的无穷多个原函数．那么，这无穷多个原函数是否就是 $f(x)$ 的所有的原函数？$f(x)$ 是否存在其他形式的原函数呢？

设 $G(x)$ 是 $f(x)$ 是 D 上的另一个原函数，则

$$G'(x)=f(x)$$

于是

$$[G(x)-F(x)]'=G'(x)-F'(x)=0$$

所以

$$G(x)-F(x)=C$$

$$G(x)=F(x)+C$$

即同一个函数的任意两个原函数之间相差一个常数，换句话说，$F(x)+C$ 表示 $f(x)$ 的全体原函数. 求一个函数的所有原函数就是不定积分要解决的问题.

定义 5-2 若 $F(x)$ 是函数 $f(x)$ 在定义区间内的一个原函数，称 $f(x)$ 在该区间上的所有原函数 $F(x)+C$ 为 $f(x)$ 在该定义区间上的不定积分，记作

$$\int f(x)\mathrm{d}x = F(x) + C$$

其中"$\int$"称为**积分号**，函数 $f(x)$ 称为**被积函数**，x 称为**积分变量**，$f(x)\mathrm{d}x$ 称为**被积表达式**，C 称为**积分常量**.

在前面的例子中，因为 $(x^3)'=3x^2$，所以

$$\int 3x^2\mathrm{d}x = x^3 + C$$

又因为

$$(\sin x)' = \cos x$$

所以

$$\int \cos x\,\mathrm{d}x = \sin x + C$$

由定义 5-2 有

$$\int f(x)\mathrm{d}x = F(x) + C$$

有

$$[F(x)+C]' = f(x)$$

所以积分运算与微分运算之间有如下的互逆关系：

$$\frac{\mathrm{d}}{\mathrm{d}x}\left[\int f(x)\mathrm{d}x\right] = f(x) \text{ 或 } \mathrm{d}\left[\int f(x)\mathrm{d}x\right] = f(x)\mathrm{d}x$$

$$\int F'(x)\mathrm{d}x = F(x) + C \text{ 或} \int \mathrm{d}f(x) = f(x) + C$$

二、不定积分的基本积分公式

由于不定积分的运算与导数(或微分)的运算是互逆运算，因此很容易通过导数的基本公式，得到不定积分的基本公式. 具体如下：

(1) $\int k\mathrm{d}x = kx + C$($k$ 为常数)；

(2) $\int x^\alpha \mathrm{d}x = \frac{1}{\alpha+1}x^{\alpha+1} + C(\alpha \neq -1)$；

(3) $\int \frac{1}{x}\mathrm{d}x = \ln|x| + C$；

(4) $\int a^x \mathrm{d}x = \frac{1}{\ln a}a^x + C(a > 0,\ a \neq 1)$；

(5) $\int \mathrm{e}^x \mathrm{d}x = \mathrm{e}^x + C$；

(6) $\int \sin x\mathrm{d}x = -\cos x + C$；

(7) $\int \cos x\mathrm{d}x = \sin x + C$；

(8) $\int \sec^2 x\mathrm{d}x = \tan x + C$；

(9) $\int \csc^2 x\mathrm{d}x = -\cot x + C$；

(10) $\int \sec x\tan x\mathrm{d}x = \sec x + C$；

(11) $\int \csc x\cot x\mathrm{d}x = -\csc x + C$；

(12) $\int \frac{1}{\sqrt{1-x^2}}\mathrm{d}x = \arcsin x + C = -\arccos x + C$；

(13) $\int \frac{1}{1+x^2}\mathrm{d}x = \arctan x + C = -\mathrm{arccot}\, x + C$.

注 以上公式中的 C 均为任意常数.

例 5-1 求函数 $f(x)=x^{\alpha}(\alpha\neq-1)$ 的不定积分.

解 因为

$$(x^{\alpha+1})'=(\alpha+1)x^{\alpha}$$

所以

$$\left(\frac{x^{\alpha+1}}{\alpha+1}\right)'=x^{\alpha}$$

即 $\frac{x^{\alpha+1}}{\alpha+1}$ 是 x^{α} 的一个原函数，于是所求不定积分为

$$\int x^{\alpha}\mathrm{d}x=\frac{1}{\alpha+1}x^{\alpha+1}+C$$

例 5-2 求函数 $f(x)=a^{x}(a>0,\ a\neq1)$ 的不定积分.

解 因为

$$(a^{x})'=a^{x}\ln a$$

所以

$$\left(\frac{1}{\ln a}a^{x}\right)'=a^{x}$$

即 $\frac{1}{\ln a}a^{x}$ 是 a^{x} 的一个原函数，所以

$$\int a^{x}\mathrm{d}x=\frac{1}{\ln a}a^{x}+C$$

例 5-3 求函数 $f(x)=\cos x$ 的不定积分.

解 因为

$$(\sin x)'=\cos x$$

即 $\sin x$ 是 $\cos x$ 的一个原函数，所以

$$\int\cos x\mathrm{d}x=\sin x+C$$

例 5-4 求函数 $f(x)=\frac{1}{x}$ 的不定积分.

解 因为当 $x>0$ 时，

$$(\ln|x|)'=(\ln x)'=\frac{1}{x}$$

当 $x<0$ 时，

$$(\ln|x|)'=[\ln(-x)]'=\frac{1}{-x}(-x)'=\frac{1}{x}$$

所以

$$\int\frac{1}{x}\mathrm{d}x=\ln|x|+C$$

例 5-5 求 $\int x^{2}\mathrm{d}x$.

解

$$\int x^{2}\mathrm{d}x=\frac{1}{2+1}x^{2+1}+C=\frac{1}{3}x^{3}+C$$

例 5-6 求$\int \frac{1}{\sqrt{x}}\mathrm{d}x$.

解 $$\int \frac{1}{\sqrt{x}}\mathrm{d}x = \int x^{-\frac{1}{2}}\mathrm{d}x = \frac{1}{-\frac{1}{2}+1}x^{-\frac{1}{2}+1} + C = 2x^{\frac{1}{2}} + C = 2\sqrt{x} + C$$

例 5-7 求$\int x\sqrt{x}\,\mathrm{d}x$.

解 $$\int x\sqrt{x}\,\mathrm{d}x = \int x^{\frac{3}{2}}\mathrm{d}x = \frac{1}{\frac{3}{2}+1}x^{\frac{3}{2}+1} + C = \frac{2}{5}x^{\frac{5}{2}} + C$$

三、不定积分的性质

性质 5-1 两个函数的和(或差)的不定积分等于各函数不定积分的和(或差)，即

$$\int [f(x) \pm g(x)]\mathrm{d}x = \int f(x)\mathrm{d}x \pm \int g(x)\mathrm{d}x$$

该结论可以推广到任意有限多个函数的代数和(或差)的情形，即

$$\int [f_1(x) \pm f_2(x) \pm \cdots \pm f_n(x)]\mathrm{d}x = \int f_1(x)\mathrm{d}x \pm \int f_2(x)\mathrm{d}x \pm \cdots \pm \int f_n(x)\mathrm{d}x$$

性质 5-2 常数(不为零)乘以函数的不定积分等于常数乘以这个函数的不定积分，即

$$\int kf(x)\mathrm{d}x = k\int f(x)\mathrm{d}x \quad (k\text{ 为非零常数})$$

例 5-8 求$\int (\sec^2 x + \sin x)\mathrm{d}x$.

解 $$\int (\sec^2 x + \sin x)\mathrm{d}x = \int \sec^2 x\,\mathrm{d}x + \int \sin x\,\mathrm{d}x = \tan x - \cos x + C$$

例 5-9 求$\int \frac{x^3 - 2x^2 + x + 1}{x}\mathrm{d}x$.

解 $$\begin{aligned}\int \frac{x^3 - 2x^2 + x + 1}{x}\mathrm{d}x &= \int (x^2 - 2x + 1 + \frac{1}{x})\mathrm{d}x \\ &= \int x^2\mathrm{d}x - \int 2x\mathrm{d}x + \int \mathrm{d}x + \int \frac{1}{x}\mathrm{d}x \\ &= \frac{1}{3}x^3 - x^2 + x + \ln|x| + C\end{aligned}$$

例 5-10 求$\int (x-1)(x+2)\mathrm{d}x$.

解 $$\begin{aligned}\int (x-1)(x+2)\mathrm{d}x &= \int (x^2 + x - 2)\mathrm{d}x \\ &= \int x^2\mathrm{d}x + \int x\mathrm{d}x - \int 2\mathrm{d}x \\ &= \frac{1}{3}x^3 + \frac{1}{2}x^2 - 2x + C\end{aligned}$$

例 5-11 求$\int 2^x \mathrm{e}^x \mathrm{d}x$.

解 $$\int 2^x \mathrm{e}^x \mathrm{d}x = \int (2\mathrm{e})^x \mathrm{d}x = \frac{(2\mathrm{e})^x}{\ln(2\mathrm{e})} + C = \frac{2^x \mathrm{e}^x}{1 + \ln 2} + C$$

例 5-12　求$\int \frac{x^2}{x+1}\mathrm{d}x$.

解

$$\begin{aligned}\int \frac{x^2}{x+1}\mathrm{d}x &= \int \frac{x^2-1+1}{x+1}\mathrm{d}x \\ &= \int \frac{(x+1)(x-1)+1}{x+1}\mathrm{d}x \\ &= \int \left(x-1+\frac{1}{x+1}\right)\mathrm{d}x \\ &= \int x\mathrm{d}x - \int \mathrm{d}x + \int \frac{1}{x+1}\mathrm{d}x \\ &= \frac{1}{2}x^2 - x + \ln|x+1| + C\end{aligned}$$

例 5-13　求$\int \frac{x^4}{1+x^2}\mathrm{d}x$.

解

$$\begin{aligned}\int \frac{x^4}{1+x^2}\mathrm{d}x &= \int \frac{x^4-1+1}{1+x^2}\mathrm{d}x \\ &= \int \frac{(x^2+1)(x^2-1)+1}{1+x^2}\mathrm{d}x \\ &= \int (x^2-1+\frac{1}{1+x^2})\mathrm{d}x \\ &= \int x^2\mathrm{d}x - \int \mathrm{d}x + \int \frac{1}{1+x^2}\mathrm{d}x \\ &= \frac{1}{3}x^3 - x + \arctan x + C\end{aligned}$$

例 5-14　求$\int \tan^2 x\mathrm{d}x$.

解　利用三角公式变形 $\tan^2 x=\sec^2 x-1$，得

$$\begin{aligned}\int \tan^2 x\mathrm{d}x &= \int (\sec^2 x - 1)\mathrm{d}x \\ &= \int \sec^2 x\mathrm{d}x - \int \mathrm{d}x \\ &= \tan x - x + C\end{aligned}$$

四、不定积分的几何意义

因为不定积分$\int f(x)\mathrm{d}x$ 求的是 $f(x)$ 的原函数 $F(x)+C$，所以不定积分从几何上看，求的是一簇曲线 $y=F(x)+C$，称为**积分曲线簇**，其特点是这些曲线在同一点 x_0 处的切线是平行的(如图 5-1 所示)．积分曲线簇中每一条曲线均可由 $y=F(x)$ 的图形沿 y 轴方向向上或向下平移 $|C|$ 个单位而得到．

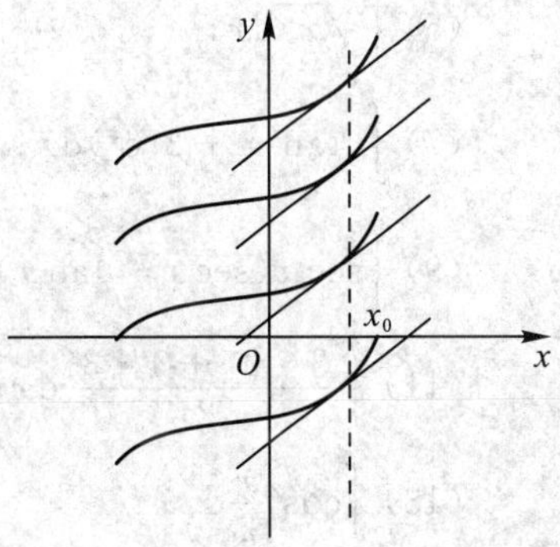

图 5-1

例 5-15　求任意一点处切线斜率为 $3x^2$，且过点(1，2)的曲线方程．

解 设切线斜率为 $3x^2$ 的曲线方程为 $y=f(x)$，则由题意知，$f'(x)=3x^2$. 所以

$$f(x)=\int 3x^2\,\mathrm{d}x=x^3+C$$

又因为曲线过(1，2)点，所以有

$$2=1^3+C$$

得 $C=1$，所求曲线方程为

$$y=x^3+1$$

例 5-16 设一质点以速度 $v=2\cos t$ 作直线运动，开始时质点的位移为 s_0，求质点的运动规律.

解 质点的运动规律是指位移 s 是时间 t 的函数 $s=s(t)$，根据题意有

$$s'(t)=v=2\cos t$$

所以

$$s(t)=\int 2\cos t\,\mathrm{d}t=2\sin t+C$$

由于 $t=0$ 时，$s=s_0$，代入上式得 $C=s_0$，于是质点运动规律为

$$s(t)=2\sin t+s_0$$

练习题 5-1

1. 写出下列函数的一个原函数.

(1) $f(x)=x^2$； (2) $f(x)=\cos 3x$；

(3) $f(x)=\dfrac{1}{x^2}$； (4) $f(x)=\mathrm{e}^{-x}$；

(5) $f(x)=\dfrac{1}{\sqrt{4x}}$； (6) $f(x)=\dfrac{1}{2x}$.

2. 求下列不定积分.

(1) $\int(3x^2-2x+1)\mathrm{d}x$； (2) $\int\left(\mathrm{e}^x-\dfrac{1}{x}\right)\mathrm{d}x$；

(3) $\int\left(\dfrac{x^2-2x-3}{x+1}\right)\mathrm{d}x$； (4) $\int x(1-x)^2\mathrm{d}x$；

(5) $\int\sqrt[3]{x^2}\,\mathrm{d}x$； (6) $\int\dfrac{x^2}{x^2+1}\mathrm{d}x$；

(7) $\int(\tan^2 x+2^x\mathrm{e}^x)\mathrm{d}x$； (8) $\int\dfrac{1}{\sqrt{9-9x^2}}\mathrm{d}x$；

(9) $\int\sec x(\sec x-\tan x)\mathrm{d}x$； (10) $\int\dfrac{\mathrm{e}^{2x}-1}{\mathrm{e}^x+1}\mathrm{d}x$；

(11) $\int\dfrac{3\cdot 2^x+4\cdot 3^x}{2^x}\mathrm{d}x$； (12) $\int\dfrac{1+2x^2}{x(1+x^2)}\mathrm{d}x$；

(13) $\int\cos^2\dfrac{x}{2}\mathrm{d}x$； (14) $\int\sqrt{1+\sin 2x}\,\mathrm{d}x$；

(15) $\int\dfrac{\cos 2x}{\cos x-\sin x}\mathrm{d}x$； (16) $\int\dfrac{1}{\sin^2 x\cos^2 x}\mathrm{d}x$.

3. 已知一条曲线在任意一点的切线斜率等于该点横坐标的倒数，且曲线过点$(e^3, 2)$，求此曲线方程.

4. 已知物体由静止开始运动，t s 后的速度为 $v=3t^3$(m/s)，求：

(1) 物体的运动方程；

(2) 2 s 末物体离开出发点的距离；

(3) 物体走完 192 m 所需的时间.

第二节　不定积分的换元积分法

直接利用基本积分公式和不定积分的性质只能计算一些比较简单的积分，因此我们还需要学习一些其他的积分法. 下面来介绍不定积分的换元法. 换元积分法可分为第一类换元积分法(凑微分法)和第二类换元积分法(变量置换法).

一、第一类换元积分法

设 $f(u)$有原函数 $F(u)$，即

$$F'(u)=f(u),\ \int f(u)\mathrm{d}u=F(u)+C$$

如果中间变量 $u=g(x)$可微，$\mathrm{d}g(x)=g'(x)\mathrm{d}x$，那么根据复合函数微分法，有 $\mathrm{d}F[g(x)]=f[g(x)]g'(x)\mathrm{d}x$，从而根据不定积分的定义可得

$$\int f[g(x)]g'(x)\mathrm{d}x=F[g(x)]+C$$

则有第一换元积分法(凑微分法)为

$$\int f(\square)\mathrm{d}\square=F(\square)+C$$

由此可以得到以下求积分的计算程序，即

$$\int f[g(x)]g'(x)\mathrm{d}x \xlongequal{\text{凑微分}} \int f[g(x)]\mathrm{d}g(x) \xlongequal{\text{令 } u=g(x)} \int f(u)\mathrm{d}u=F(u)+C \xlongequal{\text{回代}} F[g(x)]+C$$

例 5-17　求$\int e^{2x}\mathrm{d}x$.

解
$$\int e^{2x}\mathrm{d}x=\frac{1}{2}\int 2e^{2x}\mathrm{d}x=\frac{1}{2}\int e^{2x}\mathrm{d}(2x) \xlongequal{\text{令 } u=2x} \frac{1}{2}\int e^{u}\mathrm{d}u=\frac{1}{2}e^{u}+C$$
$$\xlongequal{\text{回代}} \frac{1}{2}e^{2x}+C$$

验证，由于$\left(\frac{1}{2}e^{2x}+C\right)'=e^{2x}$，所以$\frac{1}{2}e^{2x}+C$ 是 e^{2x}的原函数.

例 5-18　求$\int \cos 3x\,\mathrm{d}x$.

解
$$\int \cos 3x\,\mathrm{d}x=\frac{1}{3}\int \cos 3x\,\mathrm{d}(3x) \xlongequal{\text{令 } u=3x} \frac{1}{3}\int \cos u\,\mathrm{d}u$$
$$=\frac{1}{3}\sin u+C$$
$$\xlongequal{\text{回代}} \frac{1}{3}\sin 3x+C$$

这就是凑微分法的主要思想，即通过凑微分，引入新的积分变量，将原不定积分转化为可以直接利用基本积分公式或性质计算的不定积分．利用凑微分法求不定积分时，若引入了新的变量 u，在求出原函数后，要将其还原为原来的变量 x．熟悉上述方法后，设中间变量的过程可以省略，直接凑微分成基本积分公式的形式．

例 5－19 求$\int(2x-1)^3\mathrm{d}x$．

解
$$\int(2x-1)^3\mathrm{d}x=\frac{1}{2}\int(2x-1)^3\mathrm{d}(2x-1)$$
$$=\frac{1}{8}(2x-1)^4+C$$

例 5－20 求$\int\frac{1}{3-2x}\mathrm{d}x$．

解
$$\int\frac{1}{3-2x}\mathrm{d}x=-\frac{1}{2}\int\frac{1}{3-2x}\mathrm{d}(3-2x)$$
$$=-\frac{1}{2}\ln|3-2x|+C$$

例 5－21 求$\int\frac{1}{\sqrt{a^2-x^2}}\mathrm{d}x$（$a$ 为常数，且 $a>0$）．

解
$$\int\frac{1}{\sqrt{a^2-x^2}}\mathrm{d}x=\int\frac{1}{\sqrt{a^2\left(1-\frac{x^2}{a^2}\right)}}\mathrm{d}x$$
$$=\frac{1}{a}\int\frac{1}{\sqrt{1-\left(\frac{x}{a}\right)^2}}\mathrm{d}x$$
$$=\int\frac{1}{\sqrt{1-\left(\frac{x}{a}\right)^2}}\mathrm{d}\,\frac{x}{a}$$
$$=\arcsin\frac{x}{a}+C$$

例 5－22 求$\int\frac{1}{a^2+x^2}\mathrm{d}x$（$a$ 为常数，且 $a>0$）．

解
$$\int\frac{1}{a^2+x^2}\mathrm{d}x=\int\frac{1}{a^2\left(1+\frac{x^2}{a^2}\right)}\mathrm{d}x$$
$$=\frac{1}{a}\int\frac{1}{1+\left(\frac{x}{a}\right)^2}\mathrm{d}\,\frac{x}{a}$$
$$=\frac{1}{a}\arctan\frac{x}{a}+C$$

例 5－23 求$\int x\mathrm{e}^{x^2}\mathrm{d}x$．

解
$$\int x\mathrm{e}^{x^2}\mathrm{d}x=\frac{1}{2}\int\mathrm{e}^{x^2}\mathrm{d}x^2=\frac{1}{2}\mathrm{e}^{x^2}+C$$

例 5－24 求$\int\frac{x}{\sqrt{1-2x^2}}\mathrm{d}x$．

解 因为 $d(1-2x^2)=-4x\,dx$，所以有 $x\,dx=-\frac{1}{4}d(1-2x^2)$，于是

$$\int\frac{x}{\sqrt{1-2x^2}}dx=-\frac{1}{4}\int\frac{1}{\sqrt{1-2x^2}}d(1-2x^2)$$
$$=-\frac{1}{2}(1-2x^2)^{\frac{1}{2}}+C$$
$$=-\frac{1}{2}\sqrt{1-2x^2}+C$$

例 5-25 求$\int\frac{\ln x+1}{x}dx$.

解 因为 $d(\ln x+1)=\frac{1}{x}dx$，所以有$\frac{1}{x}dx=d(\ln x+1)$，于是

$$\int\frac{\ln x+1}{x}dx=\int(\ln x+1)\frac{1}{x}dx$$
$$=\int(\ln x+1)d(\ln x+1)$$
$$=\frac{1}{2}(\ln x+1)^2+C$$

例 5-26 求$\int\cos^3 x\sin x\,dx$.

解 $\int\cos^3 x\sin x\,dx=-\int\cos^3 x\,d(\cos x)=-\frac{1}{4}\cos^4 x+C$

以上几个例题都是直接用凑微分法求积分的．利用凑微分法时，需熟悉一些凑微分的类型，常用的凑微分类型(a，b 为常数，$a\neq0$)如下：

(1) $\int f(ax+b)dx\xlongequal{u=ax+b}\frac{1}{a}\int f(ax+b)d(ax+b)$；

(2) $\int x^{n-1}f(ax^n+b)dx\xlongequal{u=ax^n+b}\frac{1}{na}\int f(ax^n+b)d(ax^n+b)$；

(3) $\int\frac{1}{\sqrt{x}}f(\sqrt{x})dx\xlongequal{u=\sqrt{x}}2\int f(\sqrt{x})d\sqrt{x}$；

(4) $\int\frac{1}{x^2}f\left(\frac{1}{x}\right)dx\xlongequal{u=\frac{1}{x}}-\int f\left(\frac{1}{x}\right)d\left(\frac{1}{x}\right)$；

(5) $\int\frac{1}{x}f(\ln x)dx\xlongequal{u=\ln x}\int f(\ln x)d(\ln)x$；

(6) $\int e^x f(e^x)dx\xlongequal{u=e^x}\int f(e^x)de^x$；

(7) $\int\cos x f(\sin x)dx\xlongequal{u=\sin x}\int f(\sin x)d(\sin x)$；

(8) $\int\sin x f(\cos x)dx\xlongequal{u=\cos x}-\int f(\cos x)d(\cos x)$；

(9) $\int\sec^2 x f(\tan x)dx\xlongequal{u=\tan x}\int f(\tan x)d(\tan x)$；

(10) $\int \sin mx\cos nx\,\mathrm{d}x$，$\int \sin mx\sin nx\,\mathrm{d}x$，$\int \cos mx\cos nx\,\mathrm{d}x$，可先利用三角函数的积化和差公式变换，再换元；

(11) $\int \sin^m x\,\mathrm{d}x$，$\int \cos^m x\,\mathrm{d}x$（$m$ 为奇数），分离出一个三角函数凑微分，其余的用 $\sin^2 x+\cos^2 x=1$ 变换；

(12) $\int \sin^m x\,\mathrm{d}x$，$\int \cos^m x\,\mathrm{d}x$（$m$ 为偶数），用降幂公式化简再积分；

(13) $\int \frac{1}{1+x^2}f(\arctan x)\mathrm{d}x \xlongequal{u=\arctan x} \int f(\arctan x)\mathrm{d}(\arctan x)$；

(14) $\int \frac{1}{\sqrt{1-x^2}}f(\arcsin x)\mathrm{d}x \xlongequal{u=\arcsin x} \int f(\arcsin x)\mathrm{d}(\arcsin x)$.

例 5－27 求$\int \frac{x}{x+1}\mathrm{d}x$.

解

$$\begin{aligned}\int \frac{x}{x+1}\mathrm{d}x &= \int \frac{x+1-1}{x+1}\mathrm{d}x \\ &= \int\left(1-\frac{1}{x+1}\right)\mathrm{d}x \\ &= \int \mathrm{d}x-\int \frac{1}{x+1}\mathrm{d}x \\ &= x-\int \frac{1}{x+1}\mathrm{d}(x+1) \\ &= x-\ln|x+1|+C\end{aligned}$$

例 5－28 求$\int \frac{1}{x^2-a^2}\mathrm{d}x$（$a$ 为常数，且 $a\neq 0$）.

解

$$\begin{aligned}\int \frac{1}{x^2-a^2}\mathrm{d}x &= \int \frac{1}{(x-a)(x+a)}\mathrm{d}x \\ &= \frac{1}{2a}\left[\int \frac{1}{x-a}\mathrm{d}x-\int \frac{1}{x+a}\mathrm{d}x\right] \\ &= \frac{1}{2a}\left[\int \frac{1}{x-a}\mathrm{d}(x-a)-\int \frac{1}{x+a}\mathrm{d}(x+a)\right] \\ &= \frac{1}{2a}[\ln|x-a|-\ln|x+a|]+C \\ &= \frac{1}{2a}\ln\left|\frac{x-a}{x+a}\right|+C\end{aligned}$$

例 5－29 求$\int \tan x\,\mathrm{d}x$.

解

$$\begin{aligned}\int \tan x\,\mathrm{d}x &= \int \frac{\sin x}{\cos x}\mathrm{d}x \\ &= -\int \frac{1}{\cos x}\mathrm{d}(\cos x) \\ &= -\ln|\cos x|+C\end{aligned}$$

同理可证：

$$\int \cot x\,\mathrm{d}x = \ln|\sin x|+C$$

例 5-30 求$\int\cos^2 x\mathrm{d}x$.

解
$$\begin{aligned}\int\cos^2 x\mathrm{d}x &= \int\frac{1+\cos 2x}{2}\mathrm{d}x\\ &= \frac{1}{2}\left(\int\mathrm{d}x+\int\cos 2x\mathrm{d}x\right)\\ &= \frac{1}{2}\int\mathrm{d}x+\frac{1}{4}\int\cos 2x\,\mathrm{d}(2x)\\ &= \frac{x}{2}+\frac{1}{4}\sin 2x+C\end{aligned}$$

例 5-31 求$\int\sec x\,\mathrm{d}x$.

解
$$\begin{aligned}\int\sec x\,\mathrm{d}x &= \int\frac{1}{\cos x}\mathrm{d}x=\int\frac{\cos x}{\cos^2 x}\mathrm{d}x\\ &= \int\frac{1}{1-\sin^2 x}\mathrm{d}(\sin x)\\ &= \frac{1}{2}\left[\int\frac{1}{1-\sin x}\mathrm{d}(\sin x)+\int\frac{1}{1+\sin x}\mathrm{d}(\sin x)\right]\\ &= \frac{1}{2}\ln\left|\frac{1+\sin x}{1-\sin x}\right|+C\end{aligned}$$

为了便于记忆，上式右端可化简为
$$\begin{aligned}\frac{1}{2}\ln\left|\frac{1+\sin x}{1-\sin x}\right| &= \ln\sqrt{\frac{1+\sin x}{1-\sin x}}\\ &= \ln\sqrt{\frac{(1+\sin x)^2}{1-\sin^2 x}}\\ &= \ln\left|\frac{1+\sin x}{\cos}\right|\\ &= \ln|\sec x+\tan x|\end{aligned}$$

于是所求积分为
$$\int\sec x\mathrm{d}x=\ln|\sec x+\tan x|+C$$

二、第二类换元积分法

设函数 $f(x)$为连续函数，$x=\varphi(t)$是连续且可导的函数，则有换元公式：
$$\begin{aligned}\int f(x)\mathrm{d}x &= \int f[\varphi(t)]\mathrm{d}\varphi(t)\\ &= \int f[\varphi(t)]\varphi'(t)\mathrm{d}t\end{aligned}$$

这种求不定积分的方法叫作不定积分的**第二类换元积分法**(也叫变量置换法). 我们以下面的例子来说明不定积分的第二类换元积分法.

例 5-32 求$\int\frac{\sqrt{x}}{\sqrt{x}+1}\mathrm{d}x$.

解 显然，该不定积分无法用凑微分的方法求解，由于被积函数中含有根式，为去掉被积函数中的根号，可以令 $x=t^2$，即$\sqrt{x}=t$，则 $\mathrm{d}x=2t\mathrm{d}t$，所以

$$\int \frac{\sqrt{x}}{\sqrt{x}+1}\mathrm{d}x = 2\int \frac{t^2}{t+1}\mathrm{d}t$$
$$= 2\int \frac{t^2-1+1}{t+1}\mathrm{d}t$$
$$= 2\int (t-1)\mathrm{d}t + 2\int \frac{1}{t+1}\mathrm{d}t$$
$$= t^2 - 2t + 2\ln|t+1| + C$$

将 $t=\sqrt{x}$ 代回，还原为原来的变量 x，则有

$$\text{原式} = x - 2\sqrt{x} + 2\ln|\sqrt{x}+1| + C$$

在此例中，通过作变量替换，去掉被积函数中的根式，从而简化被积函数的形式，使新的不定积分比较容易计算. 这就是变量置换法的主要思想.

例 5-33 求 $\int \frac{1}{\sqrt{x-1}+1}\mathrm{d}x$.

解 考虑被积函数中出现了根式，为去掉根式，令 $x=t^2+1$，即 $t=\sqrt{x-1}$，则 $\mathrm{d}x=\mathrm{d}(t^2+1)=2t\mathrm{d}t$，所以

$$\int \frac{1}{\sqrt{x-1}+1}\mathrm{d}x = \int \frac{1}{t+1}\cdot 2t\mathrm{d}t$$
$$= 2\int \frac{t+1-1}{t+1}\mathrm{d}t$$
$$= 2\int \left(1-\frac{1}{t+1}\right)\mathrm{d}t$$
$$= 2t - 2\ln|t+1| + C$$
$$\xlongequal{t=\sqrt{x-1}} 2\sqrt{x-1} - 2\ln(\sqrt{x-1}+1) + C$$

例 5-34 求 $\int \frac{1}{\sqrt{x}+\sqrt[3]{x}}\mathrm{d}x$.

解 由于被积函数中同时含 2 次和 3 次根式，为同时去掉这两个根式，令 $x=t^6$ $(t=\sqrt[6]{x})$，则 $\sqrt{x}=\sqrt{t^6}=t^3$，$\sqrt[3]{x}=\sqrt[3]{t^6}=t^2$，即 $\mathrm{d}x=\mathrm{d}t^6=6t^5\mathrm{d}t$，于是

$$\int \frac{1}{\sqrt{x}+\sqrt[3]{x}}\mathrm{d}x = \int \frac{1}{t^3+t^2}\cdot 6t^5\mathrm{d}t$$
$$= 6\int \frac{t^3}{t+1}\mathrm{d}t$$
$$= 6\int \frac{t^3+1-1}{t+1}\mathrm{d}t$$
$$= 6\int \frac{(t+1)(t^2-t+1)-1}{t+1}\mathrm{d}t$$
$$= 6\int \left(t^2-t+1-\frac{1}{t+1}\right)\mathrm{d}t$$
$$= 6\left(\frac{1}{3}t^3 - \frac{1}{2}t^2 + t - \ln|t+1|\right) + C$$
$$= 2t^3 - 3t^2 + 6t - 6\ln|t+1| + C$$
$$\xlongequal{t=\sqrt[6]{x}} 2\sqrt{x} - 3\sqrt[3]{x} + 6\sqrt[6]{x} - 6\ln|\sqrt[6]{x}+1| + C$$

例 5-35 求$\int \frac{x}{\sqrt{x+1}}\mathrm{d}x$.

解 令 $x=t^2-1(t=\sqrt{x+1})$，则 $\mathrm{d}x=\mathrm{d}(t^2-1)=2t\mathrm{d}t$，所以

$$\begin{aligned}\int \frac{x}{\sqrt{x+1}}\mathrm{d}x &= \int \frac{t^2-1}{t}\cdot 2t\mathrm{d}t \\ &= 2\int (t^2-1)\mathrm{d}t \\ &= 2\left(\frac{1}{3}t^3-t\right)+C \\ &\xlongequal{t=\sqrt{x+1}} \frac{2}{3}\sqrt{(x+1)^3}-2\sqrt{x+1}+C\end{aligned}$$

下面我们来看另一种形式的变换.

例 5-36 求$\int \sqrt{a^2-x^2}\,\mathrm{d}x \quad (a>0)$.

解 为了消去被积函数中的根式，就要使两个量的平方差表示成另外一个量的平方，于是我们联想到可以利用有关的三角函数平方公式来消去根式.

设

$$x=a\sin t \quad \left(-\frac{\pi}{2}\leqslant t\leqslant\frac{\pi}{2}\right)$$

则

$$\mathrm{d}x=\mathrm{d}a\sin t=a\cos t\,\mathrm{d}t$$

$$\begin{aligned}\int \sqrt{a^2-x^2}\,\mathrm{d}x &= \int a\cos t\cdot a\cos t\mathrm{d}t=a^2\int \cos^2 t\,\mathrm{d}t \\ &= \frac{a^2}{2}\int (1+\cos 2t)\mathrm{d}t \\ &= a^2\left(\frac{1}{2}t+\frac{1}{4}\sin 2t\right)+C\end{aligned}$$

为了把 t 代回成 x 的函数，可根据 $\sin t=\frac{x}{a}$ 作一个辅助三角形(见图 5-2)，以 t 作为辅助三角形的锐角，得 $\cos t=\frac{\sqrt{a^2-x^2}}{a}$.

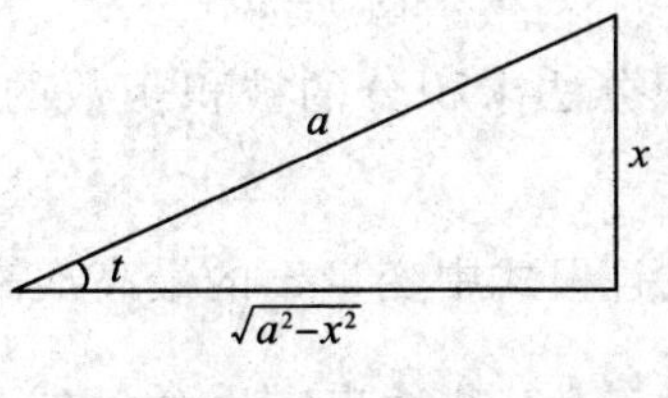

图 5-2

因为 $t=\arcsin\frac{x}{a}$，$\sin 2t=2\sin t\cos t=2\frac{x}{a}\cdot\frac{\sqrt{a^2-x^2}}{a}$，所以

$$\begin{aligned}\int \sqrt{a^2-x^2}\,\mathrm{d}x &= a^2\left(\frac{1}{2}t+\frac{1}{4}\sin 2t\right)+C \\ &= \frac{a^2}{2}\arcsin\frac{x}{a}+\frac{1}{2}x\sqrt{a^2-x^2}+C\end{aligned}$$

一般来说，把 t 代回成 x 的函数有以下几种方法：

(1) 利用解题过程中出现的结果回代；

(2) 构造一个辅助的三角形回代；

(3) 利用三角公式回代.

例 5－37　求不定积分 $\int \frac{1}{\sqrt{a^2+x^2}}\mathrm{d}x (a>0)$.

解　被积函数中出现根式 $\sqrt{a^2+x^2}$，令 $x=a\tan t\left(-\frac{\pi}{2}<t<\frac{\pi}{2}\right)$，则 $\mathrm{d}x=a\sec^2 t\,\mathrm{d}t$，于是

$$\begin{aligned}\int \frac{1}{\sqrt{a^2+x^2}}\mathrm{d}x &= \int \frac{1}{\sqrt{a^2+(a\tan t)^2}}a\sec^2 t\,\mathrm{d}t \\ &= \int \frac{a\sec^2 t}{\sqrt{a^2\sec^2 t}}\mathrm{d}t = \int \sec t\,\mathrm{d}t \\ &= \ln|\tan t+\sec t|+C\end{aligned}$$

为便于还原变量，作辅助三角形(如图 5－3 所示)，由 $\tan t=\frac{x}{a}$，有 $\sec t=\frac{\sqrt{a^2+x^2}}{a}$，所以

$$\begin{aligned}\int \frac{1}{\sqrt{a^2+x^2}}\mathrm{d}x &= \ln|\tan t+\sec t|+C \\ &= \ln\left|\frac{x}{a}+\frac{\sqrt{a^2+x^2}}{a}\right|+C \\ &= \ln\left|x+\sqrt{a^2+x^2}\right|+C_1 \quad (C_1=C-\ln|a|)\end{aligned}$$

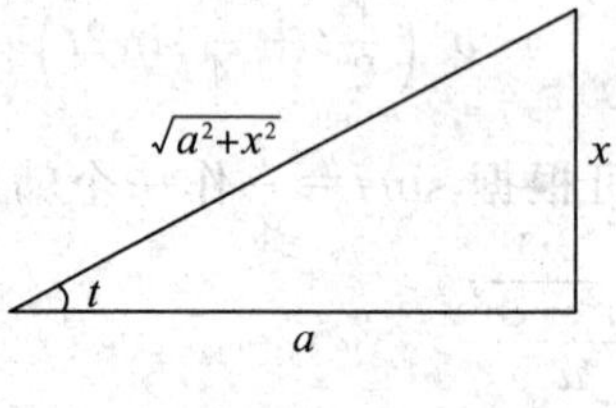

图 5－3

综上，一般用第二类换元积分法求积分的被积函数的类型及具体的换元方法有以下两类：

(1) 当被积函数中含有根式且根式中变量 x 的最高次幂为 1 次，即含有 $\sqrt[n]{ax+b}$ 时，令 $\sqrt[n]{ax+b}=t$，解出 x 即为换元的函数. 若被积函数中含有 $\sqrt[n]{\frac{ax+b}{cx+d}}$ 时，亦可令 $\sqrt[n]{\frac{ax+b}{cx+d}}=t$，这类代换叫作代数代换(去根号代换).

(2) 当被积函数中含有根式且根式中变量 x 的最高次幂为 2 次，即含有 $\sqrt{a^2-x^2}$，$\sqrt{a^2+x^2}$ 或 $\sqrt{x^2-a^2}$ 时，可采用三角代换的方法.

当含有 $\sqrt{a^2-x^2}$ 时，可令 $x=a\sin t$，$x\in\left(-\frac{\pi}{2},\frac{\pi}{2}\right)$(或 $x=a\cos t$)；

当含有 $\sqrt{a^2+x^2}$ 时，可令 $x=a\tan t$，$x\in\left(-\frac{\pi}{2},\frac{\pi}{2}\right)$（或 $x=a\cot t$）；

当含有 $\sqrt{x^2-a^2}$ 时，可令 $x=a\sec t$，$x\in\left(0,\frac{\pi}{2}\right)$（或 $x=a\csc t$）.

通常，称以上代换为三角代换，它是第二类换元法的重要组成部分，但具体解题时还要分析被积函数的情况，有时可以选取更为简捷的代换，例如，求 $\int x\sqrt{a^2-x^2}\,\mathrm{d}x$ 时，利用凑微分法更为方便.

补充公式：

(1) $\int\tan x\,\mathrm{d}x=-\ln|\cos x|+C$；

(2) $\int\cot x\,\mathrm{d}x=\ln|\sin x|+C$；

(3) $\int\sec x\,\mathrm{d}x=\ln|\sec x+\tan x|+C$；

(4) $\int\csc x\,\mathrm{d}x=\ln|\csc x-\cot x|+C$；

(5) $\int\sin^2 x\,\mathrm{d}x=\frac{1}{2}x-\frac{1}{4}\sin 2x+C$；

(6) $\int\cos^2 x\,\mathrm{d}x=\frac{1}{2}x+\frac{1}{4}\sin 2x+C$；

(7) $\int\frac{1}{a^2+x^2}\mathrm{d}x=\frac{1}{a}\arctan\frac{x}{a}+C$；

(8) $\int\frac{1}{x^2-a^2}\mathrm{d}x=\frac{1}{2a}\ln\left|\frac{x-a}{x+a}\right|+C$；

(9) $\int\frac{1}{\sqrt{a^2-x^2}}\mathrm{d}x=\arcsin\frac{x}{a}+C$；

(10) $\int\frac{\mathrm{d}x}{\sqrt{x^2+a^2}}=\ln(x+\sqrt{x^2+a^2})+C$；

(11) $\int\frac{\mathrm{d}x}{\sqrt{x^2-a^2}}=\ln|x+\sqrt{x^2-a^2}|+C$.

练习题 5-2

1. 给下面的括号中填入适当的函数，使等式成立.

(1) $3\mathrm{d}x=\mathrm{d}(\quad)$；

(2) $\mathrm{d}(x^3)=(\quad)\mathrm{d}x$；

(3) $4x^3\mathrm{d}x=\mathrm{d}(\quad)$；

(4) $\mathrm{d}(\tan x)=(\quad)\mathrm{d}x$；

(5) $\sin x\,\mathrm{d}x=\mathrm{d}(\quad)$；

(6) $\mathrm{d}(\ln x)=(\quad)\mathrm{d}x$；

(7) $\cos x\,\mathrm{d}x=\mathrm{d}(\quad)$；

(8) $\mathrm{d}(2\sqrt{x})=(\quad)\mathrm{d}x$；

(9) $-\frac{1}{x^2}\mathrm{d}x=\mathrm{d}(\quad)$；

(10) $\mathrm{d}(\mathrm{e}^x)=(\quad)\mathrm{d}x$.

2. 用第一类换元积分法求下列不定积分.

(1) $\int(1+2x)^5\mathrm{d}x$；

(2) $\int\sqrt{4+5x}\,\mathrm{d}x$；

(3) $\int \frac{1}{\sqrt{1-2x}}\mathrm{d}x$；

(4) $\int \frac{1}{1-x}\mathrm{d}x$；

(5) $\int \frac{1}{\cos^2 3x}\mathrm{d}x$；

(6) $\int \sin(2x-1)\mathrm{d}x$；

(7) $\int \mathrm{e}^{-3x}\mathrm{d}x$；

(8) $\int 3^{5x+2}\mathrm{d}x$；

(9) $\int x\cos x^2\mathrm{d}x$；

(10) $\int \frac{x}{\sqrt{x^2-1}}\mathrm{d}x$；

(11) $\int x\mathrm{e}^{1-x^2}\mathrm{d}x$；

(12) $\int x\sqrt{4-x^2}\mathrm{d}x$；

(13) $\int \frac{x}{1+x^4}\mathrm{d}x$；

(14) $\int \frac{x}{\sqrt{1-x^4}}\mathrm{d}x$；

(15) $\int (2x-1)\cos(x^2-x+1)\mathrm{d}x$；

(16) $\int x\sin(1-2x^2)\mathrm{d}x$；

(17) $\int \frac{x^2}{\sqrt{2x^3-3}}\mathrm{d}x$；

(18) $\int \frac{1}{x^2}\sin\frac{1}{x}\mathrm{d}x$；

(19) $\int \frac{\cos\sqrt{x}}{\sqrt{x}}\mathrm{d}x$；

(20) $\int \frac{\ln^2 x}{x}\mathrm{d}x$；

(21) $\int \frac{\mathrm{e}^x}{1+\mathrm{e}^x}\mathrm{d}x$；

(22) $\int \mathrm{e}^x\sqrt{1-\mathrm{e}^x}\mathrm{d}x$；

(23) $\int \frac{\sin x}{1-\cos x}\mathrm{d}x$；

(24) $\int \frac{\sin x}{\cos^3 x}\mathrm{d}x$；

(25) $\int \frac{\sec^2 x}{4+\tan^2 x}\mathrm{d}x$；

(26) $\int \frac{\sec^2 x}{1+\tan x}\mathrm{d}x$；

(27) $\int \frac{x}{x-1}\mathrm{d}x$；

(28) $\int \frac{x^3}{x^2+1}\mathrm{d}x$；

(29) $\int \frac{1}{9x^2+25}\mathrm{d}x$；

(30) $\int \frac{x^2}{x^2+4}\mathrm{d}x$；

(31) $\int \frac{\mathrm{e}^x}{\mathrm{e}^x+1}\mathrm{d}x$；

(32) $\int \frac{1}{\mathrm{e}^x+1}\mathrm{d}x$；

(33) $\int \frac{1}{x^2-1}\mathrm{d}x$；

(34) $\int \frac{1}{9-x^2}\mathrm{d}x$；

(35) $\int \frac{1}{x^2-x-6}\mathrm{d}x$；

(36) $\int \frac{1}{x^2-2x+2}\mathrm{d}x$；

(37) $\int \cos^2 x\mathrm{d}x$；

(38) $\int \tan^2 x\mathrm{d}x$；

(39) $\int \cos^3 x\mathrm{d}x$；

(40) $\int \sqrt{\frac{\arcsin x}{1-x^2}}\mathrm{d}x$；

(41) $\int \frac{(\arctan x)^3}{1+x^2}\mathrm{d}x$；

(42) $\int \frac{\mathrm{d}x}{\cos^2 x\sqrt{1+\tan x}}$；

(43) $\int \frac{\mathrm{d}x}{1+\cos x}$；

(44) $\int \frac{\mathrm{d}x}{1+\sin 2x}$；

(45) $\int \frac{\ln\tan x}{\sin x\cos x}\mathrm{d}x$；

(46) $\int \cos 3x\sin 5x\mathrm{d}x$.

3. 用第二类换元积分法求下列不定积分.

(1) $\int \frac{1}{1+\sqrt{2x}}dx$；　　(2) $\int \frac{1}{\sqrt{2x+1}+1}dx$；

(3) $\int \frac{1}{x\sqrt{1+x}}dx$；　　(4) $\int \frac{x}{\sqrt{x-2}}dx$；

(5) $\int \frac{\sqrt{x}}{\sqrt{x}-\sqrt[3]{x}}dx$；　　(6) $\int \frac{1}{1+\sqrt[3]{x}}dx$；

(7) $\int \frac{1}{x^2\sqrt{1-x^2}}dx$；　　(8) $\int \frac{\sqrt{x^2-4}}{x}dx$；

(9) $\int \frac{1}{x^2\sqrt{1+x^2}}dx$；　　(10) $\int \frac{1}{\sqrt{x^2+9}}dx$.

第三节　不定积分的分部积分法

换元积分法(凑积分法和变量置换法)是很重要的积分方法，但该方法对于求两类不同函数的乘积，比如$\int x\ln x dx$，$\int x\cos x\, dx$，$\int e^x\sin x dx$，$\int x\, e^{x^2}\, dx$ 等类型的积分时却无法解决，为此我们介绍另外一种常用的积分方法 —— 分部积分法.

设函数 $u=u(x)$及 $v=v(x)$都是连续可导的函数，由微分公式

$$d(uv)=v\, du+u\, dv$$

移项得

$$u\, dv=d(uv)-v\, du$$

等式两边分别求不定积分，得

$$\int u\, dv = uv - \int v\, du$$

定理 5-1　设函数 $u(x)$ 与 $v(x)$ 均有连续的导数，若$\int u'(x)v(x)dx$ 存在，则$\int u(x)v'(x)dx$ 也存在，且有

$$\int u(x)dv(x) = u(x)v(x) - \int v(x)du(x)\text{（简记为}\int udv = uv - \int vdu\text{）}$$

此式称为分部积分公式.

下面我们来看几种常见类型的积分.

一、幂函数与指数函数乘积的不定积分

这种类型常选择令幂函数为 u，指数函数与 dx 的乘积为 dv.

例 5-38　求$\int xe^x dx$.

解　令 $u=x$，$dv=e^x dx=de^x$，则 $v=e^x$，所以

$$\begin{aligned}\int xe^x dx &= \int x\, de^x \\ &= xe^x - \int e^x dx \\ &= xe^x - e^x + C\end{aligned}$$

例 5-39 求$\int x^2 e^x dx$.

解 令 $u=x^2$，$dv=e^x dx=de^x$，则 $v=e^x$，所以

$$\begin{aligned}\int x^2 e^x dx &= \int x^2 de^x \\ &= x^2 e^x - \int e^x dx^2 \\ &= x^2 e^x - 2\int x e^x dx \\ &= x^2 e^x - 2\int x de^x \\ &= x^2 e^x - 2xe^x + 2\int e^x dx \\ &= x^2 e^x - 2xe^x + 2e^x + C \\ &= e^x(x^2-2x+2)+C\end{aligned}$$

由以上例题可以看出，应用一次分部积分公式，使被积函数的幂指数就降低了一次. 因此，我们可以根据需要多次使用分部积分，直到求出结果.

二、幂函数与三角函数乘积的不定积分

这种类型常选择令幂函数为 u，三角函数与 dx 的乘积为 dv.

例 5-40 求$\int x\cos x dx$.

解 令 $u=x$，$dv=\cos x dx=d\sin x$，则 $v=\sin x$，所以

$$\begin{aligned}\int x\cos x dx &= \int x d(\sin x) \\ &= x\sin x - \int \sin x dx \\ &= x\sin x + \cos x + C\end{aligned}$$

三、幂函数与对数函数乘积的不定积分

这种类型常选择令对数函数为 u，幂函数与 dx 的乘积为 dv.

例 5-41 求$\int x\ln x dx$.

解 令 $u=\ln x$，$dv=x dx=d\left(\frac{1}{2}x^2\right)$，则 $v=\frac{1}{2}x^2$，所以

$$\begin{aligned}\int x\ln x dx &= \int \ln x d\left(\frac{x^2}{2}\right) \\ &= \frac{1}{2}x^2\ln x - \frac{1}{2}\int x^2 d(\ln x) \\ &= \frac{1}{2}x^2\ln x - \frac{1}{2}\int x dx \\ &= \frac{1}{2}x^2\ln x - \frac{1}{4}x^2 + C\end{aligned}$$

例 5-42　求$\int \ln x \mathrm{d}x$.

解　令 $u=\ln x$，$\mathrm{d}v=\mathrm{d}x$，则 $v=x$，所以

$$\begin{aligned}\int \ln x\,\mathrm{d}x &= x\ln x-\int x\mathrm{d}(\ln x)\\&= x\ln x-\int x\cdot\frac{1}{x}\mathrm{d}x\\&= x\ln x-x+C\\&= x(\ln x-1)+C\end{aligned}$$

四、幂函数与反三角函数乘积的不定积分

这种类型常选择令反三角函数为 u，幂函数与 $\mathrm{d}x$ 的乘积为 $\mathrm{d}v$.

例 5-43　求$\int x\arctan x\,\mathrm{d}x$.

解　令 $u=\arctan x$，$\mathrm{d}v=x\,\mathrm{d}x=\mathrm{d}\left(\frac{1}{2}x^2\right)$，则 $v=\frac{1}{2}x^2$，所以

$$\begin{aligned}\int x\arctan x\,\mathrm{d}x &= \frac{1}{2}\int \arctan x\,\mathrm{d}x^2\\&= \frac{1}{2}x^2\arctan x-\frac{1}{2}\int x^2\mathrm{d}(\arctan x)\\&= \frac{1}{2}x^2\arctan x-\frac{1}{2}\int\frac{x^2}{1+x^2}\mathrm{d}x\\&= \frac{1}{2}x^2\arctan x-\frac{1}{2}\int\frac{(x^2+1)-1}{x^2+1}\mathrm{d}x\\&= \frac{1}{2}x^2\arctan x-\frac{1}{2}\int\left(1-\frac{1}{1+x^2}\right)\mathrm{d}x\\&= \frac{1}{2}(x^2\arctan x-x+\arctan x)+C\end{aligned}$$

例 5-44　求$\int \arcsin x\,\mathrm{d}x$.

解　令 $u=\arcsin x$，$\mathrm{d}v=\mathrm{d}x$，则 $v=x$，所以

$$\begin{aligned}\int \arcsin x\,\mathrm{d}x &= x\arcsin x-\int x\mathrm{d}(\arcsin x)\\&= x\arcsin x-\int\frac{x}{\sqrt{1-x^2}}\mathrm{d}x\\&= x\arcsin x+\frac{1}{2}\int(1-x^2)^{-\frac{1}{2}}\mathrm{d}(1-x^2)\\&= x\arcsin x+(1-x^2)^{\frac{1}{2}}+C\\&= x\arcsin x+\sqrt{1-x^2}+C\end{aligned}$$

五、指数函数与三角函数乘积的不定积分

当被积函数中既出现指数函数，又出现三角函数时，用哪种函数凑微分均可以. 但如果在求不定积分的过程中多次使用分部积分法，每次用来凑微分的函数必须是同名函数.

例 5-45 求$\int e^x \sin x\,dx$.

解 被积函数中既出现了三角函数 $\sin x$，又出现了指数函数 e^x，这里我们用指数函数 e^x 来凑微分，再用分部积分公式，于是

$$\begin{aligned}\int e^x \sin x\,dx &= \int \sin x\,d(e^x) \\ &= e^x \sin x - \int e^x\,d(\sin x) \\ &= e^x \sin x - \int e^x \cos x\,dx \\ &= e^x \sin x - \int \cos x\,d(e^x) \\ &= e^x \sin x - e^x \cos x + \int e^x\,d(\cos x) \\ &= e^x \sin x - e^x \cos x - \int e^x \sin x\,dx\end{aligned}$$

移项并解方程得

$$\int e^x \sin x\,dx = \frac{1}{2}e^x(\sin x - \cos x) + C$$

我们不妨试着在例 5-45 中用三角函数 $\sin x$ 来凑微分，再用分部积分公式计算，比较两种方法所得的结果是否一致.

$$\begin{aligned}\int e^x \sin x\,dx &= -\int e^x\,d(\cos x) \\ &= -e^x \cos x + \int \cos x\,de^x \\ &= -e^x \cos x + \int \cos x e^x\,dx \\ &= -e^x \cos x + \int e^x\,d(\sin x) \\ &= -e^x \cos x + e^x \sin x - \int \sin x\,de^x \\ &= -e^x \cos x + e^x \sin x - \int e^x \sin x\,dx\end{aligned}$$

移项并解方程得

$$\int e^x \sin x\,dx = \frac{1}{2}e^x(\sin x - \cos x) + C$$

例 5-45 是用分部积分法积分的一种典型例题，其求解过程中多次使用了分部积分法，最后又出现所求的积分，通过解方程求出不定积分.

到目前为止，我们已经学习了求不定积分的三种最基本的方法，记住方法本身固然重要，但更重要的是能够根据题目的类型灵活地运用各种方法. 同时还应注意，某些不定积分的求解需将几种方法结合在一起应用.

练习题 5-3

求下列不定积分.

(1) $\int (x-2)e^x\,dx$；　　(2) $\int x e^{2x}\,dx$；

(3) $\int x\sin x\,dx$；　　(4) $\int x\sec^2 x\,dx$；

(5) $\int x\cos 2x\,dx$；　　(6) $\int \arctan x\,dx$；

(7) $\int x\arcsin x\,dx$；　　(8) $\int x^2\ln x\,dx$；

(9) $\int \ln(1+x^2)\,dx$；　　(10) $\int e^{-x}\cos 2x\,dx$.

第四节 简单有理函数的不定积分

设 $P(x)$和 $Q(x)$是两个实系数多项式，则形如$\frac{P(x)}{Q(x)}$的函数称为 x 的有理函数. 当 $P(x)$的次数高于或等于 $Q(x)$的次数时，称$\frac{P(x)}{Q(x)}$为**假分式**，否则称为**真分式**. 任意一个假分式都可用多项式除法化为一个多项式与一个真分式之和. 由于多项式的不定积分很容易求出，因此我们只需讨论真分式的不定积分. 对于真分式有理函数的不定积分，基本思想是把被积分式分解为简单的部分分式之和，再积分.

例 5-46 求$\int\frac{x^4}{x^2-3x+2}dx$.

解 因为$\frac{x^4}{x^2-3x+2}$是假分式，所以利用多项式的除法将其化为多项式与真分式之和：

$$\begin{aligned}\frac{x^4}{x^2-3x+2}&=\frac{x^2(x^2-3x+2)+3x^3-2x^2}{x^2-3x+2}\\&=x^2+\frac{3x(x^2-3x+2)+7x^2-6x}{x^2-3x+2}\\&=x^2+3x+\frac{7(x^2-3x+2)+15x-14}{x^2-3x+2}\\&=x^2+3x+7+\frac{15x-14}{x^2-3x+2}\end{aligned}$$

因此，本题的关键是转化为求$\int\frac{15x-14}{x^2-3x+2}dx$. 因为

$$x^2-3x+2=(x-1)(x-2)$$

设

$$\frac{15x-14}{(x-1)(x-2)}=\frac{A}{x-1}+\frac{B}{x-2}$$

通分得

$$\frac{15x-14}{(x-1)(x-2)}=\frac{A(x-2)+B(x-1)}{(x-1)(x-2)}$$

即

$$15x-14=A(x-2)+B(x-1)$$

化简得

$$15x-14=(A+B)x-(2A+B)$$

比较系数$\begin{cases}A+B=15\\-(2A+B)=-14\end{cases}$，解得$\begin{cases}A=-1\\B=16\end{cases}$. 所以

$$\begin{aligned}\int\frac{x^4}{x^2-3x+2}\mathrm{d}x&=\int\left(x^2+3x+7+\frac{15x-14}{x^2-3x+2}\right)\mathrm{d}x\\&=\int(x^2+3x+7)\mathrm{d}x+\int\frac{-1}{x-1}\mathrm{d}x+\int\frac{16}{x-2}\mathrm{d}x\\&=\frac{1}{3}x^3+\frac{3}{2}x^2+7x-\ln|x-1|+16\ln|x-2|+C\end{aligned}$$

例 5-47 求$\int\frac{1+x^2}{(x+1)^2(x-1)}\mathrm{d}x$.

解 设

$$\frac{1+x^2}{(x+1)^2(x-1)}=\frac{A}{x+1}+\frac{B}{(x+1)^2}+\frac{C}{x-1}$$

即

$$1+x^2=A(x+1)(x-1)+B(x-1)+C(x+1)^2$$

化简得

$$1+x^2=(A+C)x^2+(B+2C)x-A-B+C$$

比较系数$\begin{cases}A+C=1\\B+2C=0\\-A-B+C=1\end{cases}$，解得

$$\begin{cases}A=\dfrac{1}{2}\\B=-1\\C=\dfrac{1}{2}\end{cases}$$

所以

$$\begin{aligned}\int\frac{1+x^2}{(x+1)^2(x-1)}\mathrm{d}x&=\frac{1}{2}\int\frac{1}{(x+1)}\mathrm{d}x-\int\frac{1}{(x+1)^2}\mathrm{d}x+\frac{1}{2}\int\frac{1}{x-1}\mathrm{d}x\\&=\frac{1}{2}\int\frac{1}{(x+1)}\mathrm{d}(x+1)-\int\frac{1}{(x+1)^2}\mathrm{d}(x+1)+\frac{1}{2}\int\frac{1}{x-1}\mathrm{d}(x-1)\\&=\frac{1}{2}\ln|x+1|+\frac{1}{x+1}+\frac{1}{2}\ln|x-1|+C\\&=\frac{1}{x+1}+\frac{1}{2}\ln|x^2-1|+C\end{aligned}$$

例 5-48 求$\int\frac{1}{x(x^2+1)}\mathrm{d}x$.

解 设

$$\frac{1}{x(x^2+1)}=\frac{A}{x}+\frac{Bx+C}{x^2+1}$$

通分得

$$\frac{1}{x(x^2+1)}=\frac{A(x^2+1)+(Bx+C)x}{x(x^2+1)}$$

化简得

$$\frac{1}{x(x^2+1)}=\frac{(A+B)x^2+Cx+A}{x(x^2+1)}$$

比较系数$\begin{cases}A+B=0\\C=0\\A=1\end{cases}$，解得

$$\begin{cases}A=1\\B=-1\\C=0\end{cases}$$

所以

$$\begin{aligned}\int\frac{1}{x(x^2+1)}\mathrm{d}x&=\int\left(\frac{1}{x}-\frac{x}{x^2+1}\right)\mathrm{d}x\\&=\int\frac{1}{x}\mathrm{d}x-\frac{1}{2}\int\frac{1}{x^2+1}\mathrm{d}(x^2+1)\\&=\ln|x|-\frac{1}{2}\ln(x^2+1)+C\end{aligned}$$

例 5-49 求$\int\frac{x+3}{x^2+2x+2}\mathrm{d}x$.

解 因为 x^2+2x+2 已不能分解($b^2-4ac=-4<0$)，可以给分母配方，得

$$\begin{aligned}\int\frac{x+3}{x^2+2x+2}\mathrm{d}x&=\int\frac{x+3}{(x+1)^2+1}\mathrm{d}x\\&=\frac{1}{2}\int\frac{2(x+1)}{1+(x+1)^2}\mathrm{d}x+\int\frac{2}{1+(x+1)^2}\mathrm{d}x\\&=\frac{1}{2}\int\frac{1}{1+(x+1)^2}\mathrm{d}[1+(x+1)^2]+2\int\frac{1}{1+(x+1)^2}\mathrm{d}(x+1)\\&=\frac{1}{2}\ln|x^2+2x+2|+2\arctan(x+1)+C\end{aligned}$$

练习题 5-4

计算下列不定积分.

(1) $\int\frac{x+1}{(x-1)(x-2)}\mathrm{d}x$；

(2) $\int\frac{1}{x^2+3x-4}\mathrm{d}x$；

(3) $\int\frac{1}{x(1+x)^2}\mathrm{d}x$；

(4) $\int\frac{5x^2-10x-4}{(2x+1)(x-1)^2}\mathrm{d}x$；

(5) $\int\frac{1}{x^4-1}\mathrm{d}x$；

(6) $\int\frac{1}{x^2-2x+2}\mathrm{d}x$.

自测题一

一、选择题.

1. 若 $F(x)$ 与 $G(x)$ 都是函数 $f(x)$ 的原函数，则必有(　　).

A. $F(x)=G(x)$　　B. $F(x)=CG(x)$

C. $F(x)=G(x)+C$　　D. $F(x)=\frac{1}{C}G(x)$

2. 下列等式中成立的是(　　).

A. $d\int f(x)dx = f(x)$　　B. $\frac{d}{dx}\int f(x)dx = f(x)dx$

C. $\frac{d}{dx}\int f(x)dx = f(x) + C$　　D. $d\int f(x)dx = f(x)dx$

3. 设 $f(x) = \frac{\cos x}{x}$，则 $\left(\int f(x)dx\right)' =$ (　　).

A. $\frac{\cos x}{x}$　　B. $\frac{\sin x}{x}$　　C. $\frac{\cos x}{x}+C$　　D. $\frac{\sin x}{x}+C$

4. 设 $f(x)=k\tan 2x$ 的一个原函数为 $\frac{2}{3}\ln\cos 2x$，则 k 等于(　　).

A. $-\frac{2}{3}$　　B. $\frac{3}{2}$　　C. $-\frac{4}{3}$　　D. $\frac{3}{4}$

5. 若函数 $f(x)$ 的一个原函数是 e^{-x^2}，则 $\int f'(x)dx =$ (　　).

A. $-2xe^{-x^2}+C$　　B. $-\frac{1}{2}e^{-x^2}+C$

C. $-(2x^2+1)e^{-x^2}+C$　　D. $-xe^{-x^2}+f(x)+C$

6. $\int \ln x\,dx =$ (　　).

A. $\frac{1}{x}$　　B. $x\ln x - x$　　C. $\frac{1}{x}+C$　　D. $x\ln x - x + C$

7. 导数 $\left[\int f'(x)dx\right]' =$ (　　).

A. $f'(x)$　　B. $f'(x)+C$　　C. $f''(x)$　　D. $f''(x)+C$

8. 设 $f(x)$的一个原函数是 $\frac{1}{x}$，则 $f'(x)=$ (　　).

A. $\ln|x|$　　B. $\frac{1}{x}$　　C. $-\frac{1}{x^2}$　　D. $\frac{2}{x^3}$

二、填空题.

1. 函数 $3x^2$ 的原函数是________.
2. 函数 $3x^2$ 是________的原函数.
3. 函数 $f(x)$的全体原函数 $F(x)+C$ 称为 $f(x)$的________.
4. 若 $\int f(x)dx = 2^x + \sin x + C$，则 $f(x) =$ ________.
5. 若 $f(x)$ 的一个原函数为 $\sin x$，则 $\int f'(x)dx =$ ________.
6. 设 $f'(x) = 1$，且 $f(0) = 0$，则 $\int f(x)dx =$ ________.
7. 一曲线经过点(1, 0)，且在其上任一点 x 的切线斜率为 $4x^3$，则此曲线方程为________.

8. 若 $F'(x)=f(x)$，则$\int \sin x f(\cos x)\mathrm{d}x=$ ________.

三、判断题.

1. $\int(x+1)(x^2+1)\mathrm{d}x=\int(x+1)\mathrm{d}x\int(x^2+1)\mathrm{d}x$. ( )

2. $\dfrac{1}{x}$ 是 $\ln x$ 的一个原函数. ( )

3. $\ln|x|$ 是$\dfrac{1}{x}$ 的一个原函数. ( )

4. $\left[\int f(x)\mathrm{d}x\right]'=f(x)$. ( )

5. $\int\cos^2 x\,\mathrm{d}x=\left(\int\cos x\,\mathrm{d}x\right)^2$. ( )

四、求下列函数的不定积分.

1. $\int(3x^2-x+2)\mathrm{d}x$；

2. $\int(1-2x)^5\mathrm{d}x$；

3. $\int\dfrac{x}{1+x^2}\mathrm{d}x$；

4. $\int\dfrac{\ln^2 x}{x}\mathrm{d}x$；

5. $\int\sin x\cos(\cos x)\mathrm{d}x$；

6. $\int\dfrac{\sec^2\sqrt{x}}{\sqrt{x}}\mathrm{d}x$；

7. $\int\sin^2 x\,\mathrm{d}x$；

8. $\int\dfrac{x}{\sqrt{1+x}}\mathrm{d}x$；

9. $\int\dfrac{x}{1+x}\mathrm{d}x$；

10. $\int x\mathrm{e}^{-x}\mathrm{d}x$.

自测题二

一、选择题.

1. 在区间(a,b)内，如果 $f'(x)=g'(x)$，则下列各式中一定成立的是（ ）.

A. $f(x)=g(x)$

B. $f(x)=g(x)+1$

C. $\left(\int f(x)\mathrm{d}x\right)'=\left(\int g(x)\mathrm{d}x\right)'$

D. $\int f'(x)\mathrm{d}x=\int g'(x)\mathrm{d}x$

2. 若 $f(x)=\mathrm{e}^{-x}$，则$\int\dfrac{f'(\ln x)}{x}\mathrm{d}x=$（ ）.

A. $-\dfrac{1}{x}+C$　　B. $\dfrac{1}{x}+C$　　C. $-\ln x+C$　　D. $\ln x+C$

3. 设$\left[\int f(x)\mathrm{d}x\right]'=\sin 2x$，则 $f(x)=$（ ）.

A. $\sin 2x+C$　　B. $\sin 2x$　　C. $-\cos 2x+C$　　D. $-\cos 2x$

4. 若$\int f(x)\mathrm{d}x = x^2 \mathrm{e}^{2x} + C$，则 $f(x) =$（　　）.

A. $2x\mathrm{e}^{2x}$　　B. $2x^2\mathrm{e}^{2x}$　　C. $x\mathrm{e}^{2x}$　　D. $2x(1+x)\mathrm{e}^{2x}$

5. 不定积分$\left[\int f''(x)\mathrm{d}x\right]' =$（　　）.

A. $f'(x)$　　B. $f'(x)+C$　　C. $f''(x)$　　D. $f''(x)+C$

6. 不定积分$\int \frac{1}{x}\mathrm{d}\frac{1}{x} =$（　　）.

A. $\frac{1}{x}+C$　　B. $-\frac{1}{x^2}+C$　　C. $\frac{1}{2x^2}+C$　　D. $\ln|x|+C$

7. 函数 $F(x) = \int f(2x+1)\mathrm{d}x$ 的导数为（　　）.

A. $f(2x+1)$　　B. $f(2x+1)+C$　　C. $2f(2x+1)$　　D. $\frac{1}{2}f(2x+1)$

8. 已知 $f'(x^2)=\frac{1}{x}$，则 $f(x)=$（　　）.

A. $2x+C$　　B. $2\sqrt{x}+C$　　C. x^2+C　　D. $\frac{1}{\sqrt{x}}+C$

二、填空题.

1. 若 $uv = x\sin x$，$\int v\,\mathrm{d}u = \cos x + c$，则$\int u\,\mathrm{d}v =$ ________.

2. 若 $f'(x)(1+x^2)=1$，且 $f(0)=4$，则 $f(x)=$ ________.

3. 已知$\left(\int f(x)\mathrm{d}x\right)' = \sqrt{1+x^2}$，则 $f'(1) =$ ________.

4. 函数 $f(x)=2^x$ 为________的一个原函数.

5. 已知$\int f(x)\mathrm{d}x = \ln(1-3x) + C$，则 $f(x) =$ ________.

6. 不定积分$\int \frac{\mathrm{e}^{2x}-1}{\mathrm{e}^x+1}\mathrm{d}x =$ ________.

三、求下列函数的不定积分.

1. $\int \frac{1}{\sqrt{3-2x}}\mathrm{d}x$；

2. $\int x\sin(x^2+1)\mathrm{d}x$；

3. $\int \frac{\arctan x}{\sqrt{1+x^2}}\mathrm{d}x$；

4. $\int \frac{\ln\ln x}{x}\mathrm{d}x$；

5. $\int \frac{1}{\mathrm{e}^x+1}\mathrm{d}x$；

6. $\int \tan^3 x\mathrm{d}x$；

7. $\int \frac{x^2}{\sqrt{1-x^2}}\mathrm{d}x$；

8. $\int x^2\mathrm{e}^{2x}\mathrm{d}x$.

四、解答题.

1. 已知平面曲线 $y=f(x)$上任一点 $M(x, y)$处的切线斜率为 $k=3x^2+2x-1$，且曲线

经过点 $P(1, 3)$，求该曲线的方程.

2. 已知 $f'(x)=1+e^{2x}$，且 $f(0)=1$，求 $f(x)$.

3. 已知函数 $f(x)$满足 $f'(x)=3x^2+bx+c$，且当 $x=1$ 时有极小值，当 $x=-1$ 时有极大值 $f(-1)=4$，求该函数.

阅读材料　数学家的故事

一、阿基米德

阿基米德(约公元前 287—212)，希腊物理学家、数学家. 阿基米德的父亲是一位天文学家和数学家，因此，阿基米德从小便受到良好的教育，特别喜爱数学. 有一次，国王请阿基米德去测定金匠刚刚做好的王冠是纯金的还是掺有银子的混合物，并且告诫他不得毁坏王冠. 起初，阿基米德很茫然，不知道如何测定. 直到有一天，当他泡在一满盆洗澡水里时，溢出水量的体积等于他身体浸入水中的那部分体积. 于是，他想到：如果把王冠浸入水中，根据水面上升的情况算出王冠的体积与等重量金子的体积相等，就说明王冠是纯金的；假如掺有银子的话，王冠的体积就会大一些. 他兴奋地从浴盆中跃出，全身赤条条地奔向皇宫，大喊着："我找到了！找到了！"他由此发现了浮力原理. 除此之外，阿基米德还发现了著名的杠杆原理. 伴随着这一发现，还产生了一句众所周知的名言："只要给我一个支点，我就能撬动地球."

在阿基米德的老年岁月里，他的祖国与罗马发生战争，当他所住的城市遭到劫掠时，阿基米德还专心地研究他在沙地上画的几何图形，凶残的罗马士兵刺倒了这位老人，伟大的科学家扑倒在鲜血染红了的几何图形上……

阿基米德死后，人们整理出版了《阿基米德遗著全集》，以缅怀这位科学巨匠的伟大业绩.

二、欧拉

欧拉(1707—1783)，瑞士数学家，英国皇家学会会员.

欧拉从小着迷数学，是一位不折不扣的数学天才. 13 岁时，他便成为著名的巴塞尔大学的学生；16 岁时，获硕士学位；23 岁时，便晋升为教授. 1727 年，他应邀去俄国圣彼得堡科学院工作，过度的劳累，致使他双目失明. 但是，这并没有影响他的工作. 欧拉具有惊人的记忆力. 据说，1771 年圣彼得堡的一场大火，把他的大量藏书和手稿化为灰烬，他就凭着惊人的记忆，口授发表了论文 400 多篇、论著多部. 这位数学巨星在微积分、微分方程、几何、数论、变分学等领域都做出了巨大贡献，从而确定了他作为变分法的奠基人、复变函数先驱者的地位. 同时，欧拉还是一位出色的科普作家，他发表的科普读物在长达 90 年内不断重印.

欧拉是古往今来最多产的数学家，据说他留下的宝贵的文化遗产够当时圣彼得堡所有的印刷机同时忙上好几年. 欧拉作为历史上对数学贡献最大的四位数学家之一(另外三位是阿基米德、牛顿、高斯)，被誉为"数学界的莎士比亚".

三、高斯

高斯(1777—1855)，德国数学家、物理学家和天文学家，英国皇家学会会员.

高斯幼年时，就在数学方面显示出了非凡的才华. 3 岁能纠正父亲计算中的错误；10 岁便独立发现了算术级数的求和公式；11 岁发现了二项式定理. 少年高斯的聪颖早慧，得到了很有名望的布瑞克公爵的垂青与资助，使他得以不断深造. 19 岁的高斯在进大学不久，发明了只用圆规和直尺作出正 17 边形的方法，解决了 2000 多年来悬而未决的几何难题. 1801 年，他发表的《算术研究》阐述了数论和高等代数的某些问题. 他对超几何级数、复变函数、统计数学、椭圆函数论都有重大贡献. 作为一个物理学家，他与威廉·韦伯合作研究电磁学，并发明了电极. 为了进行实验，高斯还发明了双线磁力计，这是他对电磁学问题研究的一个很有实际意义的成果. 30 岁时，高斯兼任了德国著名高等学府天文台台长，并一直在天文台工作到逝世. 他还喜欢文学和语言学，懂得十几门外语. 他一生共发表 323 篇(种)著作，提出了 404 项科学创见，完成了 4 项重要发明.

高斯去世后，人们在他出生的城市竖起了他的雕像. 为了纪念他发现作出 17 边形的方法，雕像的底座修成了 17 边形.

第六章　定积分及其应用

本章讨论积分学的另一个基本概念——定积分，它是高等数学重要概念之一. 我们将从两个实际问题出发引出定积分的概念，然后讨论它的性质及微分与积分的内在联系，并在此基础上进一步解决定积分的计算问题，最后简单介绍定积分在几何、物理等方面的一些应用以及广义积分等.

第一节　定积分的概念与性质

一、定积分的概念

引例 6-1　曲边梯形的面积.

面积的计算非常常见，如买房时需计算房屋的建筑面积，加工材料时需计算物体的表面积，测量河流的流量时需计算河床断面的面积等. 对于规则的平面图形(如三角形、梯形、矩形等)，我们可以利用公式求出其面积；对于不规则的平面图形，用初等数学求面积的方法已不再适用.

设 $y=f(x)$在区间$[a, b]$上非负且连续. 由曲线 $y=f(x)$与直线 $x=a, x=b$ 及 x 轴所围成的图形称为**曲边梯形**(如图 6-1 所示).

一些不规则的平面图形(如图 6-2 所示)，也可以看作是两个曲边梯形的面积差，即

$$A=A_1-A_2$$

其中，图 6-2 中 A 表示阴影部分的面积；A_1 表示由曲线 $y=f(x)$与直线 $x=a$，$x=b$ 及 x 轴所围成的曲边梯形的面积；A_2 表示由曲线 $y=g(x)$与直线 $x=a$，$x=b$ 及 x 轴所围成的曲边梯形的面积.

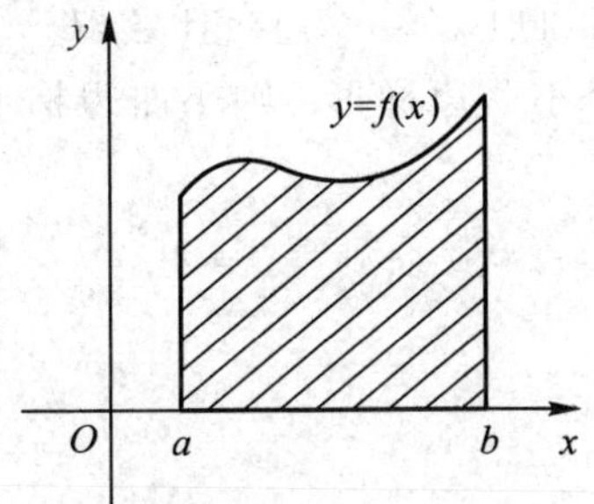

图 6-1

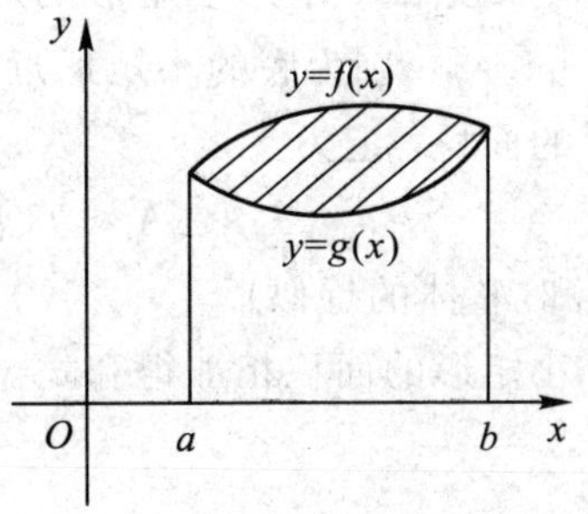

图 6-2

由此可见，求曲边梯形的面积是计算不规则图形面积的关键，下面我们就来研究曲边梯形的面积.

设曲边梯形由$[a, b]$上的连续曲线 $y=f(x)$（$f(x)\geqslant 0$），与直线 $x=a$，$x=b$ 及 x 轴所围成的图形组成(如图 6-3 所示)，求它的面积 A.

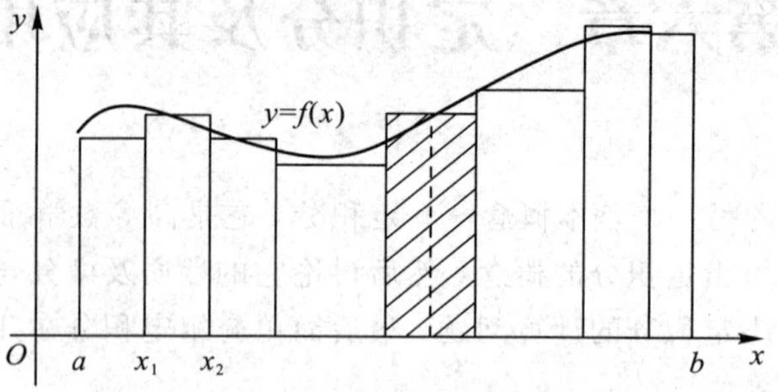

图 6-3

为了计算曲边梯形的面积 A，我们用一组垂直于 x 轴的直线把整个曲边梯形分割成许多小的曲边梯形. 因为每一个小曲边梯形的底边很窄，而 $f(x)$又是连续变化的，所以可用这个小的曲边梯形的底边作为宽，以它底边上任意一点所对应的函数值作为长的小矩形面积来近似地代替这个小曲边梯形的面积，所有小矩形面积之和则为曲边梯形面积的近似值. 我们看到小曲边梯形的底边越窄，其近似程度越高，所以使小曲边梯形的底边无限小，其近似值的极限就是曲边梯形的面积 A.

根据上面的分析，曲边梯形的面积可以按照以下三个步骤来计算：

(1) 分割(微小部分的近似).

在区间$[a, b]$内任意插入 $n-1$ 个分点，它们依次为

$$a=x_0<x_1<x_2<\cdots<x_{i-1}<x_i<\cdots<x_{n-1}<x_n=b$$

这些点把$[a, b]$分成了 n 个小区间

$$[x_0, x_1], [x_1, x_2], \cdots, [x_{i-1}, x_i], \cdots, [x_{n-1}, x_n]$$

任意第 i 个小区间$[x_{i-1}, x_i]$的长度记为

$$\Delta x_i=x_i-x_{i-1}(i=1, 2, \cdots, n)$$

过各个分点作垂直于 x 轴的直线，把整个曲边梯形分成 n 个小曲边梯形，其中第 i 个小曲边梯形的面积记为 $\Delta A_i(i=1, 2, \cdots, n)$. 可以把第 i 个小曲边梯形近似地看作是一个小矩形：区间长度 Δx_i 作为小矩形的底，在每个小区间$[x_{i-1}, x_i]$内任意取一点 ξ_i，作以 $f(\xi_i)$为高，$[x_{i-1}, x_i]$为底的小矩形近似替代第 i 个小曲边梯形. 则小曲边梯形的面积近似为小矩形的面积，记为

$$\Delta A_i\approx f(\xi_i)\Delta x_i(i=1, 2, \cdots, n)$$

(2) 求和(整体的近似).

将 n 个小矩形的面积相加得和式：

$$\sum_{i=1}^{n} f(\xi_i)\Delta x_i$$

它就是曲边梯形面积的近似值，记为

$$A\approx\sum_{i=1}^{n} f(\xi_i)\Delta x_i(i=1, 2, \cdots, n)$$

(3) 取极限(达到整体的真实值).

使每个区间的长度 Δx_i 无限小，记小区间长度的最大值为 λ(即 $\lambda=\max\{\Delta x_i\}$)，令 λ 趋近于零，则上述和式的极限就达到了曲边梯形面积的真实值，即

$$A=\lim_{\lambda\to 0}\sum_{i=1}^{n}f(\xi_i)\Delta x_i$$

引例 6-2　变速直线运动的路程.

设物体作变速直线运动，已知速度 $v=v(t)$，求这个物体在 $[T_1, T_2]$ 这段时间内所经过的路程 s.

由于物体作变速直线运动，所以不能用匀速直线运动的路程公式 $s=vt$ 来求解，我们可以采用以下三个步骤来计算：

(1) 分割(微小部分的近似).

在时间 $[T_1, T_2]$ 内任意插入 $n-1$ 个分点，它们依次为

$$T_1=t_0<t_1<t_2<\cdots<t_{i-1}<t_i<\cdots<t_{n-1}<t_n=T_2$$

这些点把 $[T_1, T_2]$ 分成了 n 个小的时间间隔：

$$[t_0, t_1], [t_1, t_2], \cdots, [t_{i-1}, t_i], \cdots, [t_{n-1}, t_n]$$

任意第 i 个小的时间间隔 $[t_{i-1}, t_i]$ 记为

$$\Delta t_i=t_i-t_{i-1}\ (i=1, 2, \cdots, n)$$

可以把第 i 个小时间间隔内的运动近似地看作是匀速直线运动，在 $[t_{i-1}, t_i]$ 内任意取一点 τ_i，它所对应的速度 $v(\tau_i)$ 作为这个时间间隔上的速度，则

$$\Delta s_i\approx v(\tau_i)\Delta t_i\ (i=1, 2, \cdots, n)$$

(2) 求和(整体的近似).

将 n 个小时间间隔的路程相加得和式 $\sum\limits_{i=1}^{n}v(\tau_i)\Delta t_i$，它就是物体在时间间隔 $[T_1, T_2]$ 内所通过的路程 s 的近似值，记为

$$s\approx\sum_{i=1}^{n}v(\tau_i)\Delta t_i$$

(3) 取极限(达到整体的真实值).

让每个时间间隔 Δt_i 无限小，记最大的时间间隔为 λ(即 $\lambda=\max\{\Delta t_i\}$)，当 λ 趋近于零时，上述和式的极限就达到了物体在时间间隔 $[T_1, T_2]$ 内所通过路程 s 的真实值，即

$$s=\lim_{\lambda\to 0}\sum_{i=1}^{n}v(\tau_i)\Delta t_i$$

上述两个引例中，计算的量具有不同的实际意义(前者是几何量，后者是物理量)，但抛开它们的实际意义，其思想方法和步骤却是相同的，都可归结为求和式的极限. 对于这种和式的极限，给出下面的定义：

定义 6-1　设函数 $f(x)$ 在区间 $[a, b]$ 上有定义，在 $[a, b]$ 内任意插入 $n-1$ 个分点：

$$a=x_0<x_1<x_2<\cdots<x_{i-1}<x_i<\cdots<x_{n-1}<x_n=b$$

这些分点把区间 $[a, b]$ 分成 n 个小区间：

$$[x_0, x_1], [x_1, x_2], \cdots, [x_{i-1}, x_i], \cdots, [x_{n-1}, x_n]$$

其中第 i 个小区间的长度为

$$\Delta x_i=x_i-x_{i-1}\ (i=1, 2, \cdots, n)$$

设 $\lambda=\max\{\Delta x_i\}$，任取 $\xi_i\in[x_{i-1}, x_i]$，若 $\lim\limits_{\lambda\to 0}\sum\limits_{i=1}^{n}f(\xi_i)\Delta x_i$ 存在，则称此极限值为函数 $f(x)$ 在区间 $[a, b]$ 上的定积分，记作 $\int_a^b f(x)\mathrm{d}x$，即

$$\lim_{\lambda\to 0}\sum_{i=1}^{n}f(\xi_i)\Delta x_i=\int_a^b f(x)\mathrm{d}x$$

也称 $f(x)$ 在 $[a, b]$ 上可积，其中 $\int$ 称为积分号，$f(x)$ 称为被积函数，$f(x)\mathrm{d}x$ 称为被积表达式，x 称为积分变量，a 称为积分下限，b 称为积分上限，$[a, b]$ 称为积分区间.

关于定积分的定义作以下说明：

(1) 定积分 $\int_a^b f(x)\mathrm{d}x$ 是和式的极限，这个极限是一个确定的数值，它只与被积函数 $f(x)$ 及区间 $[a, b]$ 有关，而与积分变量的记法无关，即

$$\int_a^b f(x)\mathrm{d}x=\int_a^b f(t)\mathrm{d}t=\int_a^b f(u)\mathrm{d}u=\cdots$$

(2) $\lim\limits_{\lambda\to 0}\sum\limits_{i=1}^{n}f(\xi_i)\Delta x_i$ 的存在与区间的分法及 ξ_i 的取法无关. 根据定积分的定义，前面两个实际问题可用定积分表示为：

曲边梯形的面积

$$A=\int_a^b f(x)\mathrm{d}x$$

变速直线运动的物体所经过的路程

$$s=\int_{T_1}^{T_2}v(t)\mathrm{d}t$$

二、定积分的几何意义

根据引例 6-1 及定积分的定义，可知：

(1) 当 $f(x)\geqslant 0$ 时，定积分 $\int_a^b f(x)\mathrm{d}x$ 表示由曲线 $y=f(x)$，直线 $x=a$，$x=b$ 及 x 轴所围成的曲边梯形(如图 6-4 所示)面积 A，即

$$\int_a^b f(x)\mathrm{d}x=A$$

(2) 当 $f(x)<0$ 时，曲边梯形位于 x 轴下方(如图 6-5 所示)，由于和式极限中的每一项 $f(\xi_i)\Delta x_i$ 都是负数，因此定积分 $\int_a^b f(x)\mathrm{d}x$ 在几何上表示由曲线 $y=f(x)$，直线 $x=a$，$x=b$ 及 x 轴所围成的曲边梯形的面积的负值，即

$$\int_a^b f(x)\mathrm{d}x=-A(A>0)$$

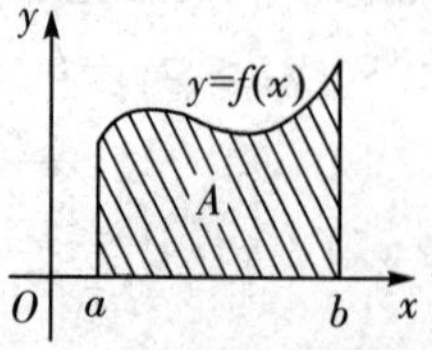

图 6-4

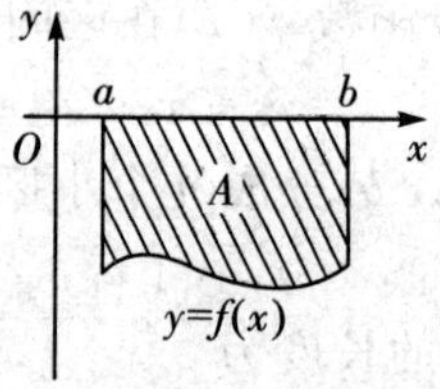

图 6-5

综上所述，定积分$\int_a^b f(x)\mathrm{d}x$的几何意义为由$y=f(x)$，直线$x=a$，$x=b$及x轴所围成的曲边梯形面积的代数和(如图 6－6 所示)，即

$$\int_a^b f(x)\mathrm{d}x = A_1 + (-A_2) + A_3$$

其中A_1、A_2、A_3代表图中相应曲边梯形的面积.

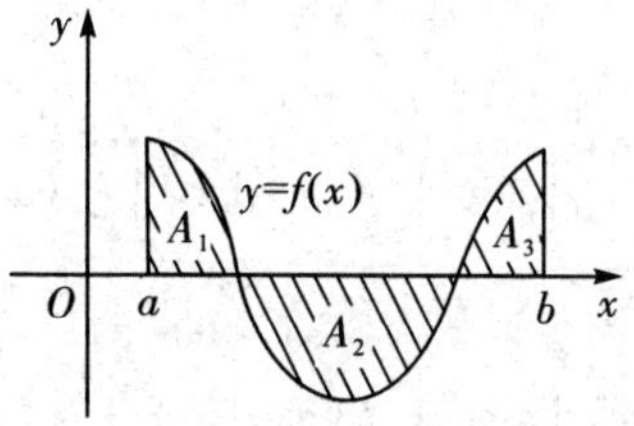

图 6－6

例 6－1　利用定积分的几何意义，计算$\int_{-1}^2 2x\mathrm{d}x$的值.

解　如图 6－7 所示，$\int_{-1}^2 2x\mathrm{d}x$表示由$f(x)=2x$与$x=-1$，$x=2$及$x$轴所围成的图形的面积的代数和，即

$$\int_{-1}^2 2x\mathrm{d}x = \frac{1}{2}\times 2\times 4 - \frac{1}{2}\times 1\times 2 = 3$$

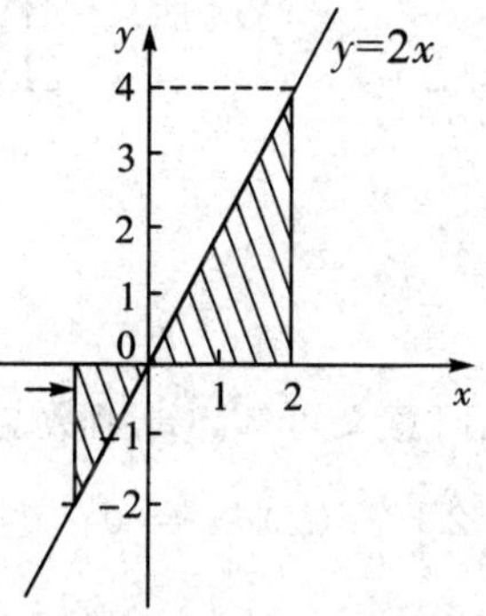

图 6－7

三、定积分的性质

性质 6－1　交换积分上下限，积分值改变符号，即

$$\int_a^b f(x)\mathrm{d}x = -\int_b^a f(x)\mathrm{d}x$$

当$a=b$时，$\int_a^a f(x)\mathrm{d}x = 0$.

性质 6－2　和(差)的定积分等于定积分的代数和(差)，即

$$\int_a^b [f(x)\pm g(x)]\mathrm{d}x = \int_a^b f(x)\mathrm{d}x \pm \int_a^b g(x)\mathrm{d}x$$

注 这一结论可以推广到任意有限多个函数和(差)的情形.

性质 6-3 求非零常数与函数之积的定积分时，非零常数可以提到积分号前，即

$$\int_a^b kf(x)\mathrm{d}x = k\int_a^b f(x)\mathrm{d}x(k\text{ 为常数})$$

性质 6-4 (定积分对积分区间的可加性)对任意的三个实数 a、b、c，总有

$$\int_a^b f(x)\mathrm{d}x = \int_a^c f(x)\mathrm{d}x + \int_c^b f(x)\mathrm{d}x$$

在图 6-8(a)中，

$$A_1 = \int_a^c f(x)\mathrm{d}x,\ A_2 = \int_c^b f(x)\mathrm{d}x,\ \int_a^b f(x)\mathrm{d}x = A_1 + A_2$$

显然

$$\int_a^b f(x)\mathrm{d}x = \int_a^c f(x)\mathrm{d}x + \int_c^b f(x)\mathrm{d}x$$

在图 6-8(b)中，

$$A_1 = \int_a^c f(x)\mathrm{d}x,\ A_2 = -\int_c^b f(x)\mathrm{d}x,\ \int_a^b f(x)\mathrm{d}x = A_1 - A_2$$

显然

$$\int_a^b f(x)\mathrm{d}x = \int_a^c f(x)\mathrm{d}x + \int_c^b f(x)\mathrm{d}x$$

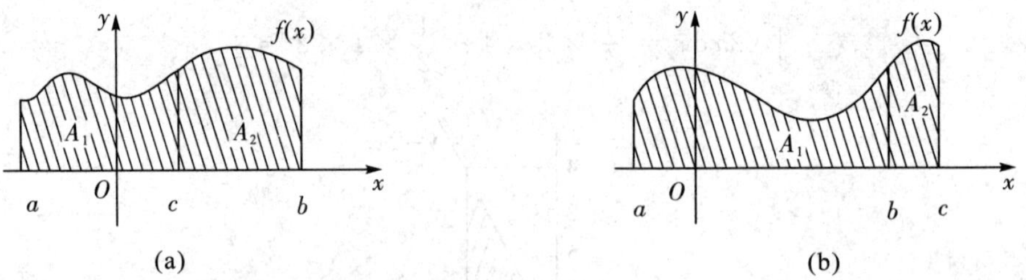

图 6-8

利用性质 6-4 和定积分的几何意义可知，奇函数与偶函数在对称区间上的定积分：

(1) 如果 $f(x)$ 是奇函数，那么$\int_{-a}^a f(x)\mathrm{d}x = 0$；

(2) 如果 $f(x)$ 是偶函数，那么$\int_{-a}^a f(x)\mathrm{d}x = 2\int_0^a f(x)\mathrm{d}x$.

性质 6-5 (比较性质)若函数 $f(x)$和 $g(x)$在相同区间上总有 $f(x)\leqslant g(x)$，则

$$\int_a^b f(x)\mathrm{d}x \leqslant \int_a^b g(x)\mathrm{d}x$$

性质 6-6 若在区间$[a, b]$上有 $f(x)\equiv 1$，则

$$\int_a^b f(x)\mathrm{d}x = \int_a^b \mathrm{d}x = b - a$$

根据定积分的几何意义可知，$\int_a^b \mathrm{d}x$ 表示由 $y=1$，$x=a$，$x=b$ 及 x 轴所围成的长方形的面积(如图 6-9 所示)，所以

$$\int_a^b \mathrm{d}x = b - a$$

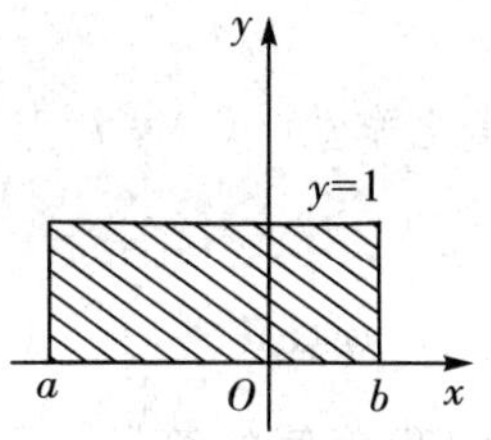

图 6 - 9

性质 6 - 7　(估值定理)设 M 及 m 分别是函数 $f(x)$在区间$[a, b]$上的最大值及最小值(如图 6 - 10 所示)，则

$$m(b-a) \leqslant \int_a^b f(x)\mathrm{d}x \leqslant M(b-a)$$

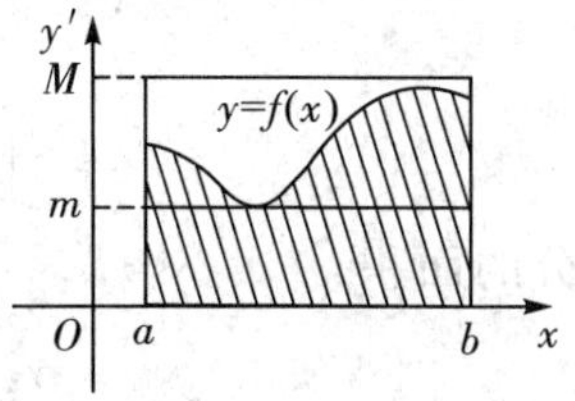

图 6 - 10

性质 6 - 8　(定积分的中值定理)如果函数 $f(x)$在区间$[a, b]$上连续，则积分区间(a, b)上至少存在一个点 ξ，使得

$$\int_a^b f(x)\mathrm{d}x = f(\xi)(b-a)$$

此性质表明：在$[a, b]$上，以曲线 $y=f(x)$为曲边的曲边梯形的面积等于以$[a, b]$的长度为底，$[a, b]$中某一点号的函数值 $f(\xi)$为高的矩形的面积(如图 6 - 11 所示).

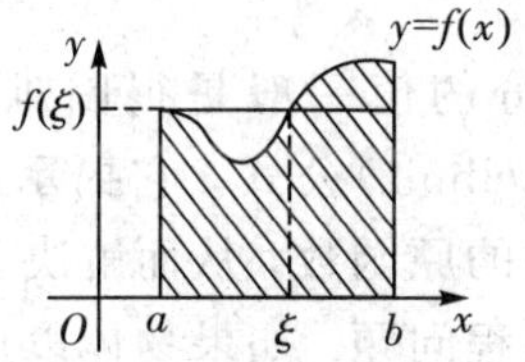

图 6 - 11

练习题 6 - 1

1. 填空题.

(1) 定积分中$\int_1^3 \frac{1}{x^2}\mathrm{d}x$ 中，积分上限是________；积分下限是________；积分区间是________；积分变量是________；被积函数是________；被积表达式是________.

(2) 由曲线 $y=\arctan x$ 与直线 $x=0$，$x=1$ 及 x 轴所围成的曲边梯形的面积，用定积分表示为__________.

(3) 把区间[0, 1] 上的和式的极限用定积分的形式表示，即$\lim\limits_{\lambda \to 0} \sum\limits_{i=1}^{n} \sqrt{1-\xi_i^2}\Delta x_i =$

________.

(4) 一物体作变速直线运动，其速率为 $v(t)=t^2+1$，试用定积分表示物体从 $t=1$ 到 $t=3$时间间隔的路程________.

(5) $\int_{-1}^{1} x^3 \mathrm{d}x =$ ________；$\int_{-\frac{\pi}{3}}^{\frac{\pi}{3}} x\cos x \mathrm{d}x$ ________.

2. 用定积分的几何意义，判断定积分值的符号.

(1) $\int_{-2}^{-1} x^2 \mathrm{d}x$；　　(2) $\int_{0}^{\pi} \sin x \mathrm{d}x$；

(3) $\int_{-1}^{0} \tan x \mathrm{d}x$；　　(4) $\int_{-1}^{1} \mathrm{e}^x \mathrm{d}x$.

3. 用定积分的几何意义，确定定积分的值.

(1) $\int_{-1}^{0} 2\mathrm{d}x$；　　(2) $\int_{1}^{2} (x-1)\mathrm{d}x$；

(3) $\int_{-\frac{\pi}{2}}^{\frac{\pi}{2}} \cos x \mathrm{d}x$；　　(4) $\int_{-2}^{2} \sqrt{4-x^2}\mathrm{d}x$.

4. 用定积分表示下面阴影部分的面积.

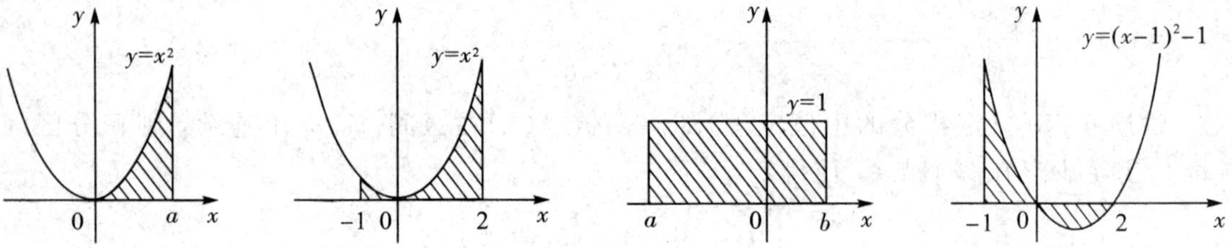

(1)　(2)　(3)　(4)

第二节　牛顿-莱布尼茨公式

按照定积分的定义计算定积分的值一般是很困难的. 本节将介绍定积分计算的公式——牛顿-莱布尼茨(Newton - Leibniz)公式，它揭示了定积分与不定积分的内在联系，将定积分的计算转化为求被积函数的原函数，从而解决了定积分的计算问题.

我们先回顾变速直线运动的路程问题. 如果物体以速度 $v(t)$作直线运动，那么时间间隔$[T_1, T_2]$上所经过的路程为

$$s = \int_{T_1}^{T_2} v(t)\mathrm{d}t$$

若我们已知其路程函数 $s=s(t)$，则时间间隔$[T_1, T_2]$上所经过的路程为

$$s = s(T_2) - s(T_1)$$

由此得

$$\int_{T_1}^{T_2} v(t)\mathrm{d}t = s(T_2) - s(T_1)$$

在导数中我们已经知道 $s'(t) = v(t)$，而 $s(t)$ 是 $v(t)$ 的原函数. 定积分$\int_{T_1}^{T_2} v(t)\mathrm{d}t$ 的值可表示为被积函数 $v(t)$ 的原函数 $s(t)$ 在积分区间上的改变量 $s(T_2)-s(T_1)$. 此结论对于其他可导函数同样适用.

定理 6-1 设 $F(x)$是连续函数 $f(x)$在区间$[a, b]$上的一个原函数，则

$$\int_a^b f(x)\mathrm{d}x = F(b) - F(a) = F(x)\big|_a^b$$

这个公式称为**牛顿-莱布尼茨**(Newton - Leibniz)公式.

牛顿-莱布尼茨公式表明，计算定积分只要先求出被积函数的一个原函数，再将上、下限分别代入求其差即可. 这个公式为计算定积分提供了有效而简便的方法.

例 6-2 计算$\int_0^1 2x\mathrm{d}x$.

解 因为$(x^2)'=2x$，即 x^2 是 $2x$ 的一个原函数，由牛顿-莱布尼茨公式得：

$$\int_0^1 2x\mathrm{d}x = x^2\big|_0^1 = 1^2 - 0 = 1$$

例 6-3 计算$\int_0^{\frac{\pi}{2}}(1+\sin 2x)\mathrm{d}x$.

解

$$\begin{aligned}\int_0^{\frac{\pi}{2}}(1+\sin 2x)\mathrm{d}x &= \int_0^{\frac{\pi}{2}}\mathrm{d}x + \int_0^{\frac{\pi}{2}}\sin 2x\mathrm{d}x \\ &= \left(x - \frac{1}{2}\cos 2x\right)\Big|_0^{\frac{\pi}{2}} \\ &= \frac{\pi}{2} + \frac{1}{2} - \left(-\frac{1}{2}\right) \\ &= \frac{\pi}{2} + 1\end{aligned}$$

例 6-4 计算$\int_{-1}^0 \frac{1}{1-x}\mathrm{d}x$.

解

$$\begin{aligned}\int_{-1}^0 \frac{1}{1-x}\mathrm{d}x &= -\int_{-1}^0 \frac{1}{1-x}\mathrm{d}(1-x) \\ &= -\ln|1-x|\big|_{-1}^0 \\ &= -(0-\ln 2) \\ &= \ln 2\end{aligned}$$

例 6-5 计算$\int_0^{\frac{1}{2}} \frac{1}{1+4x^2}\mathrm{d}x$.

解

$$\begin{aligned}\int_0^{\frac{1}{2}} \frac{1}{1+4x^2}\mathrm{d}x &= \frac{1}{2}\int_0^{\frac{1}{2}} \frac{1}{1+(2x)^2}\mathrm{d}(2x) \\ &= \frac{1}{2}\arctan 2x\Big|_0^{\frac{1}{2}} \\ &= \frac{1}{2}\times\frac{\pi}{4} = \frac{\pi}{8}\end{aligned}$$

例 6-6 计算$\int_0^1 x\mathrm{e}^{x^2}\mathrm{d}x$.

解

$$\begin{aligned}\int_0^1 x\mathrm{e}^{x^2}\mathrm{d}x &= \frac{1}{2}\int_0^1 \mathrm{e}^{x^2}\mathrm{d}x^2 \\ &= \frac{1}{2}\mathrm{e}^{x^2}\Big|_0^1 \\ &= \frac{1}{2}(\mathrm{e}-1)\end{aligned}$$

例 6-7　计算$\int_0^4 \frac{1}{\sqrt{2x+1}}dx$.

解
$$\begin{aligned}\int_0^4 \frac{1}{\sqrt{2x+1}}dx &= \frac{1}{2}\int_0^4 \frac{1}{\sqrt{2x+1}}d(2x+1)\\ &= \sqrt{2x+1}\Big|_0^4\\ &= 3-1=2\end{aligned}$$

例 6-8　计算$\int_0^{2\pi} |\sin x| dx$.

解
$$\begin{aligned}\int_0^{2\pi} |\sin x| dx &= \int_0^{\pi}\sin x dx + \int_{\pi}^{2\pi}(-\sin x)dx\\ &= (-\cos x)\Big|_0^{\pi} + \cos x\Big|_{\pi}^{2\pi}\\ &= -(-1-1)+(1+1)\\ &= 4\end{aligned}$$

练习题 6-2

利用牛顿-莱布尼茨公式计算下列定积分.

(1) $\int_1^2 \left(x+\frac{1}{x}\right)^2 dx$；　　(2) $\int_1^4 (\sqrt{x}-1)dx$；

(3) $\int_0^1 (2x-1)^2 dx$；　　(4) $\int_0^{\frac{\pi}{2}} \sin 2x\, dx$；

(5) $\int_{-\frac{1}{2}}^0 \frac{1}{4+x^2}dx$；　　(6) $\int_0^1 \frac{x}{1+x^2}dx$；

(7) $\int_0^1 (e^x-1)^2 e^x dx$；　　(8) $\int_1^e \frac{1+\ln x}{x}dx$；

(9) $\int_0^{\frac{\pi}{4}} \sec^2 x \tan x\, dx$；　　(10) $\int_1^2 \frac{e^{\frac{1}{x}}}{x^2}dx$；

(11) $\int_1^3 \frac{1}{x^2-x-2}dx$；　　(12) $\int_0^{\frac{\pi}{6}} \tan x\, dx$；

(13) $\int_{-2}^1 |x+1| dx$；　　(14) $\int_0^{\frac{\pi}{2}} |\sin x - \cos x| dx$.

第三节　定积分的积分法

不定积分的换元积分法和分部积分法，对定积分也同样适用.

一、换元积分法

如果函数 $f(x)$在区间$[a, b]$上连续，函数 $x=\varphi(t)$在区间$[\alpha, \beta]$上连续可导，且满足$\varphi(\alpha)=a$，$\varphi(\beta)=b$，$a\leqslant\varphi(t)\leqslant b$，$t\in[\alpha, \beta]$，则有：

$$\int_a^b f(x)dx = \int_\alpha^\beta f[\varphi(t)]d\varphi(t) = \int_\alpha^\beta f[\varphi(t)]\varphi'(t)dt$$

注　(1) 定积分在换元之后，积分上、下限也要作相应的变换，即“换元必换限”，并且换元之后不必还原.

(2) 新变量 t 的积分限与 α，β 的大小无关，只由 $\varphi(\alpha)=a$，$\varphi(\beta)=b$ 确定，即“上限对上限，下限对下限”.

例 6-9　计算$\int_0^4 \frac{1}{\sqrt{x}+1}\mathrm{d}x$.

解　令 $x=t^2$，则$\sqrt{x}=t$，$\mathrm{d}x=\mathrm{d}t^2=2t\mathrm{d}t$，当 $x=0$ 时，$t=0$；当 $x=4$ 时，$t=2$. 即

$$\begin{aligned}\int_0^4 \frac{1}{\sqrt{x}+1}\mathrm{d}x &= \int_0^2 \frac{2t}{t+1}\mathrm{d}t \\ &= 2\int_0^2 \frac{t+1-1}{t+1}\mathrm{d}t \\ &= 2\int_0^2\left(1-\frac{1}{t+1}\right)\mathrm{d}t \\ &= 2(t-\ln|t+1|)\Big|_0^2 \\ &= 4-2\ln 3\end{aligned}$$

例 6-10　计算$\int_{-3}^0 \frac{x}{\sqrt{1-x}+1}\mathrm{d}x$.

解　令 $x=1-t^2$，则 $\sqrt{1-x}=t$，$\mathrm{d}x=\mathrm{d}(1-t^2)=-2t\mathrm{d}t$，当 $x=-3$ 时，$t=2$；当 $x=0$ 时，$t=1$. 即

$$\begin{aligned}\int_{-3}^0 \frac{x}{\sqrt{1-x}+1}\mathrm{d}x &= \int_2^1 \frac{1-t^2}{t+1}(-2t)\mathrm{d}t \\ &= 2\int_1^2 \frac{(1-t)(1+t)t}{t+1}\mathrm{d}t \\ &= 2\int_1^2 (t-t^2)\mathrm{d}t \\ &= \left(t^2-\frac{2}{3}t^3\right)\Big|_1^2 \\ &= -\frac{5}{3}\end{aligned}$$

例 6-11　计算$\int_0^1 \frac{1}{\sqrt{x}+\sqrt[3]{x}}\mathrm{d}x$.

解　令 $x=t^6$，则$\sqrt[6]{x}=t$，$\mathrm{d}x=\mathrm{d}t^6=6t^5\mathrm{d}t$，当 $x=0$ 时，$t=0$；当 $x=1$ 时，$t=1$. 即

$$\begin{aligned}\int_0^1 \frac{1}{\sqrt{x}+\sqrt[3]{x}}\mathrm{d}x &= \int_0^1 \frac{6t^5}{t^3+t^2}\mathrm{d}t \\ &= 6\int_0^1 \frac{t^3}{t+1}\mathrm{d}t \\ &= 6\int_0^1 \frac{t^3+1-1}{t+1}\mathrm{d}t \\ &= 6\int_0^1\left[(t^2-t+1)-\frac{1}{t+1}\right]\mathrm{d}t \\ &= (2t^3-3t^2+6t-6\ln|t+1|)\Big|_0^1 \\ &= 5-6\ln 2\end{aligned}$$

例 6-12 计算$\int_0^2 x\sqrt{4-x^2}\,\mathrm{d}x$.

解 令 $x=2\sin t$，则 $\mathrm{d}x=\mathrm{d}(2\sin t)=2\cos t\,\mathrm{d}t$，当 $x=0$ 时，$t=0$；当 $x=2$ 时，$t=\frac{\pi}{2}$. 即

$$\begin{aligned}\int_0^2 x\sqrt{4-x^2}\,\mathrm{d}x &= \int_0^{\frac{\pi}{2}} 8\sin t\cos^2 t\mathrm{d}t \\ &= -8\int_0^{\frac{\pi}{2}}\cos^2 t\,\mathrm{d}(\cos t) \\ &= -\frac{8}{3}\cos^3 t\Big|_0^{\frac{\pi}{2}} \\ &= \frac{8}{3}\end{aligned}$$

二、分部积分法

如果函数 $u(x)$，$v(x)$在区间$[a,b]$上具有连续导数，则有

$$\int_a^b u(x)v'(x)\mathrm{d}x = u(x)v(x)\big|_a^b - \int_a^b v(x)\mathrm{d}u(x) = u(x)v(x)\big|_a^b - \int_a^b u'(x)v(x)\mathrm{d}x$$

上式还可以简写成：

$$\int_a^b u\mathrm{d}v = uv\big|_a^b - \int_a^b v\mathrm{d}u.$$

例 6-13 计算$\int_0^1 x\mathrm{e}^{-x}\mathrm{d}x$.

解

$$\begin{aligned}\int_0^1 x\mathrm{e}^{-x}\mathrm{d}x &= -\int_0^1 x\,\mathrm{d}(\mathrm{e}^{-x}) \\ &= (-x\mathrm{e}^{-x})\big|_0^1 + \int_0^1 \mathrm{e}^{-x}\mathrm{d}x \\ &= -\frac{1}{\mathrm{e}} - (\mathrm{e}^{-x})\big|_0^1 \\ &= 1-\frac{2}{\mathrm{e}}\end{aligned}$$

例 6-14 计算$\int_0^{\frac{\pi}{2}} x\cos 2x\,\mathrm{d}x$.

解

$$\begin{aligned}\int_0^{\frac{\pi}{2}} x\cos 2x\,\mathrm{d}x &= \frac{1}{2}\int_0^{\frac{\pi}{2}} x\mathrm{d}(\sin 2x) \\ &= \frac{1}{2}(x\sin 2x)\Big|_0^{\frac{\pi}{2}} - \frac{1}{2}\int_0^{\frac{\pi}{2}}\sin 2x\,\mathrm{d}x \\ &= \left(\frac{1}{4}\cos 2x\right)\Big|_0^{\frac{\pi}{2}} \\ &= -\frac{1}{2}\end{aligned}$$

例 6-15 计算$\int_{-1}^0 \arcsin x\,\mathrm{d}x$.

解
$$\int_{-1}^{0}\arcsin x\,dx=(x\arcsin x)\Big|_{-1}^{0}-\int_{-1}^{0}x\,d(\arcsin x)$$
$$=-\frac{\pi}{2}-\int_{-1}^{0}\frac{x}{\sqrt{1-x^2}}dx$$
$$=-\frac{\pi}{2}+\frac{1}{2}\int_{-1}^{0}\frac{1}{\sqrt{1-x^2}}d(1-x^2)$$
$$=-\frac{\pi}{2}+\sqrt{1-x^2}\Big|_{-1}^{0}$$
$$=1-\frac{\pi}{2}$$

例 6-16　计算$\int_0^1 x\ln(x^2+1)dx$.

解
$$\int_0^1 x\ln(x^2+1)dx=\frac{1}{2}\int_0^1\ln(x^2+1)dx^2$$
$$=\left[\frac{1}{2}x^2\ln(x^2+1)\right]\Bigg|_0^1-\frac{1}{2}\int_0^1 x^2 d[\ln(x^2+1)]$$
$$=\frac{1}{2}\ln 2-\frac{1}{2}\int_0^1\frac{2x^3}{x^2+1}dx$$
$$=\frac{1}{2}\ln 2-\int_0^1\frac{x^3+x-x}{x^2+1}dx$$
$$=\frac{1}{2}\ln 2-\int_0^1\left(x-\frac{x}{x^2+1}\right)dx$$
$$=\frac{1}{2}\ln 2-\int_0^1 x\,dx+\frac{1}{2}\int_0^1\frac{1}{x^2+1}d(x^2+1)$$
$$=\frac{1}{2}\ln 2-\frac{1}{2}[x^2-\ln(x^2+1)]\Big|_0^1$$
$$=\ln 2-\frac{1}{2}$$

练习题 6-3

1. 计算下列定积分值.

(1) $\int_0^9\frac{1}{\sqrt{x}+1}dx$；　(2) $\int_4^9\frac{\sqrt{x}}{\sqrt{x}-1}dx$；

(3) $\int_{-1}^{1}\frac{x}{\sqrt{5-4x}}dx$；　(4) $\int_3^4 x\sqrt{x-3}\,dx$；

(5) $\int_0^8\frac{1}{\sqrt[3]{x}+1}dx$；　(6) $\int_0^1\sqrt{1+x^2}\,dx$；

(7) $\int_0^{\sqrt{2}}\sqrt{2-x^2}\,dx$；　(8) $\int_{\sqrt{2}}^{2}\frac{1}{\sqrt{x^2-1}}dx$；

(9) $\int_0^1 xe^{2x}dx$；　(10) $\int_0^1 x^2e^x dx$；

(11) $\int_0^{\frac{\pi}{3}}x\sin x\,dx$；　(12) $\int_0^{\pi}x\cos 3x\,dx$；

(13) $\int_1^{e} \ln x\,dx$；　　(14) $\int_0^{\frac{1}{2}} \arccos x\,dx$；

(15) $\int_0^1 x\arctan x\,dx$；　　(16) $\int_0^{\pi} e^x \sin x\,dx$.

第四节　定积分的几何应用

一、微元法

回顾求曲边梯形面积的问题.

由曲线 $y=f(x)$ 与直线 $x=a$，$x=b$ 及 x 轴围成的曲边梯形的面积为 A. 若在区间 $[a, b]$ 上，$y=f(x)\geqslant 0$，则 $\int_a^b f(x)dx=A$，表示曲边梯形的面积. 其思路为：分割，求和，取极限(如图 6-12 所示). 具体步骤如下：

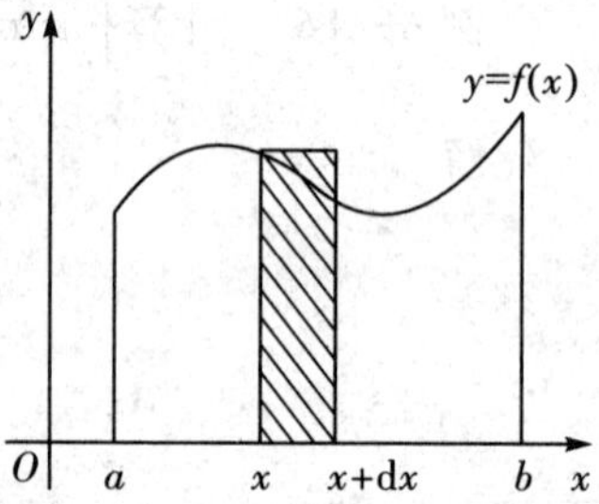

图 6-12

(1) 分割：把区间 $[a, b]$ 分成 n 个长度分别为 Δx_i($i=1, 2, \cdots, n$)的小区间，相应的曲边梯形被分为 n 个小窄的曲边梯形，第 i 个小窄的曲边梯形的面积为 ΔA_i，称之为面积的微元素. 计算 ΔA_i 的近似值

$$\Delta A_i \approx f(\xi_i)\Delta x_i (\xi_i \in [x_{i-1}, x_i])$$

(2) 求和：得到 A 的近似值

$$A \approx \sum_{i=1}^{n} f(\xi_i)\Delta x_i$$

(3) 取极限：达到 A 的真实值，取 $\lambda=\max\{\Delta x_i\}\to 0$ 时的极限，则

$$A=\lim_{\lambda\to 0}\sum_{i=1}^{n}\Delta A_i=\lim_{\lambda\to 0} f(\xi_i)\Delta x_i=\int_a^b f(x)dx$$

观察以上三步可以看出：(1) 是关键，因为积分的被积表达式的形式就是在这一步被确定的，只要把近似式 $f(\xi_i)\Delta x_i$ 中的变量记号改变一下即可，即把 ξ_i 换成 x，Δx_i 换成 dx；(2)、(3)可以合成一步，在区间 $[a, b]$ 上无限累加，即在 $[a, b]$ 上积分.

上述问题抽去其几何意义，积分就是微元素的无限累加. 因此，所求量就是在区间 $[a, b]$ 上抽取一个微元素 $f(x)dx$，然后进行定积分，这种方法通常称为**微元法**. 其步骤如下：

(1) 按实际问题要求，确定积分变量和积分区间 $[a, b]$；

(2) 在积分区间 $[a, b]$ 上选取微元素 dF；

(3) 写出积分表达式 $F=\int_a^b dF$ 并计算.

下面利用这种方法讨论定积分在几何、物理及工程技术中的一些应用.

二、用定积分求平面图形的面积

设函数 $y=f(x)$，$y=g(x)$ 均在区间 $[a, b]$ 上连续，且 $f(x)\geqslant g(x)$，求曲线 $y=f(x)$，$y=g(x)$ 以及直线 $x=a$，$x=b$ 所围成的平面图形的面积(如图 6-13 所示). 选取 x 为积分

变量，且 $x\in[a,b]$，在$[a,b]$上任取$[x,x+\mathrm{d}x]$对应的小窄条面积为：以上方函数值减下方函数值$[f(x)-g(x)]$为小矩形的长，以 x 的变化量($\mathrm{d}x$)为宽的小矩形面积，即面积微元为$[f(x)-g(x)]\mathrm{d}x$，所以其面积为面积微元在区间$[a,b]$上的定积分，即

$$A=\int_a^b[f(x)-g(x)]\mathrm{d}x$$

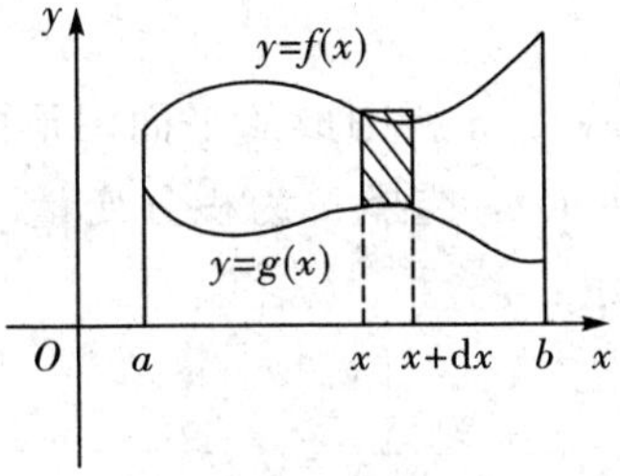

图 6-13

例 6-17　求曲线 $y=x^2$ 与直线 $y=x+2$ 所围成的平面图形的面积.

解　(1) 画图(如图 6-14 所示)，选择 x 为积分变量.

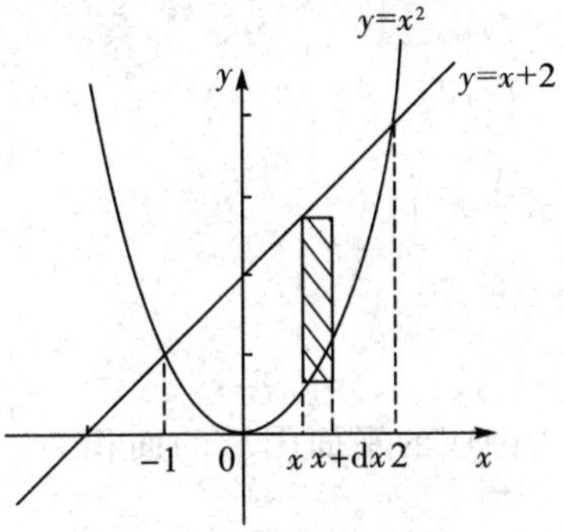

图 6-14

(2) 求交点坐标，即由方程组：

$$\begin{cases}y=x^2\\y=x+2\end{cases}$$

得 $x_1=-1$，$x_2=2$，则积分区间为$[-1,2]$.

(3) 由图 6-14 可知，面积微元为

$$\mathrm{d}A=(x+2-x^2)\mathrm{d}x$$

(4) 积分，则面积为

$$\begin{aligned}A&=\int_{-1}^2(x+2-x^2)\mathrm{d}x\\&=\left(\frac{1}{2}x^2+2x-\frac{1}{3}x^3\right)\Big|_{-1}^2\\&=\frac{9}{2}\end{aligned}$$

(5) 曲线 $y=x^2$ 与直线 $y=x+2$ 所围成的平面图形的面积为$\frac{9}{2}$.

综上，可归纳出用定积分求平面图形面积的步骤：

(1) 作图，确定积分变量；

(2) 求交点坐标，确定积分区间；

(3) 由图写出面积微元；

(4) 积分并计算；

(5) 作答.

例 6-18　求曲线 $y=x^2$ 与 $y=\sqrt{x}$ 所围成的平面图形的面积.

解　(1) 画图(如图 6-15 所示)，选择 x 为积分变量.

(2) 求交点坐标，即由方程组：

$$\begin{cases} y=x^2 \\ y=\sqrt{x} \end{cases}$$

得 $x_1=0$，$x_2=1$，则积分区间为 $[0, 1]$.

(3) 由图可知，面积微元为

$$dA=(\sqrt{x}-x^2)dx$$

(4) 积分，则面积为

$$A=\int_0^1(\sqrt{x}-x^2)dx=\left(\frac{2}{3}x^{\frac{3}{2}}-\frac{1}{3}x^3\right)\Big|_0^1=\frac{1}{3}$$

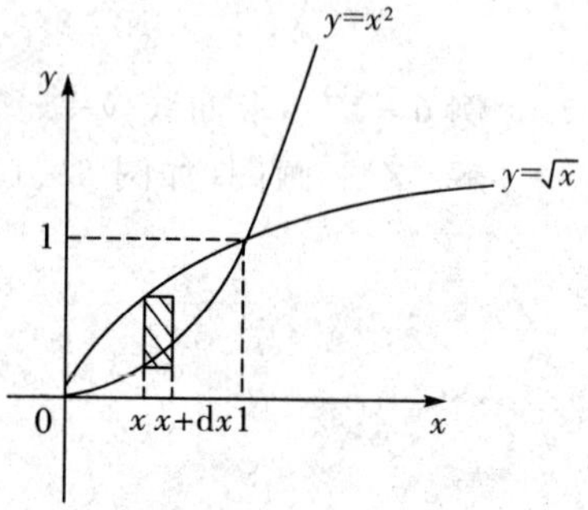

图 6-15

(5) 曲线 $y=x^2$ 与 $y=\sqrt{x}$ 所围成的平面图形的面积为 $\frac{1}{3}$.

例 6-19　求椭圆 $\frac{x^2}{a^2}+\frac{y^2}{b^2}=1(a>b)$ 的面积(如图 6-16 所示).

解　因为椭圆关于 x 轴、y 轴对称，所以椭圆的面积是它在第一象限部分面积的 4 倍，如图 6-16 所示，即 $4\int_0^a y dx$.

由 $\frac{x^2}{a^2}+\frac{y^2}{b^2}=1$ 可得 $y=\pm\sqrt{b^2\left(1-\frac{x^2}{a^2}\right)}$，因为第一象限 $x>0$，$y>0$，所以

$$A=4\int_0^a y dx=4\int_0^a\sqrt{b^2\left(1-\frac{x^2}{a^2}\right)}dx=4\frac{b}{a}\int_0^a\sqrt{a^2-x^2}dx$$

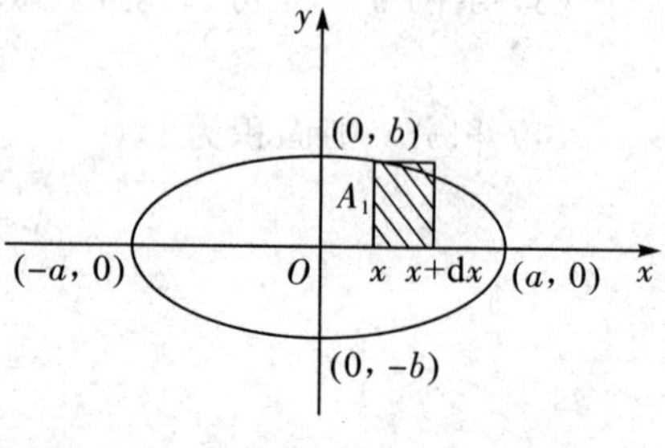

图 6-16

令 $x=a\sin t$，则

$$dx=d(a\sin t)=a\cos t\,dt$$

当 $x=0$ 时，$t=0$；当 $x=a$ 时，$t=\frac{\pi}{2}$. 即

$$4\frac{b}{a}\int_0^a\sqrt{a^2-x^2}\,dx=4\frac{b}{a}\int_0^{\frac{\pi}{2}}a\cos t\,d(a\sin t)$$
$$=4ab\int_0^{\frac{\pi}{2}}\cos^2 t\,dt$$
$$=2ab\int_0^{\frac{\pi}{2}}(1+\cos 2t)\,dt$$
$$=2ab\left(t-\frac{1}{2}\sin 2t\right)\Bigg|_0^{\frac{\pi}{2}}$$
$$=\pi ab$$

所以椭圆$\frac{x^2}{a^2}+\frac{y^2}{b^2}=1$的面积为$\pi ab$.

例 6-20　求曲线$y^2=2x$与直线$y=x-4$所围成的平面图形的面积.

解　(1) 画图(如图 6-17 所示)，选择y为积分变量.

(2) 求交点坐标，即由方程组：

$$\begin{cases}y^2=2x\\y=x-4\end{cases}$$

解得交点的纵坐标为$y_1=-2$，$y_2=4$，则积分区间为$[-2,4]$.

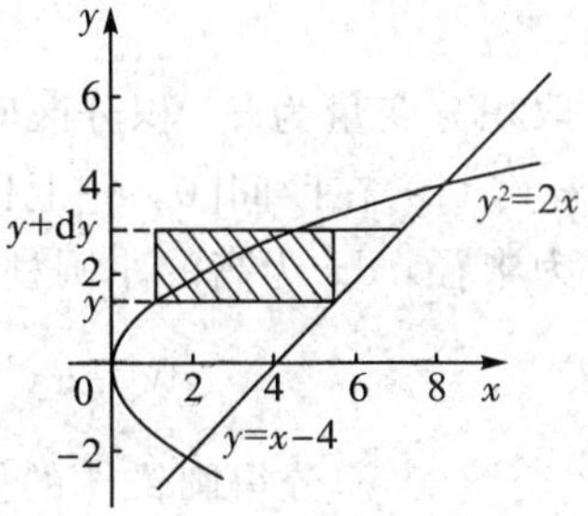

图 6-17

(3) 由图可知，面积微元为

$$dA=\left(y+4-\frac{1}{2}y^2\right)dy$$

(4) 积分，则面积为

$$A=\int_{-2}^{4}\left[(y+4)-\frac{y^2}{2}\right]dy$$
$$=\left(\frac{1}{2}y^2+4y-\frac{1}{6}y^3\right)\Bigg|_{-2}^{4}$$
$$=18$$

(5) 曲线$y^2=2x$与直线$y=x-4$所围成的平面图形的面积为 18.

由此可以看出，积分变量选x或y都可以，需要依据具体情况而定.

三、用定积分求旋转体的体积

用定积分来表示平面图形的面积只是定积分在几何上的一个应用. 下面介绍定积分在几何上的另一个应用——求旋转体的体积.

一平面图形绕平面内的一条直线旋转一周所成的立体图形称为旋转体，该直线称为旋转轴. 这里我们只研究绕x轴和y轴旋转的旋转体体积.

设函数$y=f(x)$，$x=a$，$x=b$及x轴所围成的图形绕x轴旋转一周的旋转体如图 6-18 所示，在区间$[a,b]$上任意取一个小区间$[x,x+dx]$，它对应的体积可以近似地看成是以y为半径，以dx为高的小圆柱体的体积，从而得到一个微元$dv=\pi y^2dx$，整个旋转体可以看成由无穷多个微元累加得到，则旋转体的体积为

$$V=\int_a^b dV=\int_a^b\pi y^2dx=\int_a^b\pi f^2(x)dx$$

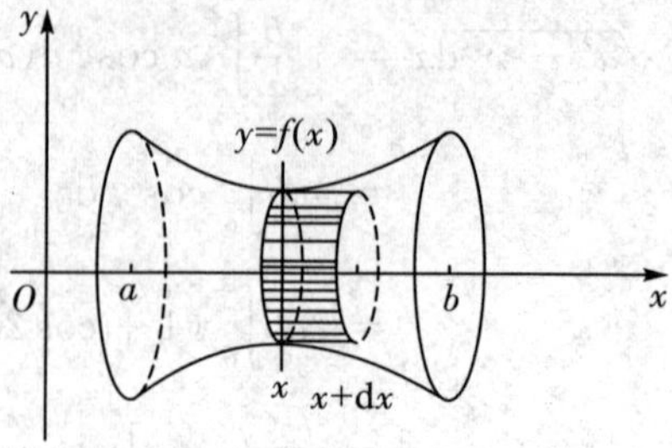

图 6-18

例 6-21 证明底面半径为 r，高为 h 的圆锥体的体积为 $V=\frac{1}{3}\pi r^2 h$.

证明 (1) 如图 6-19 所示，设圆锥的旋转轴重合于 x 轴，则直线 OA 的方程为

$$y=\frac{r}{h}x$$

取积分变量为 x，积分区间为$[0, h]$.

(2) 在区间$[0, h]$上任意取一个小区间$[x, x+\mathrm{d}x]$，与它对应的薄片体积近似于以 y 为半径，$\mathrm{d}x$ 为高的小圆柱体积，从而得到体积微元为

$$\mathrm{d}V=\pi y^2\,\mathrm{d}x=\pi\left(\frac{r}{h}x\right)^2\mathrm{d}x$$

(3) 积分得圆锥体的体积为

$$V=\int_0^h \pi\left(\frac{r}{h}x\right)^2\mathrm{d}x$$
$$=\pi\left(\frac{r^2}{3h^2}x^3\right)\Big|_0^h$$
$$=\frac{1}{3}\pi r^2 h$$

(4) 圆锥体的体积为$\frac{1}{3}\pi r^2 h$.

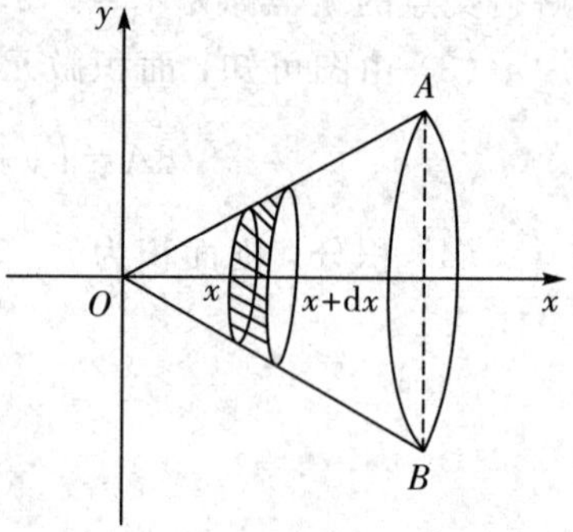

图 6-19

例 6-22 求由椭圆$\frac{x^2}{a^2}+\frac{y^2}{b^2}=1(a>b)$所形成的平面图形分别绕 x 轴和 y 轴旋转而成的旋转体的体积.

解 椭圆绕 x 轴旋转(如图 6-20(a)所示)，由于该图形对称，所以可以只计算一半.

(1) 根据图 6-20(b)，取积分变量为 x，积分区间为$[0, a]$.

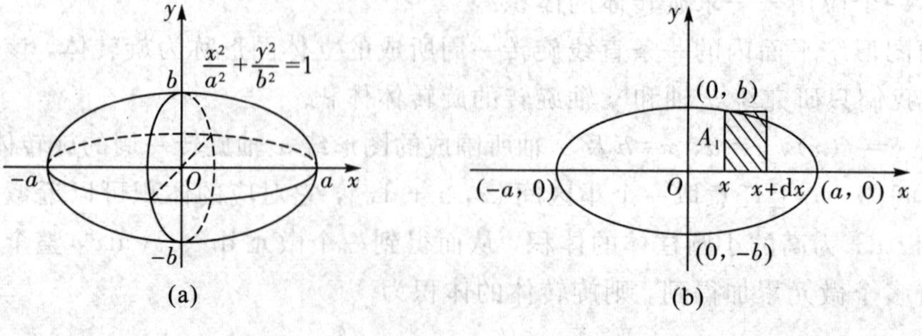

图 6-20

(2) 在区间[0, a]上任意取一个区间[x, $x+\mathrm{d}x$]，得体积微元为

$$\mathrm{d}V=\pi y^2\mathrm{d}x$$

(3) 积分得椭球体积为

$$\begin{aligned}V&=2\int_0^a \pi y^2\mathrm{d}x\\&=2\pi\int_0^a \frac{b^2}{a^2}(a^2-x^2)\mathrm{d}x\\&=\frac{2\pi b^2}{a^2}\left(a^2x-\frac{1}{3}x^3\right)\Big|_0^a\\&=\frac{4}{3}\pi ab^2\end{aligned}$$

椭圆绕 y 轴旋转，其体积也可以只计算一半.

(1) 如图 6-21 所示，取积分变量为 y，积分区间为[0, b].

(2) 在区间[0, b]上任意取一个区间[y, $y+\mathrm{d}y$]，得体积微元为

$$\mathrm{d}V=\pi x^2\mathrm{d}y$$

(3) 积分得椭球体积为

$$\begin{aligned}V&=2\int_0^b \pi x^2\mathrm{d}y\\&=2\pi\int_0^b \frac{a^2}{b^2}(b^2-y^2)\mathrm{d}y\\&=2\pi\frac{a^2}{b^2}\left(b^2y-\frac{1}{3}y^3\right)\Big|_0^b\\&=\frac{4}{3}\pi a^2b\end{aligned}$$

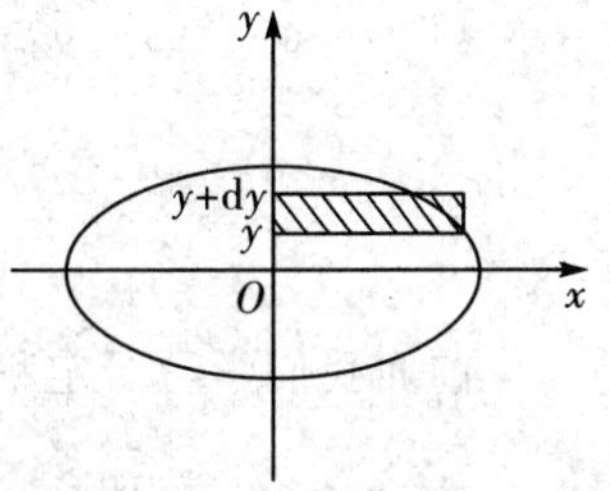

图 6-21

例 6-23　计算由曲线 $y=x^2$ 和 $y^2=x$ 所围成的图形绕 x 轴旋转的体积.

解　画图(如图 6-22 所示)，两条曲线的交点坐标为(0, 0)，(1, 1)，取积分变量为 x，积分区间为[0, 1]. 在区间[0, 1]上任取一个区间[x, $x+\mathrm{d}x$]，它绕 x 轴旋转后，得到近似的一个空心的小圆柱体，它的体积微元为

$$\mathrm{d}V=(\pi x-\pi x^4)\mathrm{d}x$$

即旋转体的体积为

$$\begin{aligned}V&=\int_0^1(\pi x-\pi x^4)\mathrm{d}x\\&=\pi\left(\frac{1}{2}x^2-\frac{1}{5}x^5\right)\Big|_0^1\\&=\frac{3\pi}{10}\end{aligned}$$

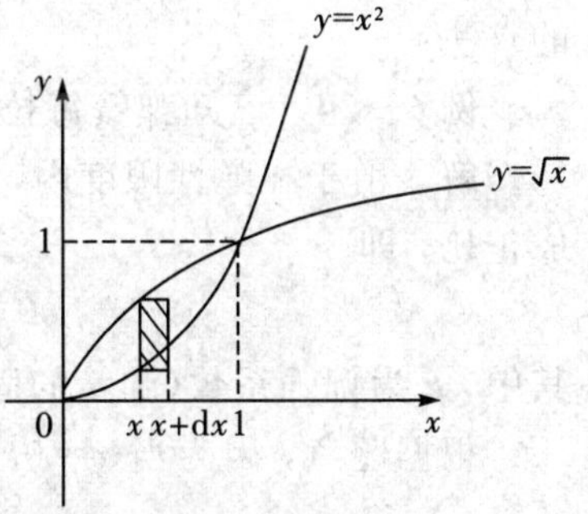

图 6-22

练习题 6-4

1. 求曲线 $y=\frac{1}{x}$ 与直线 $y=x$，$x=2$，$y=0$ 所围成的平面图形的面积.

2. 求曲线 $y=\sin x$，$y=\cos x$ 与直线 $x=0$，$x=\frac{\pi}{2}$ 所围成的平面图形的面积.

3. 求曲线 $y=e^x$ 与直线 $y=e$, $x=0$ 所围成的平面图形的面积.

4. 求曲线 $y=x^2$ 与直线 $y=1$ 所围成的平面图形的面积.

5. 求曲线 $y^2=x$ 与直线 $y=x-2$ 所围成的平面图形的面积.

6. 求曲线 $y=x^2-2x-3$ 与直线 $y=0$ 所围成的平面图形的面积.

7. 求曲线 $y=x^2$, $y=0$, $x=1$ 所围成的平面图形分别绕 x 轴和 y 轴旋转所得的旋转体的体积.

8. 求曲线 $y=\dfrac{1}{x}$ 和直线 $y=4x$, $x=2$, $y=0$ 所围成的平面图形绕 x 轴旋转所得的旋转体的体积.

9. 求曲线 $y=\ln x$ 与直线 $y=e$, $x=0$, $y=0$ 所围成的平面图形绕 y 轴旋转所得的旋转体的体积.

10. 求曲线 $y=e^x$ 与直线 $y=e$, $x=0$ 所围成的平面图形分别绕 x 轴和 y 轴旋转所得的旋转体的体积.

11. 求 $x^2+(y-5)^2=16$ 绕 x 轴旋转所得的旋转体的体积.

第五节　定积分的物理应用

前面我们学习了定积分在几何上的一些应用，本节学习定积分在物理上的一些应用.

一、变力做功

由物理学知识可知，在一个恒力 F 的作用下，物体沿力的方向作直线运动，当物体移动一段距离 s 时，F 所做的功为

$$W=F\cdot s$$

但在实际问题中，经常需要计算变力所做的功. 下面我们通过例子来说明变力做功的求法.

例 6-24　已知弹簧每拉长 0.01 m 要用 5 N 的力，求把弹簧拉长 0.1 m 所做的功.

解　由于在弹性限度内，拉伸(或压缩)弹簧所需的力 F 和弹簧的伸长量(或压缩量) x 成正比，即

$$F=kx$$

其中，k 为倔强系数(弹簧的固有属性)，是一个常量.

根据题意，因为当 $x=0.01$ m 时，$F=5$ N，所以 $k=500$，这样得到的变力函数为

$$F=500x$$

下面用微元法求此变力所做的功.

(1) 取积分变量为 x，积分区间为 $[0, 0.1]$.

(2) 在 $[0, 0.1]$ 上任取一个小区间为 $[x, x+dx]$，与它对应的变力所做的功近似地看作恒力所做的功，从而得到功的微元为

$$dW=500x\,dx$$

(3) 积分，得弹簧拉长所做的功为

$$W = \int_0^{0.1} 500x\mathrm{d}x$$
$$= (250x^2)\big|_0^{0.1}$$
$$= 2.5(\mathrm{J})$$

例 6-25　一个圆柱形的蓄水桶高为 4 m，底面半径为 2 m，如果要把桶内的水全部吸出需要做多少功？($\rho=1\times10^3$ kg/m³，$g=9.8$ N/kg)(保留两位有效数字)

解　如图 6-23 所示，由于将不同深度的水吸出到桶口的路程不同，所以取深度 x 为积分变量，积分区间为$[0, 4]$；在区间$[0, 4]$上任取一个小区间$[x, x+\mathrm{d}x]$，对应的一薄层水的高度为 $\mathrm{d}x$，体积为 $\mathrm{d}V=4\pi\mathrm{d}x$. 则小薄层水的重力为

$$G=\rho g\mathrm{d}V=1\times10^3\times9.8\times4\pi\mathrm{d}x=39\ 200\pi\mathrm{d}x$$

将这一薄层水吸出桶外所做的功等于克服这一薄层水的重力所做的功，功的微元为

$$\mathrm{d}W=39\ 200\pi x\mathrm{d}x$$

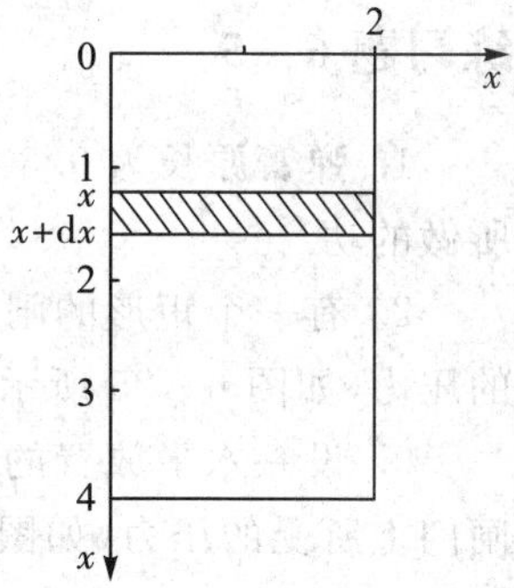

图 6-23

即把桶内全部的水吸出需要做的功为

$$W = \int_0^4 39\ 200\pi x\mathrm{d}x$$
$$= (19\ 600\pi x^2)\big|_0^4 \approx 9.8\times10^5(\mathrm{J})$$

二、液体压力

由物理学知识可知，一水平放置在液体中的薄片，若其面积为 S，距离液体表面的深度为 h，则该薄片一侧所受的压力 F 等于以薄片为底，以距离液体表面深度为高的液体重量，即

$$F=mg=\rho Vg=\rho gSh$$

其中，ρ 为液体的密度(单位：kg/m³).

但在实际问题中，往往要计算与液面垂直放置的薄片(如水渠的闸门)一侧所受的压力. 由于薄片上每一个位置距液体表面的深度都不一样，因此不能直接利用公式计算. 下面我们通过例子来说明这种薄片所受液体的压力.

例 6-26　设有一竖直的闸门，形状是等腰梯形，上底边长 10 m，下底边长 6 m，高 20 m. 如图 6-24 所示，当水面与闸门平齐时，求闸门所受水的压力. ($\rho=1\times10^3$ kg/m³，$g=9.8$ N/kg)(保留两位有效数字)

解　(1) 取积分变量为 x，积分区间为$[0, 20]$.

(2) 如图 6-24 所示，由 $A(0, 5)$，$B(20, 3)$得到直线 AB 的方程为 $y=5-\dfrac{x}{10}$.

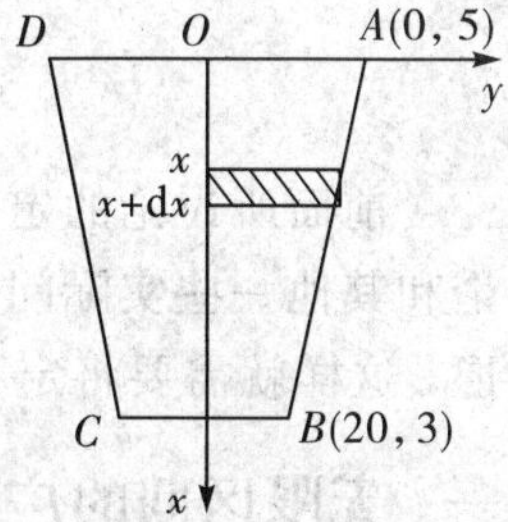

图 6-24

(3) 在区间$[0, 20]$上任取一个小区间$[x, x+\mathrm{d}x]$，闸门上相应于该小区间的小窄条的面积近似地看作是小矩形，该小矩形一侧受到的压力近似地看作把小矩形平放在距液体表面深度为 x 的位置上一侧所受的压力，而压力的微元为

$$\mathrm{d}F=\rho gx2y\mathrm{d}x$$

(4) 即液体对闸门的压力为

$$
\begin{aligned}
F &= \int_0^{20} \rho g x 2\left(5-\frac{x}{10}\right)\mathrm{d}x \\
&= 2\rho g\left(\frac{5}{2}x^2-\frac{x^3}{30}\right)\Big|_0^{20} \\
&\approx 1.4\times 10^7 (\mathrm{N})
\end{aligned}
$$

练习题 6-5

1. 弹簧原长为 0.30 m，每压缩 0.01 m 需要 2 N 的力，求把弹簧从原长压缩到 0.20 m 所做的功.

2. 有一个矩形的闸门，它的长为 3 m，宽为 2 m，求当水面超出闸门 1 m 时，闸门所受的压力(如图 6-25 所示). ($\rho=1\times10^3$ kg/m^3，$g=9.8$ N/kg)(保留两位有效数字)

3. 设一水平放置的水管，其断面是直径为 6 m 的圆，求当水一半时，水管一端的竖立闸门上所受的压力(如图 6-26 所示). ($\rho=1\times10^3$ kg/m^3，$g=9.8$ N/kg)(保留两位有效数字)

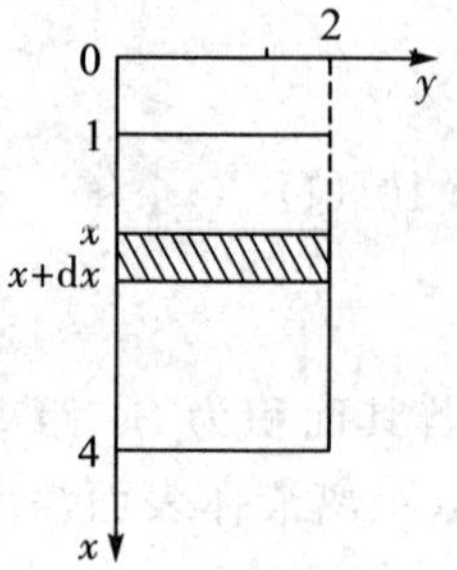

图 6-25

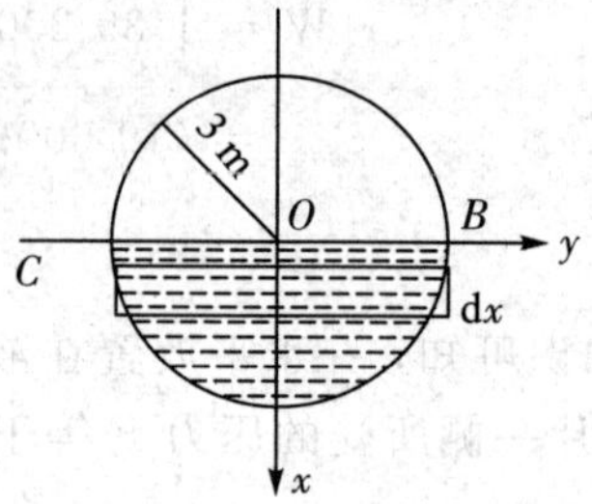

图 6-26

4. 设一物体在某介质中按照 $s=t^2$ 作直线运动，其中 s 是在时间 t 内所经过的路程，介质的阻力与运动的速度的平方成正比(比例系数为 k)，当物体由 $s=0$ 到 $s=a$ 时，求介质阻力所做的功.

第六节 广义积分

前面所讨论的定积分都是连续函数在有限区间$[a, b]$上对有界函数进行积分. 在概率论和其他一些实际问题中，经常会遇到积分区间是无限区间或者被积函数是无界函数的情形，这样就需要将定积分的定义加以拓展. 上述这两类积分都叫作广义积分.

一、无限区间的广义积分

如果求曲线 $y=\dfrac{1}{x^2}$ 与直线 $y=0$，$x=1$ 所围成的向右无限伸展的“开口曲边梯形”的面积. 如图 6-27 所示，由于图形是“开口”的，所以不能直接用定积分计算其面积. 如果取 $b>1$，则在区间$[1, b]$上的曲边梯形的面积为$\displaystyle\int_1^b \frac{1}{x^2}\mathrm{d}x=\left(-\frac{1}{x}\right)\Big|_1^b=1-\frac{1}{b}$.

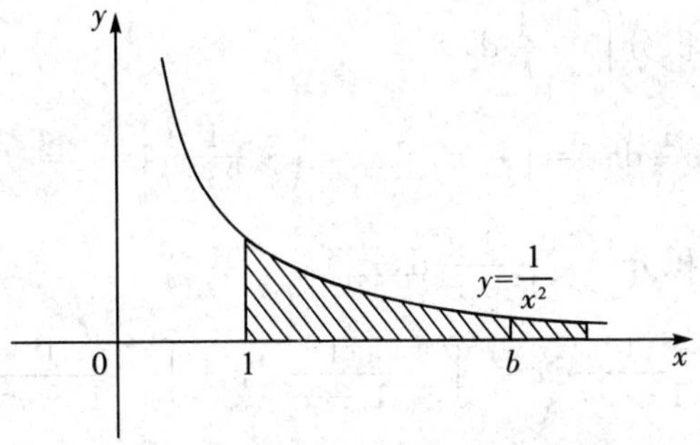

图 6-27

显然，b 越大，这个曲边梯形的面积就越接近于所求的"开口曲边梯形"的面积. 因此，当 $b\to+\infty$ 时，曲边梯形面积的极限 $\lim\limits_{b\to+\infty}\int_1^b\frac{1}{x^2}\mathrm{d}x=\lim\limits_{b\to+\infty}\left(1-\frac{1}{b}\right)=1$，就表示了所要求的"开口曲边梯形"的面积.

一般地，对于**无限区间的广义积分**，有如下定义：

定义 6-2　设函数 $f(x)$ 在区间 $[a,+\infty)$ 上连续，极限 $\lim\limits_{b\to+\infty}\int_a^b f(x)\mathrm{d}x\,(a<b)$ 称为函数 $f(x)$ 在无穷区间 $[a,+\infty)$ 上的广义积分，记作 $\int_a^{+\infty}f(x)\mathrm{d}x$，即

$$\int_a^{+\infty}f(x)\mathrm{d}x=\lim_{b\to+\infty}\int_a^b f(x)\mathrm{d}x$$

若极限存在，称广义积分 $\int_a^{+\infty}f(x)\mathrm{d}x$ **收敛**；若极限不存在，则称广义积分 $\int_a^{+\infty}f(x)\mathrm{d}x$ **发散**.

同理，函数 $f(x)$ 在区间 $(-\infty,b]$ 上的广义积分为

$$\int_{-\infty}^b f(x)\mathrm{d}x=\lim_{a\to-\infty}\int_a^b f(x)\mathrm{d}x$$

若极限存在，称广义积分 $\int_{-\infty}^b f(x)\mathrm{d}x$ 收敛；若极限不存在，则称广义积分 $\int_{-\infty}^b f(x)\mathrm{d}x$ 发散.

对于函数 $f(x)$ 在区间 $(-\infty,+\infty)$ 上的广义积分，在区间 $(-\infty,+\infty)$ 上插入 c，则积分为

$$\int_{-\infty}^{+\infty}f(x)\mathrm{d}x=\int_{-\infty}^{c}f(x)\mathrm{d}x+\int_{c}^{+\infty}f(x)\mathrm{d}x=\lim_{a\to\infty}\int_a^c f(x)\mathrm{d}x+\lim_{b\to+\infty}\int_c^b f(x)\mathrm{d}x$$

当且仅当两极限同时存在时，广义积分 $\int_{-\infty}^{+\infty}f(x)\mathrm{d}x$ 才收敛，否则发散.

例 6-27　计算广义积分 $\int_0^{+\infty}\mathrm{e}^{-x}\mathrm{d}x$.

解
$$\int_0^{+\infty}\mathrm{e}^{-x}\mathrm{d}x=(-\mathrm{e}^{-x})\Big|_0^{+\infty}=0+1=1$$

例 6-28　计算广义积分 $\int_{\mathrm{e}}^{+\infty}\frac{\mathrm{d}x}{x\ln x}$.

解
$$\int_{\mathrm{e}}^{+\infty}\frac{\mathrm{d}x}{x\ln x}=\int_{\mathrm{e}}^{+\infty}\frac{1}{\ln x}\mathrm{d}(\ln x)=(\ln\ln x)\Big|_{\mathrm{e}}^{+\infty}=+\infty$$

所以该积分发散.

例 6-29 计算广义积分$\int_{-\infty}^{-1}\frac{1}{x^3}\mathrm{d}x$.

解 $$\int_{-\infty}^{-1}\frac{1}{x^3}\mathrm{d}x=\int_{-\infty}^{-1}x^{-3}\mathrm{d}x=\left(-\frac{1}{2x^2}\right)\Big|_{-\infty}^{-1}=-\frac{1}{2}$$

例 6-30 计算广义积分$\int_{-\infty}^{+\infty}\frac{1}{1+x^2}\mathrm{d}x$.

解 $$\int_{-\infty}^{+\infty}\frac{1}{1+x^2}\mathrm{d}x=\int_{-\infty}^{0}\frac{1}{1+x^2}\mathrm{d}x+\int_{0}^{+\infty}\frac{1}{1+x^2}\mathrm{d}x$$
$$=-(\arctan x)\Big|_{-\infty}^{0}+(\arctan x)\Big|_{0}^{+\infty}$$
$$=-\left(-\frac{\pi}{2}\right)+\frac{\pi}{2}=\pi$$

二、无界函数的广义积分

定义 6-3 设函数 $f(x)$在区间$(a, b]$上连续(如图 6-28 所示), $\lim\limits_{x\to a^+}f(x)=\infty$, $c\in(a, b]$, 称
$$\lim_{c\to a^+}\int_c^b f(x)\mathrm{d}x$$
为函数 $f(x)$ 在区间$(a, b]$上的广义积分, 记作$\int_a^b f(x)\mathrm{d}x$, 即
$$\int_a^b f(x)\mathrm{d}x=\lim_{c\to a^+}\int_c^b f(x)\mathrm{d}x$$
若此极限存在, 称广义积分$\int_a^b f(x)\mathrm{d}x$ 收敛, 否则称广义积分$\int_a^b f(x)\mathrm{d}x$ 发散.

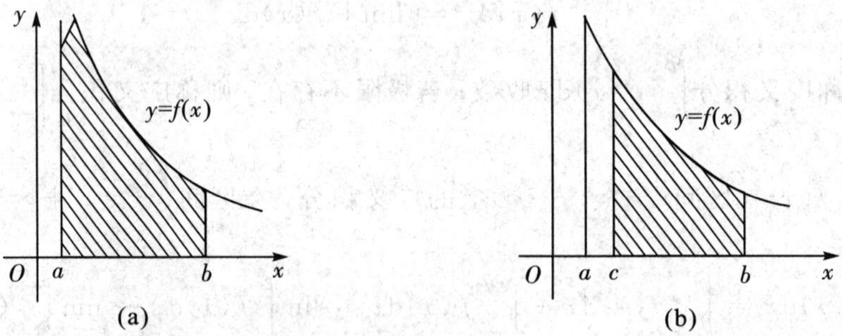

图 6-28

类似地, 可定义区间$[a, b)$上的广义积分:

(1) 设函数 $f(x)$在区间$[a, b)$上连续, $\lim\limits_{x\to b^-}f(x)=\infty$, $c\in[a, b)$, 称
$$\lim_{c\to b^-}\int_a^c f(x)\mathrm{d}x$$
为 $f(x)$ 在区间$[a, b)$ 上的广义积分, 记作$\int_a^b f(x)\mathrm{d}x$, 即
$$\int_a^b f(x)\mathrm{d}x=\lim_{c\to b^-}\int_a^c f(x)\mathrm{d}x$$

若此极限存在，则称广义积分$\int_c^b f(x)\mathrm{d}x$收敛，否则称发散.

(2) 设函数$f(x)$在区间$[a, b]$上除点$c \in (a, b)$外都连续，且$\lim\limits_{x\to c}f(x)=\infty$，则$\int_a^b f(x)\mathrm{d}x$是广义积分，而

$$\int_a^b f(x)\mathrm{d}x=\int_a^c f(x)\mathrm{d}x+\int_c^b f(x)\mathrm{d}x$$

若$\int_a^c f(x)\mathrm{d}x$与$\int_c^b f(x)\mathrm{d}x$同时收敛，则广义积分$\int_a^b f(x)\mathrm{d}x$收敛，否则称发散.

例 6-31　讨论广义积分$\int_0^2 \frac{1}{\sqrt{4-x^2}}\mathrm{d}x$的收敛性.

解　$$\int_0^2 \frac{1}{\sqrt{4-x^2}}\mathrm{d}x=\frac{1}{2}\int_0^2 \frac{1}{\sqrt{1-\left(\frac{x}{2}\right)^2}}\mathrm{d}x=\arcsin\frac{x}{2}\Big|_0^2=\frac{\pi}{2}$$

此极限存在，所以广义积分收敛.

例 6-32　计算广义积分$\int_{-1}^1 \frac{1}{x^2}\mathrm{d}x$.

解　$$\int_{-1}^1 \frac{1}{x^2}\mathrm{d}x=\int_{-1}^0 \frac{1}{x^2}\mathrm{d}x+\int_0^1 \frac{1}{x^2}\mathrm{d}x$$

因为此极限不存在，所以广义积分发散.

例 6-33　计算广义积分$\int_0^4 \frac{1}{\sqrt{x}}\mathrm{d}x$.

解　$$\int_0^4 \frac{1}{\sqrt{x}}\mathrm{d}x=(2\sqrt{x})\Big|_0^4=4$$

练习题 6-6

下列广义积分是否收敛？若收敛，计算它的值.

(1) $\int_1^{+\infty} \frac{1}{\sqrt{x}}\mathrm{d}x$；　(2) $\int_2^{+\infty} \frac{1}{x^2-1}\mathrm{d}x$；

(3) $\int_1^{+\infty} \frac{1}{x^2}\mathrm{e}^{-\frac{1}{x}}\mathrm{d}x$；　(4) $\int_{-\infty}^{+\infty} \operatorname{arccot} x\,\mathrm{d}x$；

(5) $\int_0^1 \ln x\,\mathrm{d}x$；　(6) $\int_{-1}^1 \frac{1}{\sqrt{1-x^2}}\mathrm{d}x$.

自 测 题 一

一、填空题.

1. 定积分$\int_{-2}^4 \frac{x^2+\sin 2x}{\ln x}\mathrm{d}x$的积分上限是________，积分下限是________，被积函数是________，被积表达式是________，积分变量是________.

2. 把区间$[-1,3]$上的和式的极限用定积分的形式表示$\lim\limits_{\lambda\to 0}\sum\limits_{i=1}^{n}\frac{1}{\sqrt{4-\xi_i}}\Delta x_i=$________.

3. $\int_1^2 2x\,dx=$________；$\int_0^1 2x\,dx=$________；$\int_0^1 2\,dt=$________.

4. $\int_{-1}^{1}\frac{x^7}{1+x^6}dx=$________；$\int_{-1}^{1}x^2\,dx=$________.

5. 广义积分$\int_{e}^{+\infty}\frac{1}{x\ln^2 x}dx=$________.

6. $\int_0^{\frac{\pi}{4}}\sin x\,dx$________$\int_0^{\frac{\pi}{4}}\cos x\,dx$(填"$\leqslant$""$\geqslant$"或"$=$").

7. 一物体作直线运动，其速率为$v=1+t^2$，试用定积分表示物体从$t=1$到$t=3$时间内的路程________.

8. 已知函数$f(1)=1$，$f(2)=-1$，则$\int_1^2 f(x)f'(x)dx=$________.

二、选择题.

1. 下列定积分计算正确的是(　　).

A. $\int_{-\frac{\pi}{2}}^{\frac{\pi}{2}}\cos x\,dx=0$　　B. $\int_0^{\pi}\sin x\,dx=0$

C. $\int_0^{\frac{\pi}{2}}\cos x\,dx=1$　　D. $\int_0^{2\pi}\sin x\,dx=2$

2. $\left(\int_0^1\frac{1}{1+x^2}dx\right)'=$(　　).

A. $\frac{\pi}{2}$　　B. $\frac{\pi}{4}$　　C. $\frac{1}{2}$　　D. 0

3. $\int_0^1 f'(2t)dt=$(　　).

A. $2[f(2)-f(0)]$　　B. $\frac{1}{2}[f(2)-f(0)]$

C. $f(2)-f(0)$　　D. $\frac{1}{2}[f(1)-f(0)]$

4. 若$\int_0^1(2x+k)dx=2$，则$k=$(　　).

A. -1　　B. 0　　C. 2　　D. 1

5. 下列广义积分收敛的是(　　).

A. $\int_0^{\frac{\pi}{2}}\tan x\,dx$　　B. $\int_0^{+\infty}\cos x\,dx$　　C. $\int_1^{+\infty}\frac{1}{1+x}dx$　　D. $\int_0^1\ln x\,dx$

6. $\int_0^1 e^x f(e^x)dx=\int_a^b f(u)du$，则(　　).

A. $a=1$，$b=e$　　B. $a=0$，$b=1$　　C. $a=1$，$b=10$　　D. $a=1$，$b=e$

三、计算题.

1. $\int_0^1 x\arctan x\,dx$；　　2. $\int_{-1}^{0}(1-x)^3\,dx$；

3. $\int_0^{\frac{1}{2}} \frac{\arctan 2x}{1+4x^2}\mathrm{d}x$；

4. $\int_0^{\frac{\pi}{4}} \frac{\sin x - \cos x}{\cos x + \sin x}\mathrm{d}x$；

5. $\int_0^{\ln 2} \frac{1}{1+\mathrm{e}^x}\mathrm{d}x$；

6. $\int_1^5 \frac{\sqrt{x-1}}{\sqrt{x-1}+1}\mathrm{d}x$；

7. $\int_0^1 \frac{1}{\sqrt{x^2+1}}\mathrm{d}x$；

8. $\int_0^{\frac{\pi}{2}} x\cos x\,\mathrm{d}x$；

9. $\int_{\frac{1}{\mathrm{e}}}^{\mathrm{e}} |\ln x|\,\mathrm{d}x$；

10. $\int_{-1}^3 \frac{1}{4-x^2}\mathrm{d}x$.

四、解答题.

1. 求曲线 $y=\frac{1}{x}$ 与直线 $y=x$，$x=2$ 所围成图形的面积，及围成图形绕 x 轴旋转的体积.

2. 设一物体沿直线运动，其速度为 $v=\frac{1}{\sqrt{1+t}}$ m/s，试求物体从运动开始后 8 s 内所经过的路程.

3. 一块高为 a，底为 b 的等腰三角形薄片，直立地沉没在水中，它的顶在下，底与水面相齐，试计算它所受的压力.

自测题二

一、填空题.

1. 设 $f'(\sin x)=\cos^2 x$ 且 $f(0)=0$，则 $f(x)=$________.

2. 设 $f(x)$ 为连续函数，则 $\int_2^3 f(x)\mathrm{d}x+\int_3^1 f(t)\mathrm{d}t+\int_1^2 f(u)\mathrm{d}u=$ ________.

3. 曲线 $y=x^3$ 及 $y=0$，$x=1$ 所围成的图形绕 x 轴旋转的旋转体的体积为________.

4. 若 $x\mathrm{e}^x$ 为 $f(x)$ 的一个原函数，则 $\int_0^1 xf'(x)\mathrm{d}x=$ ________.

5. 根据定积分的几何意义，$\int_0^2 \sqrt{4-x^2}\,\mathrm{d}x=$ ________.

6. 若 $\int_0^a \frac{x}{1+x^2}\mathrm{d}x=1(a>0)$，则 $a=$ ________.

二、选择题.

1. 定积分 $\int_a^b f(x)\mathrm{d}x$ 与(　　)无关.

A. 积分下限 a　　B. 积分上限 b

C. 对应关系 f　　D. 积分变量记号 x

2. 定积分 $\int_{-1}^1 |x|\,\mathrm{d}x=$ (　　).

A. $-\int_{-1}^{1}x\mathrm{d}x$　　B. $\int_{-1}^{1}x\mathrm{d}x$

C. $-\int_{-1}^{0}x\mathrm{d}x+\int_{0}^{1}x\mathrm{d}x$　　D. $2\int_{-1}^{1}x\mathrm{d}x$

3. 当函数 $f(x)=($　　$)$时，有$\int_{-a}^{a}f(x)\mathrm{d}x=0$.

A. $x^2\mathrm{e}^{x^2}$　　B. $x\mathrm{e}^x$　　C. x^5+x^2　　D. x^5+x

4. 下列广义积分收敛的是(　　).

A. $\int_{1}^{+\infty}\frac{1}{x^2}\mathrm{d}x$　　B. $\int_{1}^{+\infty}\frac{1}{\sqrt{x}}\mathrm{d}x$　　C. $\int_{\mathrm{e}}^{+\infty}\frac{1}{x\ln x}\mathrm{d}x$　　D. $\int_{1}^{+\infty}\frac{1}{x}\mathrm{d}x$

5. 已知 $f(0)=1$，$f(1)=2$，$f'(1)=3$，则$\int_{0}^{1}xf''(x)\mathrm{d}x=($　　$)$.

A. 1　　B. 2　　C. 3　　D. 4

6. $y=x^2$，$x=-1$，$x=2$，$y=0$ 所围成平面图形的面积为(　　).

A. $\frac{7}{3}$　　B. 3　　C. $\frac{8}{3}$　　D. 4

三、计算题.

1. $\int_{0}^{\frac{\pi}{2}}\sin x\cos^3 x\mathrm{d}x$；　　2. $\int_{-1}^{0}\frac{1}{\sqrt{4-5x}}\mathrm{d}x$；

3. $\int_{0}^{2\pi}|\sin x|\mathrm{d}x$；　　4. $\int_{1}^{\sqrt{\mathrm{e}}}x\ln x^2\mathrm{d}x$；

5. $\int_{4}^{7}\frac{x}{\sqrt{x-3}}\mathrm{d}x$；　　6. $\int_{0}^{1}\sqrt{4-x^2}\mathrm{d}x$；

7. $\int_{1}^{\mathrm{e}}\ln^2 x\mathrm{d}x$；　　8. $\int_{0}^{\frac{\pi}{2}}x\sin x\mathrm{d}x$；

9. $\int_{1}^{2}\frac{\mathrm{e}^{\frac{1}{x}}}{x^2}\mathrm{d}x$；　　10. $\int_{0}^{1}\frac{x}{1+x^4}\mathrm{d}x$.

四、解答题.

1. 抛物线 $y=x^2$ 及 $x=0$，$x=1$ 所围成的图形绕 x 轴旋转一周的体积.

2. 一物体以速度 $v=\frac{1}{\sqrt{t+1}}$作直线运动，求它在时间区间[0, 3]内的路程.

3. 有一正方形闸门，它的边长为 3 m，求当水面与闸门顶齐平时，闸门所受的压力(水的密度为 10^3 kg/m^3，g 取 9.8 m/s).

阅读材料　积分学的创立

积分学思想的萌芽，可以追溯到古代. 我们已经知道，面积和体积的计算自古以来一直都是数学家们感兴趣的课题. 在古代希腊、中国和印度数学家们的著述中，不乏用无限小过程计算特殊形状的面积、体积和曲线长的例子.

例如，阿基米德、刘徽和祖冲之父子等人在计算体积、面积的过程中，他们的方法确实是人们建立一般积分学的漫长努力的先驱．本文只介绍17至18世纪对积分学创立贡献比较大的一些欧洲数学家．

一、卡瓦列里不可分量原理

意大利数学家卡瓦列里在其著作《用新方法促进的连续不可分量的几何学》(1635)中发展了系统的不可分量方法．卡瓦列里认为：线是由无限多个点组成的；面是由无线多条平行的线段组成的；立体是由无限多个平行平面组成的．他分别把这些元素叫作线、面和体的“不可分量”(indivisible)．他建立了一条关于这些不可分量的普遍原理，后以“卡瓦列里原理”著称：两个等高的立体，如果它们的平行于底面而且离开底面有相等距离的截面面积之间总有给定的比，那么这两个立体的体积之间也有同样的比．

卡瓦列里利用这条原理计算出许多立体图形的体积．然而，他对积分学创立的最重要的贡献在于他利用平面上的不可分量原理建立了等价于积分

$$\int_0^a x^n \mathrm{d}x = \frac{a^{n+1}}{n+1}$$

的基本结果，使早期积分学突破了体积计算的现实原型而向一般算法过渡．

卡瓦列里的不可分量方法比他之前的人(包括开普勒)所使用的方法更接近普遍的积分学算法，因而具有更大的威力．开普勒曾向他的同行提出一个挑战问题：求抛物线弓形绕弦旋转而成的旋转体的体积．卡瓦列里用自己的方法解决了开普勒的问题．

在卡瓦列里发表其不可分量著作以后的20年间，其他一些数学家也陆续推进了不可分量方法，并从不同角度得出

$$\int_0^a x^n \mathrm{d}x = \frac{a^{n+1}}{n+1}$$

这一基本公式．这些数学家包括托利拆里、罗伯瓦尔、费马、帕斯卡和沃利斯．

二、沃利斯“无穷算术”

沃利斯是在牛顿和莱布尼茨以前将分析方法引入微积分贡献最突出的数学家．沃利斯最重要的著作是《无穷算术》(1655)，其书名表明了他用本质上是算术的也就是牛顿所说的“分析”的途径发展积分法．

沃利斯利用他的算术不可分量方法获得了很多重要结果，其中之一就是将卡瓦列里的幂函数积分公式

$$\int_0^a x^n \mathrm{d}x = \frac{a^{n+1}}{n+1}$$

推广到了分数幂的情形：

$$\int_0^a x^{\frac{p}{q}} \mathrm{d}x = \frac{a^{\frac{p}{q}+1}}{\frac{p}{q}+1} = \frac{q}{p+q} a^{\frac{p+q}{q}}$$

不过沃利斯仅对 $p=1$ 的特例证明了这一公式．

三、莱布尼茨及微积分定理

17世纪上半叶，一系列前驱性的工作沿着不同的方向向微积分的大门逼近，但所有这些努力还不足以标志微积分作为一门独立科学的诞生．这些先驱者对于求解各类微积分问

题确实作出了很大的贡献，但他们的方法仍然缺乏足够的一般性. 特别是符号的匮乏，更使得积分学的研究不能长足地前进. 莱布尼茨对符号的改进使得积分学终于步入了现代积分学的大门.

早在1666年，莱布尼茨在《组合艺术》一书中就讨论过数列问题并取得了许多重要结论，他后来在给洛必达的一封信中总结说：他发现，“求切线不过是求差，求积不过是求和”!

在求和运算中，莱布尼茨用拉丁文omnia的缩写omn表示和. 莱布尼茨后来做了大量的工作，在1675年10月29日的一份手稿中，他决定用符号“$\int$”代替omn，显然，“$\int$”是sum的首字母s的拉长. 在1675年11月11日的手稿中，他又引进了符号“dx”，用来表示相邻x的值的差，并探索“$\int$”运算和“d”运算的关系. 1676年11月，莱布尼茨已经给出了幂函数的微分与积分公式：

$$\mathrm{d}x^e = ex^{e-1}\mathrm{d}x$$

$$\int x^e \mathrm{d}x = \frac{x^{e+1}}{e+1}$$

其中，e不一定是正整数. 他还着重指出：“这种推理是一般的，而与x的序列可能没有什么关系.”也就是说，x也可以是自变量的函数而不是自变量本身. 这相当于宣称计算复合函数微分的链式法则.

1677年，莱布尼兹在一篇手稿中明确陈述了微积分基本定理. 给定一条曲线，其纵坐标为y，求该曲线下的面积，莱布尼茨假设可以求出一条曲线(他称为“割圆曲线”)，其纵坐标为z，使得

$$\frac{\mathrm{d}z}{\mathrm{d}x} = y$$

即

$$y\mathrm{d}x = \mathrm{d}z$$

于是原来曲线下的面积为

$$\int y\mathrm{d}x = \int \mathrm{d}z = z$$

莱布尼茨通常假设曲线z通过圆点，这就将求积问题转化成了反切线问题，即：为了求出在纵坐标为y的曲线下的面积，只需求出一条纵坐标为z的曲线，使其切线的斜率为$\frac{\mathrm{d}z}{\mathrm{d}x}=y$. 如果是在区间$[a, b]$上，由$[0, b]$上的面积减去$[0, a]$上的面积，便得到

$$\int_a^b y\mathrm{d}x = z(b) - z(a)$$

这便是我们现代所用的定积分的基本公式，即微积分基本定理.

之后，随着莱布尼茨微积分论文的发表，积分学的一些公式及其运算也展现在数学家们的眼前. 积分学的进步在18世纪主要是由欧洲国家的数学家在发展莱布尼茨微积分的基础上取得的.

第七章　常微分方程

函数是客观事物内部联系在数量方面的反映，利用函数关系又可以对客观事物的规律性进行研究. 因此，如何寻求函数关系在实践中具有重要意义. 但由于现实世界中事物发展运动规律的复杂性，在许多问题中往往不能直接找出所需变量之间的函数关系，而是根据问题可以列出要找的函数及其导数(或微分)间的关系式，这样的关系式在数学上称为微分方程. 在自然科学、社会科学和工程技术等诸多领域的实际问题中，都会涉及微分方程的问题. 本章主要介绍常微分方程的概念、性质及其解法.

第一节　微分方程的基本概念

一、微分方程的概念

在许多科技领域里，常会遇到这样的问题：某个函数的表达式并不知道，但根据科技领域的普遍规律，却可以知道这个未知函数及其导数与自变量之间会满足某种关系。下面我们先来看一个例子.

引例　一曲线通过点(1, 2)，且曲线上任一点处的切线斜率等于该点的横坐标的2倍，求此曲线的方程.

解　设所求曲线方程是 $y=f(x)$，由导数的几何意义及已知条件得

$$\begin{cases}\dfrac{dy}{dx}=2x\\ f(1)=2\end{cases}$$

由 $y'=\dfrac{dy}{dx}=2x$，得 $y=\int 2x dx=x^2+C$(C 为任意常数).

$y=x^2+C$ 代表一簇曲线，簇中每一条曲线在点 x 处的切线斜率均为 $2x$，再利用已知条件 $f(1)=2$，可求出 $C=1$，则

$$y=x^2+1$$

为所求曲线的方程.

上例所得关系式$\dfrac{dy}{dx}=2x$ 中含有未知函数的导数或微分，像这样的方程称为微分方程.

定义 7-1　含有未知函数的导数或微分的方程叫作**微分方程**.

未知函数是一元函数的微分方程叫作**常微分方程**；未知函数是多元函数的微分方程叫作**偏微分方程**. 本章只讨论常微分方程(简称微分方程).

如：

(1) $2y'+x^2=e^x$；

(2) $x^2y''-xy'+y=0$；

(3) $x\mathrm{d}y+y\mathrm{d}x=5$；

(4) $y^4+xy^{(6)}-x^8=0$，

都是常微分方程.

微分方程中未知函数的导数或微分的最高阶数叫作**微分方程的阶**.

如上述(1)、(3)是一阶微分方程；(2)是二阶微分方程；(4)是六阶微分方程.

例 7-1 试写出下列各微分方程的阶.

(1) $x(y')^2-2y+x=0$；

(2) $y'''+3y'-y=0$；

(3) $(1+x^2)\mathrm{d}y-x\mathrm{d}x=0$；

(4) $y''+8y'+7y=5x$.

解 (1)是一阶微分方程；(2)是三阶微分方程；(3)是一阶微分方程；(4)是二阶微分方程.

二、微分方程的解

定义 7-2 如果把某个函数代入微分方程中，能使该微分方程成立，那么这个函数叫作**微分方程的解**，我们把求微分方程解的过程叫作**解微分方程**.

如：函数 $y=\mathrm{e}^x$ 代入微分方程 $y''+y'=2\mathrm{e}^x$ 中，方程成立，那么函数 $y=\mathrm{e}^x$ 是微分方程 $y''+y'=2\mathrm{e}^x$ 的解；且易知 $y=C_1+C_2\mathrm{e}^{-x}+\mathrm{e}^x$ 也是此方程的解.

微分方程的解如果含有任意常数，且独立的任意常数的个数与微分方程的阶数相同，则称这样的解为微分方程的**通解**；而不含有任意常数的解叫作微分方程的**特解**.

像上例中 $y=C_1+C_2\mathrm{e}^{-x}+\mathrm{e}^x$ 是微分方程的通解，$y=\mathrm{e}^x$ 是微分方程的特解.

通解是在一定范围内微分方程的所有解的共同表达式；特解是通解满足一定附加条件来确定任意常数而得到的解，这种附加条件称为**初始条件**，带有初始条件的微分方程称为微分方程的**初值问题**.

例 7-2 验证函数 $y=\mathrm{e}^x$ 是微分方程 $xy'-y\ln y=0$ 的解.

解 由已知得 $y'=\mathrm{e}^x$，把 y，y'代入方程 $xy'-y\ln y=0$ 的左边，得

$$左边=x\mathrm{e}^x-\mathrm{e}^x\ln\mathrm{e}^x=x\mathrm{e}^x-\mathrm{e}^x x=0=右边$$

所以函数 $y=\mathrm{e}^x$ 是方程 $xy'-y\ln y=0$ 的解.

例 7-3 验证函数 $y=C\mathrm{e}^{x^2}$ 是微分方程 $y'=2xy$ 的通解，并求满足初始条件 $y|_{x=0}=2$ 的特解.

解 由已知得 $y'=2Cx\mathrm{e}^{x^2}$，把 y'，y 分别代入方程 $y'=2xy$ 的左边和右边，得

$$左边=2Cx\mathrm{e}^{x^2}，右边=2xC\mathrm{e}^{x^2}$$

即

$$左边=右边$$

所以函数 $y=C\mathrm{e}^{x^2}$ 是方程 $y'=2xy$ 的通解.

将初始条件 $y|_{x=0}=2$ 代入通解 $y=C\mathrm{e}^{x^2}$，得 $C=2$. 故满足初始条件 $y|_{x=0}=2$ 的特解为 $y=2\mathrm{e}^{x^2}$.

例 7-4 验证函数 $y=(C_1+C_2x)\mathrm{e}^{2x}$ 是微分方程 $y''-4y'+4y=0$ 的通解，并求满足初始条件 $y|_{x=0}=0$，$y'|_{x=0}=1$ 的特解.

解　由已知条件得

$$y'=2C_1e^{2x}+(1+2x)C_2e^{2x},\ y''=4C_1e^{2x}+4C_2e^{2x}(1+x)$$

将 y'，y''代入方程 $y''-4y'+4y=0$ 的左边，得

左边 $=4C_1e^{2x}+4C_2e^{2x}(1+x)-8C_1e^{2x}-4C_2e^{2x}(1+2x)+4(C_1+C_2x)e^{2x}=0=$ 右边

所以 $y=(C_1+C_2x)e^{2x}$是方程的通解.

将初始条件 $y|_{x=0}=0$，代入通解 $y=(C_1+C_2x)e^{2x}$；$y'|_{x=0}=1$，代入 $y'=2C_1e^{2x}+(1+2x)C_2e^{2x}$，得

$$\begin{cases}0=C_1\\1=2C_1+C_2\end{cases}$$

解得 $C_1=0$，$C_2=1$，故所求微分方程的特解为 $y=xe^{2x}$.

练习题 7－1

1. 指出下列各微分方程的阶数.

(1) $y'+2y=x$；

(2) $(x+y)dy-dx=0$；

(3) $y''+2y'=e^{-x}$；

(4) $\dfrac{d^3y}{dx^3}-5x=0$.

2. 验证下列函数是否为所对应微分方程的解，是通解还是特解（其中 C，C_1，C_2 均为常数）.

(1) $y=\cos 2x$，$y''+4y=0$；

(2) $y=xe^x+C$，$xy'=(1+x)y$；

(3) $y=3\sin x-4\cos x$，$y''+y=0$；

(4) $y=C_1e^{2x}+C_2e^{3x}$，$y''-5y'+6y=0$.

3. 验证函数 $y=5x^2$ 是微分方程 $xy'=2y$ 的解.

4. 验证函数 $y=C_1e^{2x}+C_2e^{-2x}$（C_1，C_2 为任意常数）是二阶微分方程 $y''-4y=0$ 的通解，并求满足初始条件 $y|_{x=0}=0$，$y'|_{x=0}=1$的特解.

5. 写出满足曲线在(x, y)处的切线斜率等于该点横坐标的平方的微分方程.

第二节　一阶微分方程的求解

一、可分离变量的微分方程

定义 7－3　形如：

$$\frac{dy}{dx}=f(x)\cdot g(y) \tag{7－1}$$

的一阶微分方程，叫作可分离变量的微分方程.

可分离变量的微分方程的求解步骤如下：

(1) 分离变量，得

$$\frac{1}{g(y)}\mathrm{d}y=f(x)\mathrm{d}x$$

(2) 方程两边同时取不定积分，计算积分得微分方程的通解：

$$\int\frac{1}{g(y)}\mathrm{d}y=\int f(x)\mathrm{d}x$$

例 7-5 求微分方程$\frac{\mathrm{d}y}{\mathrm{d}x}=3x^2y$的通解.

解 此方程为可分离变量的微分方程，分离变量($y\neq0$ 时)得

$$\frac{\mathrm{d}y}{y}=3x^2\mathrm{d}x$$

方程两边同时积分得

$$\int\frac{\mathrm{d}y}{y}=\int 3x^2\mathrm{d}x$$

解得

$$\ln|y|=x^3+C_1$$

即

$$|y|=\mathrm{e}^{x^3+C_1}=\mathrm{e}^{C_1}\mathrm{e}^{x^3}$$

所以所求通解为 $y=C\mathrm{e}^{x^3}$(其中 $C=\pm\mathrm{e}^{C_1}$ 为任意常数).

$y=0$ 也是方程的解，当任意常数 C 取零时，此解含在通解中.

注 为了书写方便，可以不必先取绝对值 $\ln|y|$，去掉绝对值后再令 $C=\pm\mathrm{e}^{C_1}$，而在积分时直接写成 $\ln y$，常数 C_1 写成 $\ln C$，这样可由 $\ln y=x^3+\ln C$ 即得到 $y=C\mathrm{e}^{x^3}$. 但值得注意的是，最后得到的常数 C 是(可正可负的)任意常数，以后遇到类似的情况均可这样表示.

例 7-6 求微分方程 $y'=y^2$ 的通解.

解 此方程为可分离变量的一阶微分方程. 当 $y\neq0$ 时，分离变量得

$$\frac{\mathrm{d}y}{y^2}=\mathrm{d}x$$

方程两边同时积分得

$$\int\frac{\mathrm{d}y}{y^2}=\int\mathrm{d}x$$

得通解为

$$-\frac{1}{y}=x+C(C\text{ 为任意常数}).$$

显然 $y=0$ 也是上述方程的解，但它不包含在通解中.

如果求得的微分方程的解是一个显函数，那么这样的解称为**显式解**，如例 7-5 的通解；如果求得的微分方程的解是一个隐函数，那么这样的解称为**隐式解**，如例 7-6 的通解.

在求解微分方程时，由于方程的变形，常使某些特解不在所求的通解中. 这种解一般容易从方程中直接观察出来，有时适当扩大通解中任意常数的取值范围，就可以把这些特解包含进去(如例 7-5). 另外，实际问题中求解微分方程的主要目的是寻找满足初始条件的特解，这样的特解可以从通解中确定出或直接从方程得出，所以今后将不再指出这些不属于通解中的特解.

例 7-7 求微分方程$(1+x^2)\mathrm{d}y+xy\mathrm{d}x=0$ 的通解.

解　该方程是可分离变量的微分方程，分离变量得

$$\frac{1}{y}\mathrm{d}y=-\frac{x}{1+x^2}\mathrm{d}x$$

方程两边同时积分得

$$\int\frac{1}{y}\mathrm{d}y=-\int\frac{x}{1+x^2}\mathrm{d}x$$

解得

$$\ln y=-\frac{1}{2}\ln(1+x^2)+\ln C$$

所以所求微分方程的通解为

$$y=\frac{C}{\sqrt{1+x^2}}$$

例 7-8　求微分方程 $xy'=y\ln y$ 满足初始条件 $y|_{x=1}=\mathrm{e}$ 的特解.

解　该方程是可分离变量的微分方程，分离变量得

$$\frac{1}{y\ln y}\mathrm{d}y=\frac{1}{x}\mathrm{d}x$$

方程两边同时积分得

$$\int\frac{1}{\ln y}\mathrm{d}(\ln y)=\int\frac{1}{x}\mathrm{d}x$$

解得

$$\ln(\ln y)=\ln x+\ln C$$

去掉对数符号，通解可记作 $y=\mathrm{e}^{Cx}$.

代入初始条件 $y|_{x=1}=\mathrm{e}$，得 $C=1$，所以满足初始条件的特解为 $y=\mathrm{e}^x$.

二、一阶线性微分方程

定义 7-4　形如：

$$\frac{\mathrm{d}y}{\mathrm{d}x}+P(x)y=Q(x) \tag{7-2}$$

的微分方程叫作**一阶线性微分方程**，其中 $P(x)$，$Q(x)$都是自变量 x 的已知函数.

特别地，当 $Q(x)\equiv 0$ 时，方程(7-2)变为

$$\frac{\mathrm{d}y}{\mathrm{d}x}+P(x)y=0 \tag{7-3}$$

叫作**一阶线性齐次微分方程**.

如果 $Q(x)\neq 0$，方程(7-2)叫作**一阶线性非齐次微分方程**. 方程(7-3)为方程(7-2)的**对应齐次方程**. 一阶线性齐次方程与一阶线性非齐次方程统称为**一阶线性(微分)方程**. 下面从一阶线性齐次方程开始，逐步讨论一阶线性方程的求解方法.

1. 一阶线性齐次微分方程的通解

不难看出方程(7-3)是可分离变量的微分方程，分离变量得

$$\frac{\mathrm{d}y}{y}=-P(x)\mathrm{d}x$$

积分得

$$\ln|y|=-\int P(x)\mathrm{d}x$$

即

$$y=C\mathrm{e}^{-\int P(x)\mathrm{d}x} \tag{7-4}$$

方程(7-4)为一阶线性齐次方程(7-3)的通解，其中 $P(x)$ 的积分 $\int P(x)\mathrm{d}x$ 只取一个原函数.

2. 一阶线性非齐次微分方程的通解

由于一阶线性非齐次方程(7-2)的右端是 x 的函数 $Q(x)$，考虑到一阶线性非齐次方程与其所对应的一阶线性齐次方程左端相同. 因此，可设想将一阶线性齐次方程通解公式(7-4)中的常数 C 换成待定函数 $C(x)$ 后，有可能是线性非齐次方程的解. 即令 $y=C(x)\mathrm{e}^{-\int P(x)\mathrm{d}x}$ 为线性非齐次方程的解，将其代入一阶线性非齐次方程(7-2)，有

$$C'(x)\mathrm{e}^{-\int P(x)\mathrm{d}x}-C(x)P(x)\mathrm{e}^{-\int P(x)\mathrm{d}x}+C(x)P(x)\mathrm{e}^{-\int P(x)\mathrm{d}x}=Q(x)$$

得

$$C'(x)\mathrm{e}^{-\int P(x)\mathrm{d}x}=Q(x)$$

即

$$C'(x)=Q(x)\mathrm{e}^{\int P(x)\mathrm{d}x}$$

两边积分得

$$C(x)=\int Q(x)\mathrm{e}^{\int P(x)\mathrm{d}x}+C$$

将 $C(x)$ 代入 $y=C(x)\mathrm{e}^{-\int P(x)\mathrm{d}x}$ 中，得一阶线性非齐次方程的通解公式：

$$y=\mathrm{e}^{-\int P(x)\mathrm{d}x}\left[\int Q(x)\mathrm{e}^{\int P(x)\mathrm{d}x}\mathrm{d}x+C\right] \tag{7-5}$$

由通解公式(7-5)可得

$$y=\mathrm{e}^{-\int P(x)\mathrm{d}x}\int Q(x)\mathrm{e}^{\int P(x)\mathrm{d}x}\mathrm{d}x+C\mathrm{e}^{-\int P(x)\mathrm{d}x}$$

由此可以看出，一阶线性非齐次方程的通解等于它的一个特解加上对应的一阶线性齐次方程的通解.

上述求解方法称为**常数变易法**. 用常数变易法求一阶线性非齐次微分方程通解的步骤如下：

(1) 先求出一阶线性非齐次方程所对应的一阶线性齐次方程的通解公式(如式(7-3))；

(2) 根据所求出的一阶线性齐次方程的通解设出一阶线性非齐次方程的解，即把所求出的一阶线性齐次方程的通解中的任意常数 C 改为待定函数 $C(x)$；

(3) 将所设解代入一阶线性非齐次方程，解出 $C(x)$，并写出一阶线性非齐次方程的通解公式(如式(7-5)).

例 7-9 求微分方程 $2y'-y=\mathrm{e}^x$ 的通解.

解 将所给方程改写为下列形式：

$$y'-\frac{1}{2}y=\frac{1}{2}\mathrm{e}^x$$

这是一阶线性非齐次微分方程.

解法一(常数变易法)：

(1) 先求出原方程对应的线性齐次方程 $y'-\frac{1}{2}y=0$ 的通解，代入通解公式(7-4)中得一阶线性齐次方程的通解为

$$y=Ce^{\frac{x}{2}}$$

(2) 设 $y=C(x)e^{\frac{x}{2}}$ 为原方程的解，将 y，y'代入原方程，得

$$C'(x)e^{\frac{x}{2}}=\frac{1}{2}e^{x}$$

即

$$C'(x)=\frac{1}{2}e^{\frac{x}{2}}$$

所以

$$C(x)=\int\frac{1}{2}e^{\frac{x}{2}}dx=e^{\frac{x}{2}}+C$$

故原方程的通解为 $y=Ce^{\frac{x}{2}}+e^{x}$.

解法二(公式法)：

该方程中

$$P(x)=-\frac{1}{2},\ Q(x)=\frac{1}{2}e^{x}$$

将其代入一阶线性非齐次微分方程的通解公式(7-5)中，得

$$\begin{aligned} y&=e^{-\int P(x)dx}\left[\int Q(x)e^{\int P(x)dx}dx+C\right]\\ &=e^{\int\frac{1}{2}dx}\left[\int\frac{1}{2}e^{x}e^{-\int\frac{1}{2}dx}dx+C\right]\\ &=e^{\frac{x}{2}}\left[\int\frac{1}{2}e^{\frac{x}{2}}dx+C\right]\\ &=e^{\frac{x}{2}}(e^{\frac{x}{2}}+C)\end{aligned}$$

故原方程的通解为 $y=Ce^{\frac{x}{2}}+e^{x}$.

可以看出解法二更简单些，但必须熟记公式，而解法一只要知道常数变易法的思路即可求出解. 在实际做题时，两种方法都可以使用.

例 7-10　求方程 $xy'+y=\sin x$ 满足初始条件 $y|_{x=\pi}=0$的特解.

解　原方程可变形为 $y'+\frac{1}{x}y=\frac{\sin x}{x}$，是一阶线性非齐次微分方程，其中 $P(x)=\frac{1}{x}$，$Q(x)=\frac{\sin x}{x}$，由通解公式(7-5)得

$$\begin{aligned} y&=e^{-\int\frac{1}{x}dx}\left(\int\frac{\sin x}{x}e^{\int\frac{1}{x}dx}dx+C\right)\\ &=e^{-\ln x}\left(\int\frac{\sin x}{x}e^{\ln x}dx+C\right)\\ &=\frac{1}{x}\left(\int\sin x\,dx+C\right)\\ &=\frac{1}{x}(-\cos x+C)\end{aligned}$$

将初始条件 $y|_{x=\pi}=0$代入，得 $C=-1$，故满足初始条件的特解为

$$y=-\frac{1}{x}(\cos x+1)$$

例 7-11 已知一曲线通过原点，并且它在点(x, y)处的切线斜率等于 $2x-y$，求此曲线的方程.

解 根据已知可得 $y'=2x-y$，即 $y'+y=2x$. 此方程是一阶线性非齐次方程，其中

$$P(x)=1,\ Q(x)=2x$$

所以由通解公式得

$$\begin{aligned}
y &= e^{-\int dx}\left(\int 2xe^{\int dx}dx+C\right)\\
&= e^{-x}\left(2\int xe^{x}dx+C\right)\\
&= e^{-x}\left(2\int x d(e^{x})+C\right)\\
&= e^{-x}\left(2xe^{x}-2\int e^{x}dx+C\right)\\
&= e^{-x}(2xe^{x}-2e^{x}+C)\\
&= 2x-2+Ce^{-x}
\end{aligned}$$

因为曲线通过原点，即 $y|_{x=0}=0$，代入通解得 $C=2$，所以所求曲线方程为 $y=2x-2+2e^{-x}$.

现对一阶线性微分方程的解法进行归纳，如表 7-1 所示.

表 7-1

方程类型		方程形式	方程解法
可分离变量		$\frac{dy}{dx}=f(x)g(y)$	分离变量，两边积分
一阶线性	齐次	$\frac{dy}{dx}+P(x)y=0$	分离变量，两边积分或用公式：$y=Ce^{-\int P(x)dx}$
	非齐次	$\frac{dy}{dx}+P(x)y=Q(x)$	用常数变易法或公式：$y=e^{-\int P(x)dx}\left[\int Q(x)e^{\int P(x)dx}dx+C\right]$

练习题 7-2

1. 求下列微分方程的通解.

(1) $y'=2xy$；

(2) $3x^2+5x-5y'=0$；

(3) $xdy+ydx=0$；

(4) $2xy'+y\ln y=0$；

(5) $\frac{dy}{dx}=e^{x-y}$；

(6) $y^2dx+(x^2+1)dy=0$；

(7) $y'+y=xe^{x}$；

(8) $y'+\frac{y}{x}-\sin x=0$；

(9) $y'+2y=1$；

(10) $\frac{dy}{dx}=\frac{y}{y-x}$.

2. 求下列微分方程满足初始条件的特解.

(1) $y'-y=\cos x$，$y|_{x=0}=0$；

(2) $y'+y=2x$，$y|_{x=0}=1$；

(3) $y'+y\cos x=e^{-\sin x}$，$y|_{x=0}=0$；

(4) $\frac{dy}{dx}+y=e^{-x}$，$y|_{x=0}=2$.

3. 一曲线过点(3，10)，其在任意点处的切线斜率等于该点横坐标的平方，求此曲线的方程.

4. 求一曲线方程，该曲线过原点，且它在点(x, y)处的切线斜率为$2x+y$.

第三节　二阶常系数线性微分方程

一、二阶常系数线性微分方程的概念

形如：

$$y''+py'+qy=f(x) \tag{7-6}$$

的微分方程叫作**二阶常系数线性微分方程**. 其中 p，q 都是常数.

若 $f(x)\equiv 0$，则方程

$$y''+py'+qy=0 \tag{7-7}$$

称为**二阶常系数线性齐次微分方程**.

若 $f(x)\neq 0$，则方程

$$y''+py'+qy=f(x)$$

称为**二阶常系数线性非齐次微分方程**.

如：

(1) $y''+3y'+2y=0$，

(2) $y''-5y'+6y=2x$，

(3) $y''+y'+y=e^{x}$，

都是二阶常系数线性微分方程. 其中(1)是二阶常系数线性齐次微分方程；(2)(3)是二阶常系数线性非齐次微分方程.

定义 7-5　设函数 y_1 和 y_2 是定义在某一区间 I 上的两个函数，如果存在两个不全为 0 的常数 k_1 和 k_2，使在区间 I 上 $k_1y_1+k_2y_2=0$ 成立，则称函数 y_1 与 y_2 在区间 I 上是线性相关的，否则称为线性无关.

也可以这样理解：函数 y_1 和 y_2 之比为常数时，称 y_1 和 y_2 是线性相关的；函数 y_1 和 y_2 之比不为常数时，称 y_1 和 y_2 是线性无关的.

二、二阶常系数线性微分方程解的结构

定理 7-1　若函数 y_1，y_2 都是微分方程(7-7)的两个线性无关的解，则

$$y=C_1y_1+C_2y_2$$

是方程(7-7)的通解，其中 C_1，C_2 是任意常数.

定理 7-2 若 y^* 是方程(7-6)的一个特解，$\bar{y}$ 是方程(7-7)的通解，则

$$y=\bar{y}+y^*$$

是方程(7-6)的通解.

定理 7-3 若方程 y_1 和 y_2 分别是方程：

$$y''+py'+qy=f_1(x)$$

$$y''+py'+qy=f_2(x)$$

的解，则 $y=y_1+y_2$ 是方程：

$$y''+py'+qy=f_1(x)+f_2(x)$$

的解.

三、二阶常系数线性齐次微分方程的解法

由于齐次方程：

$$y''+py'+qy=0$$

中的 p 与 q 是常数，所以方程中的 y，y'，y''应具有相同的形式，而 $y=e^{rx}$ 是具有这一特性的函数. 不妨设 $y=e^{rx}$ 是方程的解(r 为待定常数)，代入方程 $y''+py'+qy=0$，得

$$r^2e^{rx}+pre^{rx}+qe^{rx}=0$$

即

$$(r^2+pr+q)e^{rx}=0$$

由于 $e^{rx}\neq0$，所以

$$r^2+pr+q=0 \tag{7-8}$$

由此可见，只要常数 r 满足方程(7-8)，函数 $y=e^{rx}$ 就是方程(7-7)的解. 因此，我们把方程(7-8)叫作方程(7-7)的特征方程，特征方程的根叫作特征根.

综上所述，我们已经把求二阶常系数线性齐次方程(7-7)的解的问题转化为求它的特征方程的根的问题.

下面讨论特征方程根的情况. 特征方程 $r^2+pr+q=0$ 的特征根有三种情况：

(1) 特征方程具有两个不等的实根 r_1 与 r_2，即 $r_1\neq r_2$，那么函数 $y_1=e^{r_1x}$ 和 $y_2=e^{r_2x}$ 都是方程(7-7)的解. 且$\dfrac{y_1}{y_2}=e^{(r_1-r_2)x}\neq$常数，所以 y_1 与 y_2 线性无关.

因而方程(7-7)的通解为

$$y=C_1e^{r_1x}+C_2e^{r_2x}$$

(2) 特征方程具有两个相等的实根 r_1 与 r_2，即 $r_1=r_2=r$，这时易验证 $y_1=e^{rx}$ 与 $y_2=xe^{rx}$ 都是方程(7-7)的解，且$\dfrac{y_1}{y_2}=\dfrac{1}{x}$，所以 y_1 与 y_2 线性无关.

因而方程(7-7)的通解为

$$y=C_1e^{rx}+C_2xe^{rx} \text{ 或 } y=(C_1+C_2x)e^{rx}$$

(3) 特征方程具有一对共轭复根 $r_1=\alpha+i\beta$ 与 $r_2=\alpha-i\beta$，这时有两个线性无关的特解 $y_1=e^{(\alpha+i\beta)x}$ 与 $y_2=e^{(\alpha-i\beta)x}$. 这是两个复数解，为了便于在实数中讨论问题，我们再找两个线性无关的实数解. 由欧拉公式可得函数 $y_1=e^{\alpha x}\cos\beta x$，$y_2=e^{\alpha x}\sin\beta x$ 均为方程(7-7)的解，且它们线性无关.

因此，这时方程(7-7)的通解为

$$y=e^{\alpha x}(C_1\cos\beta x+C_2\sin\beta x)$$

上述求二阶常系数线性齐次微分方程通解的方法称为特征根法，其步骤如下：

(1) 写出所给方程的特征方程；

(2) 求出特征根；

(3) 根据特征根的三种不同情况，写出所给微分方程相应的通解.

对应的二阶常系数线性齐次微分方程(7-7)的通解总结如表7-2所示.

表 7-2

齐次微分方程 $y''+py'+qy=0$(p，q 为常数)　对应特征方程 $r^2+pr+q=0$		
$\Delta=p^2-4q$	特征根 r_1，r_2	通　解
$\Delta>0$	两个不等的实根 $r_{1,2}=\dfrac{-p\pm\sqrt{\Delta}}{2}$	$y=C_1e^{r_1x}+C_2e^{r_2x}$
$\Delta=0$	两个相等的实根 $r_1=r_2=-\dfrac{p}{2}$	$y=C_1e^{rx}+C_2xe^{rx}$
$\Delta<0$	一对共轭的复数根 $r_{1,2}=\alpha\pm i\beta$	$y=e^{\alpha x}(C_1\cos\beta x+C_2\sin\beta x)$

例 7-12　求方程 $y''-3y'+2y=0$ 的通解.

解　(1) 写出方程 $y''-3y'+2y=0$ 的特征方程：

$$r^2-3r+2=0$$

(2) 求出特征根：

$$r_1=1,\ r_2=2$$

(3) 对照表7-2，写出原方程的通解：

$$y=C_1e^x+C_2e^{2x}$$

例 7-13　求方程 $y''-8y'+16y=0$ 的通解.

解　方程 $y''-8y'+16y=0$ 的特征方程为

$$r^2-8r+16=0$$

解得特征根为

$$r=r_1=r_2=4(\text{为二重根})$$

故所求方程的通解为

$$y=C_1e^{4x}+C_2xe^{4x}$$

例 7-14　求方程 $y''+2y'+5y=0$ 的通解.

解　方程 $y''+2y'+5y=0$ 的特征方程为

$$r^2+2r+5=0$$

解得特征根为

$$r=-1\pm 2i$$

故原方程的通解为

$$y=e^{-x}(C_1\cos 2x+C_2\sin 2x)$$

例 7-15　求方程 $y''+10y'+25y=0$ 的通解以及满足初始条件 $y|_{x=0}=0$ 及 $y'|_{x=0}=1$ 的特解.

解 方程 $y''+10y'+25y=0$ 的特征方程为

$$r^2+10r+25=0$$

解特征方程，得特征根 $r_1=r_2=-5$，为重实根.

因此，微分方程的通解为

$$y=(C_1+C_2x)e^{-5x}\ (C_1,\ C_2\ \text{为任意常数})$$

将初始条件 $y|_{x=0}=0$ 与 $y'|_{x=0}=1$，分别代入 $y=(C_1+C_2x)e^{-5x}$ 与 $y'=(-5C_1+C_2-5C_2x)e^{-5x}$ 中，得

$$\begin{cases} C_1=0 \\ -5C_1+C_2=1 \end{cases}$$

解方程组，得 $\begin{cases} C_1=0 \\ C_2=1 \end{cases}$.

因此，方程满足初始条件 $y|_{x=0}=0$，$y'|_{x=0}=1$ 的特解为 $y=xe^{-5x}$.

四、二阶常系数线性非齐次微分方程

由定理 7-2 可知，求二阶常系数线性非齐次微分方程的通解时，可先求出其对应的线性齐次微分方程的通解，再设法求出其自身的一个特解，二者之和就是二阶线性非齐次微分方程的通解. 所以求二阶线性非齐次微分方程的通解可以按照如下步骤进行：

(1) 求出对应的齐次方程的通解 $\bar{y}$；

(2) 求出非齐次方程的一个特解 y^*；

(3) 所求方程的通解为 $y=\bar{y}+y^*$.

前面已讨论了如何求解二阶齐次线性微分方程的通解，那么剩下的问题就是设法求出非齐次线性微分方程的一个特解. 关于如何求非齐次线性微分方程的特解 y^*，这里不作一般讨论，只介绍一种常见的类型，用待定系数法求解. 这种类型的方程为

$$y''+py'+qy=P_m(x)e^{\alpha x}$$

其中 $P_m(x)$ 是多项式，α 是常数，则方程具有形如：

$$y^*=x^kQ_m(x)e^{\alpha x}$$

的特解，其中 $Q_m(x)$ 是与 $P_m(x)$ 同次的待定多项式，特解 y^* 的形式如表 7-3 所示.

表 7-3

$f(x)$ 的形式	条 件	特解 y^* 的形式
$f(x)=e^{\alpha x}P_m(x)$	α 不是特征根	$y^*=Q_m(x)e^{\alpha x}$
	α 是特征单根	$y^*=xQ_m(x)e^{\alpha x}$
	α 是特征重根	$y^*=x^2Q_m(x)e^{\alpha x}$

综上可知：

(1) 若 α 与两个特征根都不相等，取 $k=0$；

(2) 若 α 与一个特征根相等，取 $k=1$；

(3) 若 α 与两个特征根都相等，取 $k=2$.

例如，方程 $y''-2y'+y=xe^x$ 所对应的齐次方程的特征方程为

$$r^2-2r+1=0$$

特征根为 $r_1=r_2=1$，由于 $\alpha=1$ 与 r_1，r_2 都相等，故取 $k=2$. 又由于 $P_m(x)=x$ 是一次多项式，故 $Q_m(x)=ax+b$.

因此，设原方程的一个特解为

$$y^*=x^kQ_m(x)e^{\alpha x}=x^2(ax+b)e^x$$

例 7-16　求微分方程 $y''-2y'-3y=x^2+2x+1$ 的通解.

解　(1) 方程 $y''-2y'-3y=x^2+2x+1$ 所对应的齐次方程的特征方程为

$$r^2-2r-3=0$$

特征根为 $r_1=-1$，$r_2=3$. 所以其对应的齐次方程的通解为

$$\bar{y}=C_1e^{-x}+C_2e^{3x}$$

(2) 方程 $y''-2y'-3y=(x^2+2x+1)e^{\alpha x}$ 是所求方程当 $\alpha=0$ 时的情形. 由于 $\alpha=0$ 与 r_1，r_2 都不相等，故取 $k=0$. 因此，设原方程的特解为

$$\begin{aligned}y^*&=x^kQ_m(x)e^{\alpha x}\\&=Q_m(x)\\&=ax^2+bx+c\end{aligned}$$

把 y^* 代入原方程得

$$(ax^2+bx+c)''-2(ax^2+bx+c)'-3(ax^2+bx+c)=x^2+2x+1$$

整理得

$$-3ax^2-(4a+3b)x+(2a-2b-3c)=x^2+2x+1$$

比较上式两端同次幂的系数得

$$\begin{cases}-3a=1\\-4a-3b=2\\2a-2b-3c=1\end{cases}$$

从而求出 $a=-\frac{1}{3}$，$b=-\frac{2}{9}$，$c=-\frac{11}{27}$，于是

$$y^*=-\frac{1}{3}x^2-\frac{2}{9}x-\frac{11}{27}$$

(3) 所求方程的通解为

$$\begin{aligned}y&=\bar{y}+y^*\\&=C_1e^{-x}+C_2e^{3x}-\frac{1}{3}x^2-\frac{2}{9}x-\frac{11}{27}\end{aligned}$$

例 7-17　求微分方程 $y''-2y'-3y=e^{3x}$ 的一个特解.

解　所求方程的特征根为 $r_1=-1$，$r_2=3$. 由于 $\alpha=3$ 与一个特征根相等，故取 $k=1$. 因此，设特解为

$$y^*=x^kQ_m(x)e^{\alpha x}=xae^{3x}=axe^{3x}$$

把 y^* 代入原方程得

$$(axe^{3x})''-2(axe^{3x})'-3(axe^{3x})=e^{3x}$$

从而求出 $a=\frac{1}{4}$，故所求方程的特解为

$$y^*=\frac{1}{4}xe^{3x}$$

练习题 7-3

1. 下列各组函数中，哪些是线性相关的，哪些是线性无关的.

(1) e^x 与 $2e^x$；

(2) e^{-x} 与 e^x；

(3) $\sin 2x$ 与 $\sin x\cos x$.

2. 已知二阶常系数线性齐次微分方程的特征方程，试写出对应的线性齐次微分方程.

(1) $9r^2-6r+1=0$；

(2) $r^2+3r+2=0$；

(3) $r^2+\sqrt{3}r=0$.

3. 求下列齐次微分方程的通解.

(1) $y''+5y'+4y=0$； (2) $y''-10y'+25y=0$；

(3) $y''-3y'=0$； (4) $y''+2y'+y=0$；

(5) $3y''-2y'-8y=0$； (6) $4y''-8y'+5y=0$.

4. 求下列各微分方程在给定条件下的特解.

(1) $y''-4y'+3y=0$，$y|_{x=0}=6$，$y'|_{x=0}=10$；

(2) $y''=4y$，$y|_{x=0}=1$，$y'|_{x=0}=2$；

(3) $y''-2y'+y=0$，$y|_{x=2}=1$，$y'|_{x=2}=-2$.

5. 求下列非齐次微分方程的通解.

(1) $y''+2y'+y=-2$； (2) $y''+4y'+3y=9e^{-3x}$；

(3) $y''+3y'=3e^{-3x}$； (4) $y''-5y'+6y=xe^{3x}$.

自测题一

一、选择题.

1. 下面的微分方程是二阶微分方程的是(　　).

A. $\dfrac{dy}{dx}=2xy$　　B. $xy''-y'=e^x$

C. $3(y')^2-2xy=0$　　D. $y^2+\sin xy'=0$

2. 微分方程 $y''+2y'y=\sin x$ 是(　　).

A. 一阶线性方程　　B. 一阶非线性方程

C. 二阶线性方程　　D. 二阶非线性方程

3. 微分方程 $y'-2y=0$ 的通解为(　　).

A. $y=C\sin 2x$　　B. $y=Ce^{-2x}$　　C. $y=Ce^{2x}$　　D. $y=Ce^x$

4. 已知二阶线性齐次方程的特征根 $r_1=1$，$r_2=-1$，则它的方程为(　　).

A. $y''+y=0$　　B. $y''-y=0$　　C. $y''+y'=0$　　D. $y''-y'=0$

5. 方程 $\dfrac{d^2y}{dx^2}+4y=0$ 的特征方程是(　　).

A. $r^2-4=0$　　B. $r^2-4r=0$　　C. $r^2+4=0$　　D. $r^2+4r=0$

二、填空题.

1. 微分方程 $(y')^3+3y''-y=x^2$ 是________阶微分方程.
2. 如果一个一阶微分方程可化成__________的形式，则称它是可分离变量方程.
3. 线性齐次微分方程 $y''+y'-6y=0$ 的通解为__________________.
4. 方程 $y''-4y'+5y=0$ 的特征根是__________________________.
5. $\dfrac{d^2y}{dx^2}+y=0$ 的通解是______________________________.

三、判断题.

1. 函数 $y=x+Ce^y$ 是方程 $(x-y+1)y'=1$ 的通解.　(　　)
2. 函数 $y_1=\sin 2x$，$y_2=\cos 2x$，则 y_1，y_2 线性相关.　(　　)
3. $y''+4y'+4y=xe^{-2x}$ 的特解应设为 $y^*=(Ax^2+Bx)e^{-2x}$ 的形式.　(　　)

四、求下列微分方程的通解.

1. $y'=xe^y$；
2. $y'=\dfrac{y}{x}$ $(x\neq 0,\ y\neq 0)$；
3. $xy'-4y=x$；
4. $\dfrac{dy}{dx}+2y\cos x=\cos x$；
5. $y''+4y=0$；
6. $y''-y'+\dfrac{1}{4}y=0$；
7. $y''-4y'-5y=0$；
8. $y''-2y'+2y=0$；
9. $y''-y'+y=0$；
10. $y''+8y'+16y=0$.

五、求下列齐次微分方程满足初始条件的特解.

1. $y'+y=2x$，$y|_{x=0}=1$；
2. $y'+y\cos x=e^{-\sin x}$，$y|_{x=0}=0$；
3. $5y''+3y'=0$，$y(0)=0$，$y'(0)=\dfrac{3}{5}$.

六、求下列二阶线性非齐次微分方程的一个特解.

1. $y''-3y'=e^{3x}$；
2. $y''-2y'-3y=(6x+2)e^{2x}$.

自 测 题 二

一、选择题.

1. 微分方程 $(x+y)dx+xdy=0$ 的通解是(　　).

A. $y=\frac{2C-x^2}{2x}$　　B. $y=-\frac{x}{2}+C$　　C. $y=\frac{x}{2}+C$　　D. $y=\frac{C+x^2}{2x}$

2. 微分方程 $y''-2y'+y=0$ 的解是(　　).

A. $y=x^2e^x$　　B. $y=e^x$　　C. $y=x^3e^x$　　D. $y=e^{-x}$

3. 微分方程 $y''=x^2$ 的解是(　　).

A. $y=\frac{1}{x}$　　B. $y=\frac{x^3}{3}+C$　　C. $\frac{x^4}{12}$　　D. $\frac{x^4}{6}$

4. 微分方程 $(x-2y)y'=2x-y$ 的通解是(　　).

A. $x^2+y^2=C$　　B. $y+x=C$　　C. $y=x+1$　　D. $x^2-xy+y^2=C^2$

5. 微分方程 $\frac{d^2x}{dt^2}+\omega^2x=0$ 的通解是(　　).

A. $C_1\cos\omega t+C_2\sin\omega t$　　B. $\cos\omega t$

C. $\sin\omega t$　　D. $\cos\omega t+\sin\omega t$

二、填空题(按照方程的特点填空).

1. $y''-3y'+7y=0$ 是________________________.
2. $y''-4y'+5y=\sin x$ 是________________________.
3. $x^2dy+(2xy-x^2)dx=0$ 是________________________.
4. $y''-xy'=2x$ 是________________________.
5. $y-xy'=y^2+y'$是________________________.

三、求下列微分方程的通解.

1. $x\frac{dy}{dx}+y=xy\frac{dy}{dx}$;
2. $y''+y'-2y=0$;
3. $y''+5y'+4y=3-2x$.

四、解答题.

一曲线过点(1, 1)，且曲线上任意点 $M(x, y)$处的切线与过原点的直线 OM 垂直，求此曲线的方程.

阅读材料　微分方程简介

微分方程差不多是与微积分同时产生的，苏格兰数学家耐普尔创立对数时，就讨论过微分方程的近似解. 牛顿在建立微积分的同时，对简单的微分方程用级数来求解. 后来瑞士数学家雅各布·伯努利、欧拉，法国数学家克雷洛、达朗贝尔、拉格朗日等人又不断地研究和丰富了微分方程的理论.

常微分方程的形成与发展是与力学、天文学、物理学以及其他科学技术的发展密切相关的. 数学的其他分支的新发展，如复变函数、李群、组合拓扑学等，都对常微分方程的发展产生了深刻的影响，当前计算机的发展更是为常微分方程的应用及理论研究提供了非常有力的工具.

牛顿研究天体力学和机械力学时，利用了微分方程这个工具，从理论上得到了行星运动规律．后来，法国天文学家勒维烈和英国天文学家亚当斯使用微分方程各自计算出那时尚未发现的海王星的位置．这些都使数学家更加深信微分方程在认识自然、改造自然方面的巨大力量．

微分方程的理论逐步完善后，利用它就可以精确地表述事物变化所遵循的基本规律，只要列出相应的微分方程，有了解方程的方法，微分方程也就成了最有生命力的数学分支．

现在，常微分方程在很多学科领域内都有着重要的应用，自动控制、各种电子学装置的设计、弹道的计算、飞机和导弹飞行的稳定性的研究、化学反应过程稳定性的研究等．这些问题都可以转化为求常微分方程的解，或者转化为研究解的性质的问题．应该说，应用常微分方程理论已经取得了很大的成就，但是它的现有理论也还远远不能满足需要，还有待于进一步的发展与完善．

附录 积分表

（一）含有 $ax+b$ 的积分

1. $\int \frac{dx}{ax+b} = \frac{1}{a}\ln|ax+b| + C$

2. $\int (ax+b)^{\mu}dx = \frac{1}{a(\mu+1)}(ax+b)^{\mu+1} + C \quad (\mu \neq -1)$

3. $\int \frac{x}{ax+b}dx = \frac{1}{a^2}(ax+b-b\ln|ax+b|) + C$

4. $\int \frac{x^2}{ax+b}dx = \frac{1}{a^3}\left[\frac{1}{2}(ax+b)^2 - 2b(ax+b) + b^2\ln|ax+b|\right] + C$

5. $\int \frac{dx}{x(ax+b)} = -\frac{1}{b}\ln\left|\frac{ax+b}{x}\right| + C$

6. $\int \frac{dx}{x^2(ax+b)} = -\frac{1}{bx} + \frac{a}{b^2}\ln\left|\frac{ax+b}{x}\right| + C$

7. $\int \frac{xdx}{(ax+b)^2} = \frac{1}{a^2}\left(\ln|ax+b| + \frac{b}{ax+b}\right) + C$

8. $\int \frac{x^2dx}{(ax+b)^2} = \frac{1}{a^3}\left(ax+b-2b\ln|ax+b| - \frac{b^2}{ax+b}\right) + C$

9. $\int \frac{dx}{x(ax+b)^2} = \frac{1}{b(ax+b)} - \frac{1}{b^2}\ln\left(\frac{ax+b}{x}\right) + C$

（二）含有 $\sqrt{ax+b}$ 的积分

10. $\int \sqrt{ax+b}\,dx = \frac{2}{3a}\sqrt{(ax+b)^3} + C$

11. $\int x\sqrt{ax+b}\,dx = \frac{2}{15a^2}(3ax-2b)\sqrt{(ax+b)^3} + C$

12. $\int x^2\sqrt{ax+b}\,dx = \frac{2}{105a^3}(15a^2x^2 - 12abx + 8b^2)\sqrt{(ax+b)^3} + C$

13. $\int \frac{x}{\sqrt{ax+b}}dx = \frac{2}{3a^2}(ax-2b)\sqrt{ax+b} + C$

14. $\int \frac{x^2}{\sqrt{ax+b}}dx = \frac{2}{15a^3}(3a^2x^2 - 4abx + 8b^2)\sqrt{ax+b} + C$

15. $\int \frac{dx}{x\sqrt{ax+b}} = \begin{cases} \frac{1}{\sqrt{b}}\ln\left|\frac{\sqrt{ax+b}-\sqrt{b}}{\sqrt{ax+b}+\sqrt{b}}\right| + C & (b>0) \\ \frac{2}{\sqrt{-b}}\arctan\sqrt{\frac{ax+b}{-b}} + C & (b<0) \end{cases}$

16. $\int \frac{dx}{x^2\sqrt{ax+b}} = -\frac{\sqrt{ax+b}}{bx} - \frac{a}{2b}\int \frac{dx}{x\sqrt{ax+b}}$

17. $\int \frac{\sqrt{ax+b}}{x}dx = 2\sqrt{ax+b} + b\int \frac{dx}{x\sqrt{ax+b}}$

18. $\int \frac{\sqrt{ax+b}}{x^2}dx = -\frac{\sqrt{ax+b}}{x} + \frac{a}{2}\int \frac{dx}{x\sqrt{ax+b}}$

（三）含有 $x^2 \pm a^2$ 的积分

19. $\int \frac{dx}{x^2+a^2} = \frac{1}{a}\arctan\frac{x}{a} + C$

20. $\int \frac{dx}{(x^2+a^2)^n} = \frac{x}{2(n-1)a^2(x^2+a^2)^{n-1}} + \frac{2n-3}{2(n-1)a^2}\int \frac{dx}{(x^2+a^2)^{n-1}}$

21. $\int \frac{dx}{x^2-a^2} = \frac{1}{2a}\ln\left|\frac{x-a}{x+a}\right| + C$

（四）含有 $ax^2+b(a>0)$ 的积分

22. $\int \frac{dx}{ax^2+b} = \begin{cases} \frac{1}{\sqrt{ab}}\arctan\sqrt{\frac{a}{b}}x + C & (b>0) \\ \frac{1}{2\sqrt{-ab}}\ln\left|\frac{\sqrt{a}x-\sqrt{-b}}{\sqrt{a}x+\sqrt{-b}}\right| + C & (b<0) \end{cases}$

23. $\int \frac{x}{ax^2+b}dx = \frac{1}{2a}\ln|ax^2+b| + C$

24. $\int \frac{x^2}{ax^2+b}dx = \frac{x}{a} - \frac{b}{a}\int \frac{dx}{ax^2+b}$

25. $\int \frac{dx}{x(ax^2+b)} = \frac{1}{2b}\ln\frac{x^2}{|ax^2+b|} + C$

26. $\int \frac{dx}{x^2(ax^2+b)} = -\frac{1}{bx} - \frac{a}{b}\int \frac{dx}{ax^2+b}$

27. $\int \frac{dx}{(ax^2+b)^2} = \frac{x}{2b(ax^2+b)} + \frac{1}{2b}\int \frac{dx}{ax^2+b}$

（五）含有 $ax^2+bx+c(a>0)$ 的积分

28. $\int \frac{dx}{ax^2+bx+c} = \begin{cases} \frac{2}{\sqrt{4ac-b^2}}\arctan\frac{2ax+b}{\sqrt{4ac-b^2}} + C & (b^2<4ac) \\ \frac{1}{\sqrt{b^2-4ac}}\ln\left|\frac{2ax+b-\sqrt{b^2-4ac}}{2ax+b+\sqrt{b^2-4ac}}\right| + C & (b^2>4ac) \end{cases}$

29. $\int \frac{x}{ax^2+bx+c}dx = \frac{1}{2a}\ln|ax^2+bx+c| - \frac{b}{2a}\int \frac{dx}{ax^2+bx+c}$

（六）含有 $\sqrt{x^2+a^2}\,(a>0)$ 的积分

30. $\int \frac{dx}{\sqrt{x^2+a^2}} = \ln(x+\sqrt{x^2+a^2}) + C$

31. $\int \frac{dx}{\sqrt{(x^2+a^2)^3}} = \frac{x}{a^2\sqrt{x^2+a^2}} + C$

32. $\int \frac{x}{\sqrt{x^2+a^2}}dx = \sqrt{x^2+a^2} + C$

33. $\int \frac{x}{\sqrt{(x^2+a^2)^3}}dx = -\frac{1}{\sqrt{x^2+a^2}} + C$

34. $\int \frac{x^2}{\sqrt{x^2+a^2}}dx = \frac{x}{2}\sqrt{x^2+a^2} - \frac{a^2}{2}\ln(x+\sqrt{x^2+a^2}) + C$

35. $\int \frac{x^2}{\sqrt{(x^2+a^2)^3}}dx = -\frac{x}{\sqrt{x^2+a^2}} + \ln(x+\sqrt{x^2+a^2}) + C$

36. $\int \frac{dx}{x\sqrt{x^2+a^2}} = \frac{1}{a}\ln\frac{\sqrt{x^2+a^2}-a}{|x|} + C$

37. $\int \frac{dx}{x^2\sqrt{x^2+a^2}} = -\frac{\sqrt{x^2+a^2}}{a^2 x} + C$

38. $\int \sqrt{x^2+a^2}\,dx = \frac{x}{2}\sqrt{x^2+a^2} + \frac{a^2}{2}\ln(x+\sqrt{x^2+a^2}) + C$

39. $\int \sqrt{(x^2+a^2)^3}\,dx = \frac{x}{8}(2x^2+5a^2)\sqrt{x^2+a^2} + \frac{3a^4}{8}\ln(x+\sqrt{x^2+a^2}) + C$

40. $\int x\sqrt{x^2+a^2}\,dx = \frac{1}{3}\sqrt{(x^2+a^2)^3} + C$

41. $\int x^2\sqrt{x^2+a^2}\,dx = \frac{x}{8}(2x^2+a^2)\sqrt{x^2+a^2} - \frac{a^4}{8}\ln(x+\sqrt{x^2+a^2}) + C$

42. $\int \frac{\sqrt{x^2+a^2}}{x}dx = \sqrt{x^2+a^2} + a\ln\frac{\sqrt{x^2+a^2}-a}{|x|} + C$

43. $\int \frac{\sqrt{x^2+a^2}}{x^2}dx = -\frac{\sqrt{x^2+a^2}}{x} + \ln(x+\sqrt{x^2+a^2}) + C$

（七）含有$\sqrt{x^2-a^2}$($a>0$)的积分

44. $\int \frac{dx}{\sqrt{x^2-a^2}} = \ln\left|x+\sqrt{x^2-a^2}\right| + C$

45. $\int \frac{dx}{\sqrt{(x^2-a^2)^3}} = -\frac{x}{a^2\sqrt{x^2-a^2}} + C$

46. $\int \frac{x}{\sqrt{x^2-a^2}}dx = \sqrt{x^2-a^2} + C$

47. $\int \frac{x}{\sqrt{(x^2-a^2)^3}}dx = -\frac{1}{\sqrt{x^2-a^2}} + C$

48. $\int \frac{x^2}{\sqrt{x^2-a^2}}dx = \frac{x}{2}\sqrt{x^2-a^2} + \frac{a^2}{2}\ln\left|x+\sqrt{x^2-a^2}\right| + C$

49. $\int \frac{x^2}{\sqrt{(x^2-a^2)^3}}dx = -\frac{x}{\sqrt{x^2-a^2}} + \ln\left|x+\sqrt{x^2-a^2}\right| + C$

50. $\int \frac{dx}{x\sqrt{x^2-a^2}} = \frac{1}{a}\arccos\frac{a}{|x|} + C$

51. $\int \frac{dx}{x^2\sqrt{x^2-a^2}} = \frac{\sqrt{x^2-a^2}}{a^2 x} + C$

52. $\int \sqrt{x^2-a^2}\,dx = \frac{x}{2}\sqrt{x^2-a^2} - \frac{a^2}{2}\ln\left|x+\sqrt{x^2-a^2}\right| + C$

53. $\int \sqrt{(x^2-a^2)^3}\,dx = \frac{x}{8}(2x^2-5a^2)\sqrt{x^2-a^2} + \frac{3a^4}{8}\ln\left|x+\sqrt{x^2-a^2}\right| + C$

54. $\int x\sqrt{x^2-a^2}\,dx = \frac{1}{3}\sqrt{(x^2-a^2)^3} + C$

55. $\int x^2\sqrt{x^2-a^2}\,dx = \frac{x}{8}(2x^2-a^2)\sqrt{x^2-a^2} - \frac{a^4}{8}\ln\left|x+\sqrt{x^2-a^2}\right| + C$

56. $\int \frac{\sqrt{x^2-a^2}}{x}dx = \sqrt{x^2-a^2} - a\arccos\frac{a}{|x|} + C$

57. $\int \frac{\sqrt{x^2-a^2}}{x^2}dx = -\frac{\sqrt{x^2-a^2}}{x} + \ln\left|x+\sqrt{x^2-a^2}\right| + C$

（八）含有$\sqrt{a^2-x^2}$（a>0)的积分

58. $\int \frac{dx}{\sqrt{a^2-x^2}} = \arcsin\frac{x}{a} + C$

59. $\int \frac{dx}{\sqrt{(a^2-x^2)^3}} = \frac{x}{a^2\sqrt{a^2-x^2}} + C$

60. $\int \frac{x}{\sqrt{a^2-x^2}}dx = -\sqrt{a^2-x^2} + C$

61. $\int \frac{x}{\sqrt{(a^2-x^2)^3}}dx = \frac{1}{\sqrt{a^2-x^2}} + C$

62. $\int \frac{x^2}{\sqrt{a^2-x^2}}dx = -\frac{x}{2}\sqrt{a^2-x^2} + \frac{a^2}{2}\arcsin\frac{x}{a} + C$

63. $\int \frac{x^2}{\sqrt{(a^2-x^2)^3}}dx = \frac{x}{\sqrt{a^2-x^2}} - \arcsin\frac{x}{a} + C$

64. $\int \frac{dx}{x\sqrt{a^2-x^2}} = \frac{1}{a}\ln\frac{a-\sqrt{a^2-x^2}}{|x|} + C$

65. $\int \frac{dx}{x^2\sqrt{a^2-x^2}} = -\frac{\sqrt{a^2-x^2}}{a^2 x} + C$

66. $\int \sqrt{a^2-x^2}\,dx = \frac{x}{2}\sqrt{a^2-x^2} + \frac{a^2}{2}\arcsin\frac{x}{a} + C$

67. $\int \sqrt{(a^2-x^2)^3}\,dx = \frac{x}{8}(5a^2-2x^2)\sqrt{a^2-x^2} + \frac{3a^4}{8}\arcsin\frac{x}{a} + C$

68. $\int x\sqrt{a^2-x^2}\,dx = -\frac{1}{3}\sqrt{(a^2-x^2)^3} + C$

69. $\int x^2\sqrt{a^2-x^2}\,dx = \frac{x}{8}(2x^2-a^2)\sqrt{a^2-x^2} + \frac{a^4}{8}\arcsin\frac{x}{a} + C$

70. $\int \frac{\sqrt{a^2-x^2}}{x}\mathrm{d}x = \sqrt{a^2-x^2} + a\ln\frac{a-\sqrt{a^2-x^2}}{|x|} + C$

71. $\int \frac{\sqrt{a^2-x^2}}{x^2}\mathrm{d}x = -\frac{\sqrt{a^2-x^2}}{x} - \arcsin\frac{x}{a} + C$

（九）含有$\sqrt{\pm ax^2+bx+c}\ (a>0)$的积分

72. $\int \frac{\mathrm{d}x}{\sqrt{ax^2+bx+c}} = \frac{1}{\sqrt{a}}\ln\left|2ax+b+2\sqrt{a}\sqrt{ax^2+bx+c}\right| + C$

73. $\int \sqrt{ax^2+bx+c}\,\mathrm{d}x = \frac{2ax+b}{4a}\sqrt{ax^2+bx+c} + \frac{4ac-b^2}{8\sqrt{a^3}}\ln\left|2ax+b+2\sqrt{a}\sqrt{ax^2+bx+c}\right| + C$

74. $\int \frac{x}{\sqrt{ax^2+bx+c}}\mathrm{d}x = \frac{1}{a}\sqrt{ax^2+bx+c} - \frac{b}{2\sqrt{a^3}}\ln\left|2ax+b+2\sqrt{a}\sqrt{ax^2+bx+c}\right| + C$

75. $\int \frac{\mathrm{d}x}{\sqrt{c+bx-ax^2}} = \frac{1}{\sqrt{a}}\arcsin\frac{2ax-b}{\sqrt{b^2+4ac}} + C$

76. $\int \sqrt{c+bx-ax^2}\,\mathrm{d}x = \frac{2ax-b}{4a}\sqrt{c+bx-ax^2} + \frac{b^2+4ac}{8\sqrt{a^3}}\arcsin\frac{2ax-b}{\sqrt{b^2+4ac}} + C$

77. $\int \frac{x}{\sqrt{c+bx-ax^2}}\mathrm{d}x = -\frac{1}{a}\sqrt{c+bx-ax^2} + \frac{b}{2\sqrt{a^3}}\arcsin\frac{2ax-b}{\sqrt{b^2+4ac}} + C$

（十）含有$\sqrt{\frac{a\pm x}{b\pm x}}$或$\sqrt{(x-a)(b-x)}$的积分

78. $\int \sqrt{\frac{x+a}{x+b}}\mathrm{d}x = \sqrt{(x+a)(x+b)} + (a-b)\ln(\sqrt{x+a}+\sqrt{x+b}) + C$

79. $\int \sqrt{\frac{a-x}{b-x}}\mathrm{d}x = -\sqrt{(a-x)(b-x)} + (b-a)\ln(\sqrt{a-x}+\sqrt{b-x}) + C$

80. $\int \sqrt{\frac{b-x}{x-a}}\mathrm{d}x = \sqrt{(x-a)(b-x)} + (b-a)\arcsin\frac{\sqrt{x-a}}{\sqrt{b-a}} + C \quad (a<b)$

81. $\int \sqrt{\frac{x-a}{b-x}}\mathrm{d}x = \sqrt{(x-a)(b-x)} + (b-a)\arcsin\frac{\sqrt{x-a}}{\sqrt{b-a}} + C \quad (a<b)$

82. $\int \frac{\mathrm{d}x}{\sqrt{(x-a)(b-x)}} = 2\arcsin\sqrt{\frac{x-a}{b-a}} + C \quad (a<b)$

（十一）含有三角函数的积分

83. $\int \sin x\,\mathrm{d}x = -\cos x + C$

84. $\int \cos x\,\mathrm{d}x = \sin x + C$

85. $\int \tan x\,\mathrm{d}x = -\ln|\cos x| + C$

86. $\int \cot x\,\mathrm{d}x = \ln|\sin x| + C$

87. $\int \sec x\,dx = \ln|\sec x + \tan x| + C = \ln\left|\tan\left(\frac{\pi}{4} + \frac{x}{2}\right)\right| + C$

88. $\int \csc x\,dx = \ln|\csc x - \cot x| + C = \ln\left|\tan\frac{x}{2}\right| + C$

89. $\int \sec^2 x\,dx = \tan x + C$

90. $\int \csc^2 x\,dx = -\cot x + C$

91. $\int \sec x \tan x\,dx = \sec x + C$

92. $\int \csc x \cot x\,dx = -\csc x + C$

93. $\int \sin^2 x\,dx = \frac{x}{2} - \frac{1}{4}\sin 2x + C$

94. $\int \cos^2 x\,dx = \frac{x}{2} + \frac{1}{4}\sin 2x + C$

95. $\int \sin^n x\,dx = -\frac{1}{n}\sin^{n-1} x \cos x + \frac{n-1}{n}\int \sin^{n-2} x\,dx$

96. $\int \cos^n x\,dx = \frac{1}{n}\cos^{n-1} x \sin x + \frac{n-1}{n}\int \cos^{n-2} x\,dx$

97. $\int \frac{dx}{\sin^n x} = -\frac{1}{n-1}\frac{\cos x}{\sin^{n-1} x} + \frac{n-2}{n-1}\int \frac{dx}{\sin^{n-2} x}$

98. $\int \frac{dx}{\cos^n x} = \frac{1}{n-1}\frac{\sin x}{\cos^{n-1} x} + \frac{n-2}{n-1}\int \frac{dx}{\cos^{n-2} x}$

99. $\int \cos^m x \sin^n x\,dx = \frac{1}{m+n}\cos^{m-1} x \sin^{n+1} x + \frac{m-1}{m+n}\int \cos^{m-2} x \sin^n x\,dx$

$$= -\frac{1}{m+n}\cos^{m+1} x \sin^{n-1} x + \frac{n-1}{m+n}\int \cos^m x \sin^{n-2} x\,dx$$

100. $\int \sin ax \cos bx\,dx = -\frac{1}{2(a+b)}\cos(a+b)x - \frac{1}{2(a-b)}\cos(a-b)x + C \quad (a^2 \neq b^2)$

101. $\int \sin ax \sin bx\,dx = -\frac{1}{2(a+b)}\sin(a+b)x + \frac{1}{2(a-b)}\sin(a-b)x + C \quad (a^2 \neq b^2)$

102. $\int \cos ax \cos bx\,dx = \frac{1}{2(a+b)}\sin(a+b)x + \frac{1}{2(a-b)}\sin(a-b)x + C \quad (a^2 \neq b^2)$

103. $\int \frac{dx}{a + b\sin x} = \frac{2}{\sqrt{a^2 - b^2}}\arctan\frac{a\tan\frac{x}{2} + b}{\sqrt{a^2 - b^2}} + C \quad (a^2 > b^2)$

104. $\int \frac{dx}{a + b\sin x} = \frac{1}{\sqrt{b^2 - a^2}}\ln\left|\frac{a\tan\frac{x}{2} + b - \sqrt{b^2 - a^2}}{a\tan\frac{x}{2} + b + \sqrt{b^2 - a^2}}\right| + C \quad (a^2 < b^2)$

105. $\int \frac{dx}{a + b\cos x} = \frac{2}{a+b}\sqrt{\frac{a+b}{a-b}}\arctan\left(\sqrt{\frac{a-b}{a+b}}\tan\frac{x}{2}\right) + C \quad (a^2 > b^2)$

106. $\int \frac{\mathrm{d}x}{a+b\cos x} = \frac{1}{a+b}\sqrt{\frac{a+b}{b-a}}\ln\left|\frac{\tan\frac{x}{2}+\sqrt{\frac{a+b}{b-a}}}{\tan\frac{x}{2}-\sqrt{\frac{a+b}{b-a}}}\right| + C \quad (a^2 < b^2)$

107. $\int \frac{\mathrm{d}x}{a^2\cos^2 x + b^2\sin^2 x} = \frac{1}{ab}\arctan\left(\frac{b}{a}\tan x\right) + C$

108. $\int \frac{\mathrm{d}x}{a^2\cos^2 x - b^2\sin^2 x} = \frac{1}{2ab}\ln\left|\frac{b\tan x + a}{b\tan x - a}\right| + C$

109. $\int x\sin ax\,\mathrm{d}x = \frac{1}{a^2}\sin ax - \frac{1}{a}x\cos ax + C$

110. $\int x^2\sin ax\,\mathrm{d}x = -\frac{1}{a}x^2\cos ax + \frac{2}{a^2}x\sin ax + \frac{2}{a^3}\cos ax + C$

111. $\int x\cos ax\,\mathrm{d}x = \frac{1}{a}\cos ax + \frac{1}{a}x\sin ax + C$

112. $\int x^2\cos ax\,\mathrm{d}x = \frac{1}{a}x^2\sin ax + \frac{2}{a^2}x\cos ax - \frac{2}{a^3}\sin ax + C$

（十二）含有反三角函数的积分（其中 $a>0$）

113. $\int \arcsin\frac{x}{a}\mathrm{d}x = x\arcsin\frac{x}{a} + \sqrt{a^2-x^2} + C$

114. $\int x\arcsin\frac{x}{a}\mathrm{d}x = \left(\frac{x^2}{2}-\frac{a^2}{4}\right)\arcsin\frac{x}{a} + \frac{x}{4}\sqrt{a^2-x^2} + C$

115. $\int x^2\arcsin\frac{x}{a}\mathrm{d}x = \frac{x^3}{3}\arcsin\frac{x}{a} + \frac{1}{9}(x^2+2a^2)\sqrt{a^2-x^2} + C$

116. $\int \arccos\frac{x}{a}\mathrm{d}x = x\arccos\frac{x}{a} - \sqrt{a^2-x^2} + C$

117. $\int x\arccos\frac{x}{a}\mathrm{d}x = \left(\frac{x^2}{2}-\frac{a^2}{4}\right)\arccos\frac{x}{a} - \frac{x}{4}\sqrt{a^2-x^2} + C$

118. $\int x^2\arccos\frac{x}{a}\mathrm{d}x = \frac{x^3}{3}\arccos\frac{x}{a} - \frac{1}{9}(x^2+2a^2)\sqrt{a^2-x^2} + C$

119. $\int \arctan\frac{x}{a}\mathrm{d}x = x\arctan\frac{x}{a} - \frac{a}{2}\ln(a^2+x^2) + C$

120. $\int x\arctan\frac{x}{a}\mathrm{d}x = \frac{1}{2}(a^2+x^2)\arctan\frac{x}{a} - \frac{ax}{2} + C$

121. $\int x^2\arctan\frac{x}{a}\mathrm{d}x = \frac{x^3}{3}\arctan\frac{x}{a} - \frac{a}{6}x^2 + \frac{a^3}{6}\ln(a^2+x^2) + C$

（十三）含有指数函数的积分

122. $\int a^x\,\mathrm{d}x = \frac{1}{\ln a}a^x + C$

123. $\int \mathrm{e}^{ax}\,\mathrm{d}x = \frac{1}{a}\mathrm{e}^{ax} + C$

124. $\int x\mathrm{e}^{ax}\,\mathrm{d}x = \frac{1}{a^2}(ax-1)\mathrm{e}^{ax} + C$

125. $\int x^n e^{ax} dx = \frac{1}{a} x^n e^{ax} - \frac{n}{a} \int x^{n-1} e^{ax} dx$

126. $\int x a^x dx = \frac{x}{\ln a} a^x - \frac{x}{(\ln a)^2} a^x + C$

127. $\int x^n a^x dx = \frac{1}{\ln a} x^n a^x - \frac{n}{\ln a} \int x^{n-1} a^x dx$

128. $\int e^{ax} \sin bx\, dx = \frac{1}{a^2 + b^2} e^{ax} (a \sin bx - b \cos bx) + C$

129. $\int e^{ax} \cos bx\, dx = \frac{1}{a^2 + b^2} e^{ax} (b \sin bx + a \cos bx) + C$

130. $\int e^{ax} \sin^n bx\, dx = \frac{1}{a^2 + b^2 n^2} e^{ax} \sin^{n-1} bx (a \sin bx - nb \cos bx) + \frac{n(n-1)b^2}{a^2 + b^2 n^2} \int e^{ax} \sin^{n-2} bx\, dx$

131. $\int e^{ax} \cos^n bx\, dx = \frac{1}{a^2 + b^2 n^2} e^{ax} \cos^{n-1} bx (a \cos bx + nb \sin bx) + \frac{n(n-1)b^2}{a^2 + b^2 n^2} \int e^{ax} \cos^{n-2} bx\, dx$

（十四）含有对数函数的积分

132. $\int \ln x\, dx = x \ln x - x + C$

133. $\int \frac{dx}{x \ln x} = \ln |\ln x| + C$

134. $\int x^n \ln x\, dx = \frac{x^{n+1}}{n+1} \left(\ln x - \frac{1}{n+1} \right) + C$

135. $\int (\ln x)^n dx = x (\ln x)^n - n \int (\ln x)^{n-1} dx$

136. $\int x^m (\ln x)^n dx = \frac{x^{m+1}}{m+1} (\ln x)^n - \frac{n}{m+1} \int x^m (\ln x)^{n-1} dx$

参考文献

[1] 侯风波. 经济数学基础. 2 版. 北京：高等教育出版社，2012.

[2] 同济大学数学系. 高等数学. 北京：高等教育出版社，2007.

[3] 同济大学数学系. 高等数学(高职高专教育). 2 版. 北京：高等教育出版社，2004.

[4] 盛祥耀. 高等数学辅导(高职高专教育). 北京：高等教育出版社，2003.

[5] 叶永春，张玲.高职数学. 北京：北京理工大学出版社，2011.

[6] 杨风翔. 高职应用数学. 北京：高等教育出版社，2014.

[7] 杜吉佩. 应用数学基础. 北京：高等教育出版社，2004.